# 航空工程材料及应用

石　岩　陈娇娇
王　娜　蔡茂林　编著

机械工业出版社

本书是作者结合近年来的教学经验和材料领域的最新发展，参照近年来最新颁布的有关材料方面的国家标准编写成的。内容包括常用工程材料的性能、材料的结构与性能之间的关系、材料的强化方法、材料的分析介绍、材料的选用及选用实例、材料的工艺路线制定。本书力图将上述内容有机地结合起来，以体现综合、系统、全新、实用的特点。此外，为了突出航空航天特色，书中着重阐述了部分先进工程材料（包括铝锂合金、高温合金、先进复合材料等）在飞机上的应用，有助于读者深入了解飞机的机体材料、发动机材料等。

　　本书可作为高等工科院校材料类、机械类、航空航天和能源动力类等专业的教材，也可作为生产及科研部门有关科技人员的参考书或自学读物。

**图书在版编目（CIP）数据**

航空工程材料及应用/石岩等编著 .—北京：机械工业出版社，2021.9
ISBN 978-7-111- 69057-3

Ⅰ.①航…　Ⅱ.①石…　Ⅲ.①航空材料　Ⅳ.①V25

中国版本图书馆 CIP 数据核字（2021）第 180009 号

机械工业出版社（北京市百万庄大街 22 号　邮政编码 100037）
策划编辑：张秀恩　责任编辑：张秀恩　王春雨
责任校对：张　征　封面设计：马精明
责任印制：李　昂
北京中科印刷有限公司印刷
2022 年 1 月第 1 版第 1 次印刷
169mm×239mm · 18.5 印张 · 356 千字
0001—1500 册
标准书号：ISBN 978-7-111-69057-3
定价：79.00 元

| 电话服务 | 网络服务 |
|---|---|
| 客服电话：010-88361066 | 机　工　官　网：www.cmpbook.com |
| 　　　　　010-88379833 | 机　工　官　博：weibo.com/cmp1952 |
| 　　　　　010-68326294 | 金　书　网：www.golden-book.com |
| **封底无防伪标均为盗版** | 机工教育服务网：www.cmpedu.com |

# 前　言

　　航空航天是 21 世纪最具影响力的领域之一，航空航天活动的发展标志着人类进步的程度，广泛影响政治、经济、军事、科学技术、社会生活等各个方面。航空航天飞行器要在超高温、超低温、高真空、高应力、强腐蚀等极端条件下工作，除了靠优化结构设计外，更依赖于材料所具有的优异特性和功能。材料在航空航天领域有着极其重要的地位和作用，机体材料的进步不仅推动飞行器本身的发展，而且带动了地面交通工具及空间飞行器的进步；发动机材料的发展则加快了动力产业和能源行业的推陈出新。航空材料反映了结构材料发展的前沿，代表了一个国家结构材料技术的最高水平。由于科学技术的迅猛发展，新材料层出不穷，传统的航空金属材料的应用领域正逐步被一些先进的非金属材料所替代，已经由过去的金属材料占绝对优势发展到现在的金属材料、高分子材料、陶瓷材料和复合材料并用的局面。高性能材料是航空航天工程实现高可靠性、长寿命和低成本的保障。

　　本书共 9 章，结合学校"双一流"学科建设的目标，在系统总结国内外航空材料的发展趋势和规律的基础上，紧扣航空航天发展对材料的需求，重新构建科学、合理、规范的航空材料课程体系。全书由三部分内容组成：

　　第一部分为基本理论部分，由第 1 章~第 3 章组成，阐述了航空工程材料学的基本概念和基本理论，其内容为工程材料的结构、组织和性能以及它们之间的关系；金属材料组织、性能的影响因素和规律；金属材料的改性方法。

　　第二部分介绍了各类航空航天用工程材料，由第 4 章~第 8 章组成，概述了常用金属材料、高分子材料、陶瓷材料、复合材料的成分、组织、制备和性能，并重点介绍了它们在航空工程中的应用。

　　第三部分为航空工程材料的选材和工艺部分，由第 9 章组成，介绍了机械零件的失效与选材知识，典型航空零件的选材及其加工工艺路线设计方法。

本书注重先进性、实用性与综合性相结合，力求通俗易懂，并兼顾航空航天和材料科学与工程两个领域技术人员的需求，既可作为型号设计、材料研发等技术人员的参考书，也可作为航空航天类专业和材料类专业的教材。

本书由石岩、陈娇娇、王娜、蔡茂林编写，由陈娇娇统稿、定稿。

本书的编写凝聚了全体编写教师的智慧，参考和引用了部分国内外专家学者的专著和教材，在此特向有关作者致以深切的谢意。

由于编者水平有限，书中的不妥当之处在所难免，敬请读者和专家指正。

编　者

2021 年 7 月 25 日

# 目 录

# 第1章

# 材料的结构和性能

　　物质的微观结构指材料在显微镜下的结构，以及分子、原子、甚至亚原子的结构，包括化学键、原子排列方式（晶体、非晶、准晶结构）、相、缺陷（杂质）等结构要素。如金属材料是由金属键构成的晶体，因此具有某些共同的特性：有光泽、不透明，是热和电的良导体，有良好的延展性和力学性能等；再例如非晶陶瓷和高分子材料通常是光学透明的，但是相同的材料以晶体（或半晶体，即结晶聚合物）的形式存在时，往往是不透明或半透明的。这说明材料的性能不仅与其化学性质有关，而且与晶体的结构也相关，甚至后者影响更大。

## 1.1　材料的结构

　　一切物质都是由原子组成的。固态的物质按其原子的聚集状态可以分为晶体和非晶体两大类（见图1-1）。在晶体中，原子按一定的几何规律做周期性的重复排列，称为有序排列。绝大多数固体都为晶体，如石墨、金刚石、水晶、固态金属等。在非晶体中，原子无规则地堆集在一起，称为无序排列，自然界中这种物质较少，如松香、石蜡、玻璃等。

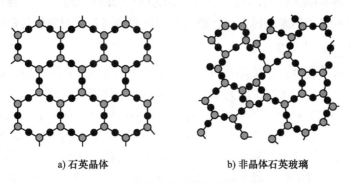

a) 石英晶体　　　　　　　　　b) 非晶体石英玻璃

图1-1　晶体和非晶体的结构比较

晶体与非晶体的上述微观结构上的差异引起性能的差异，主要体现在熔点和各向异性两方面。晶体有固定的熔点而非晶体没有。在对晶体加热后，晶体从外界吸收热量，内部原子的平均动能增大，温度升高；当温度升高到熔点时，其原子运动已经剧烈到可以破坏这种规则的排列，于是晶体开始变成液体。在从固体向液体的转化过程中，吸收的热量用来破坏晶体的空间点阵，所以固液混合物的温度并不升高。如冰在常压下熔点为0℃。以上就是晶体熔化的过程。而对于非晶体，它内部的原子排列不规律，不同的地方开始熔化的温度不同，它的熔化过程是逐渐变软、流动性逐渐增加，所以没有固定的熔点。此外，由于晶体各方向原子排列情况不同，呈各向异性。而非晶体的原子是杂乱排列的，各方向原子排列无明显差别，呈各向同性。

## 1.1.1 理想晶体结构

### 1. 晶格

所有固态晶体都具有有序排列的晶体结构，图1-2a所示为一种晶体中原子（离子或分子）排列的刚球模型。晶体结构的几何特征是原子呈一定周期性的排列。通常将原子看成一个相应的几何点，而不考虑实际物质内容。这样就可以将晶体结构抽象成一组无限多个周期性排列的几何点，这种从晶体结构抽象出来的、描述结构基元空间分布周期性的几何点，称为晶体的空间点阵，如图1-2b所示。为了研究不同金属原子的排列规律，用假想的线条将各几何点的中心连接起来，构成一个三维空间格架，如图1-2c所示。这种描述结构基元在晶体中排列方式的空间格架称为晶格。晶格中的每个点称为结点，晶格中各方位的原子面称为晶面，晶格中各方向的原子列称为晶向。由于晶体原子排列方式呈周期性重复，故只需对晶格中最基本的单元进行分析便能确定原子的排列规律。能够代表晶格特征的基本单元称为晶胞，如图1-2d所示。此外，对于一个特定的晶体结构，有多种不同的晶胞选择方式，通常选用具有最高几何对称性的晶胞来表示。

### 2. 常见的晶格类型

由于金属键结合力强且无方向性，所以金属原子总是趋向于最紧密的排列，使原子排列的方式大为减少。大多数金属都属于下述三种晶格类型。

（1）体心立方晶格 体心立方晶格（Body-Centered Cubic，BCC）的晶胞是一个立方体，在立方体的八个角上和立方体中心各有一个原子，如图1-3所示。属于体心立方晶格的金属有 $\alpha$-Fe（912℃以下的纯铁）、Cr、W、V等20余种。

有时，需要确定每个晶胞内的原子数目，这和原子的位置有直接关系。对于BCC晶体结构，某些原子是与相邻的晶胞所共有，如立方体顶点上的原子，它在晶格中同时属于八个相邻的晶胞，因而每个角上的原子仅有1/8属于一个晶胞；而中心的原子则完全属于这个晶胞。所以一个体心立方晶胞共有2个(1/8×8+1)

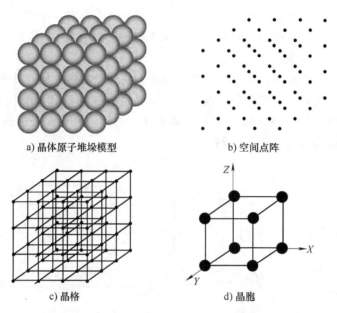

a) 晶体原子堆垛模型　　　　　b) 空间点阵

c) 晶格　　　　　　　　　d) 晶胞

图1-2 晶体、空间点阵、晶格和晶胞示意图

完整的原子。

需要指出的是，顶点和体心位置实际上是等价的，即将立方体的顶点从一个顶点原子位置移动到体心原子位置不会改变晶胞结构。

晶体结构另外两个重要的参数是致密度和配位数，用来表示原子排列的紧密程度。

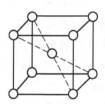

图1-3 体心立方晶胞

致密度是指晶胞内所有原子实际占有的体积与该晶胞的体积之比。在BCC晶体中，每个晶胞含有2个原子，占有的体积为 $2\times\frac{4}{3}\pi r^3$（$r$ 为原子半径），晶胞的体积为 $a^3$（$a$ 为立方晶胞的边长），因此致密度为 $\dfrac{2\times\frac{4}{3}\pi r^3}{a^3}=0.68$。即BCC晶格中，原子占据68%的体积，其余32%的体积为空隙。

配位数是指晶格中任意一个原子周围最近邻的且等距离的原子个数。配位数越大，表示原子排列得越紧密。由图1-3可见，体心立方晶格的体心原子周围，有八个顶角原子和它等距离且最近邻，故配位数为8。

（2）面心立方晶格　面心立方晶格（Face-Centered Cubic，FCC）的晶胞也是一个立方体，在立方体的八个顶角和六个面的中心各有一个原子，如图1-4所示。属于面心立方晶格的金属有 γ-Fe（912~1390℃之间的纯铁）、Al、Cu、Ni、Au、Ag、Pb 等20余种。

在面心立方晶胞中，除了每个角上的原子被八个晶胞平分，每个晶胞占1/8；还有每个面心的原子，被两个晶胞平分，每个晶胞占1/2。因此面心立方晶胞所含的原子数为4个（8×1/8+6×1/2）。由图1-5可知，FCC晶格配位数为12，相应地，可计算出其致密度为0.74。

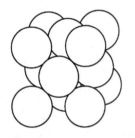 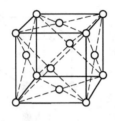 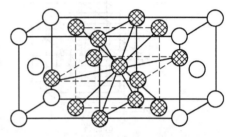

图1-4　面心立方晶胞　　　　　　图1-5　面心立方晶格的配位数

（3）密排六方晶格　密排六方晶格（Hexagonal Close-Packed，HCP）的晶胞是一个六棱柱体，在柱体上下两个六方面的顶点上及中心各有一个原子，在柱体中间还排列着三个原子，如图1-6所示。属于密排六方晶格的金属有 Mg、Zn、Be、Ti、Cd 等近30种。密排六方晶格晶胞中的原子数为6个（3+2×1/2+12×1/6）。

HCP晶格也是原子排列最紧密的结构，其致密度、配位数（见图1-7）和FCC晶格相同，分别为0.74和12。

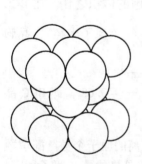 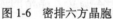 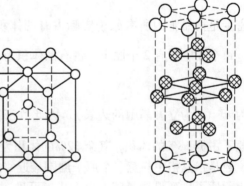

图1-6　密排六方晶胞　　　　　　图1-7　密排六方晶格的配位数

上述三种不同类型晶格的金属具有不同的性能。如以塑性为例，面心立方晶格的塑性最好，密排六方晶格的塑性最差，体心立方晶格介于二者中间。

## 1.1.2 实际晶体结构

### 1. 单晶体和多晶体

同一晶体中晶格类型与空间位向排列完全一致的称为单晶体，如图 1-8a 所示。在单晶体中，由于存在着晶面或晶格上原子密度的不同，因而其各方向的物理、化学、力学性能也不相同，即单晶体具有各向异性。

以上所述为理想的晶体结构。工业上实际使用的金属材料除因特殊需要制作外（如半导体材料单晶硅和航空发动机中的单晶叶片），都是由许多晶格位向不同的小晶体构成的，称为多晶体。每一个小晶体称为一个晶粒；晶粒与晶粒之间的界面称为晶界。多晶体金属虽然每个晶粒都

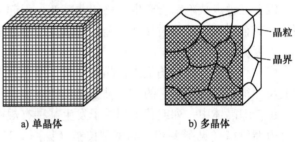

a) 单晶体　　　　b) 多晶体

图 1-8　晶体结构示意图

是各向异性的，但由于各个晶粒的位向不同，故各个晶粒的各向异性现象互相抵消，使多晶体金属显示出各向同性（又称伪各向同性）。多晶体的结构如图 1-8b 所示。

### 2. 晶体缺陷

在金属的实际晶体结构中，由于多种因素的影响而存在各种缺陷。晶体缺陷在晶体的塑性和强度、扩散以及其他结构敏感性的问题上往往起主要作用，而晶体的完整部分反而处于次要地位。例如，将纯铜合金化（即加入杂质原子锌）后形成黄铜合金，其硬度和强度比纯铜好很多。再如，在半导体材料中极小的局部区域实现一定杂质浓度控制，是制造特定功能电子器件的关键因素。因此，研究晶体缺陷有重要的理论和实际意义。根据其几何形态特征，晶体缺陷可分为以下三类。

（1）点缺陷　点缺陷是指三维空间中，三个方向上尺寸都很小的缺陷。最常见的是空位、间隙原子和置换原子，如图 1-9 所示。空位指正常结点没有被原子或离子所占据，成为空结点。热振动或塑性变形都会产生空位，晶格空位使空位周围的原子相互靠拢，产生膨胀型晶格畸变。间隙原子指在晶格的非结点位置（往往是晶格的间隙中）出现的多余原子。它们可能是同类原子，也可能是异类原子。置换原子是指占据基体原子平衡位置上的异类原子。

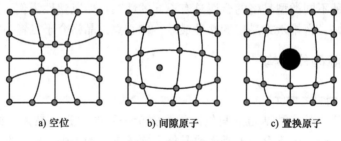

a) 空位　　　　　　　b) 间隙原子　　　　　　c) 置换原子

图 1-9　常见点缺陷

以上三种点缺陷都会产生晶格扭曲畸变，引起金属晶体性能的变化。一般来讲，会对金属原子的相对移动、金属的塑性变形起阻碍作用，从而引起金属的强度、硬度提高。

（2）线缺陷　线缺陷是指在晶体中某一维方向上尺寸很大，而在另外二维方向上尺寸很小的缺陷，它的主要类型是位错。

位错即晶体中一列或若干列原子发生某种有规律的错排现象。位错的基本类型有刃型位错（见图 1-10）和螺型位错（见图 1-11）。

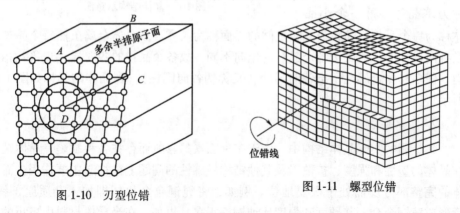

图 1-10　刃型位错　　　　　　　　　图 1-11　螺型位错

对于刃型位错，其晶体的一部分相对于另一部分出现一个多余的半原子面，这个多余的半原子面犹如切入晶体的刀片，刀片的刃口线即为位错线（*DC*）。螺型位错是由于剪切力的作用，使晶体的相邻原子面发生一个原子间距的相对滑移，两层相邻原子发生了错排现象。

位错理论是现代物理冶金和材料科学的基础。人们最初是在对晶体强度做了一系列的理论计算，发现在众多试验中，晶体的实际强度远低于其理论强度，因而无法用理想晶体的模型来解释，在此基础上才提出对位错的理论设想。位错有下列特点：

1）在位错线附近发生晶格畸变，产生内应力。刃型位错原子排列较密区域的原子受到压应力，原子排列较疏区域的原子受到拉应力。

2）位错具有易动性，在外力作用下，位错能产生移动。

3）位错在晶体中的移动会使金属容易进行塑性变形。但当位错密度增加到一定程度时，位错移动变得困难，又会使金属的强度提高，这种现象称为位错强化。

位错的数量可用位错密度 $\rho$ 表示，指单位体积晶体中所包含位错线的总长度。金属在不同状态下的位错密度差异很大。一般退火金属晶体中，$\rho \approx 10^4 \sim 10^8\,cm^{-2}$；而经剧烈冷加工的金属中，$\rho \approx 10^{12} \sim 10^{14}\,cm^{-2}$。位错密度和晶体强度的关系如图 1-12 所示，从该图可知，使金属获得高强度的方法有以下两种：

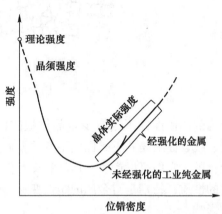

图 1-12　位错密度和晶体强度的关系

① 尽量减小位错密度。如将晶体拉伸得很细（晶须），得到丝状单晶体，因直径很小，基本上不含位错等缺陷，故强度通常比普通材料高很多。

② 尽量增大位错密度。如对金属进行压力加工，使其位错密度增加，强度变高。

（3）面缺陷　面缺陷是指在两个方向上尺寸很大，在另一方向上尺寸较小的缺陷。最常见的面缺陷为晶界与亚晶界。晶界实际上是位向不同的晶粒之间的过渡层，因受邻近晶粒内原子排列位向不同的影响，晶界处原子排列不规则，晶格处于畸变状态，如图 1-13 所示。在多数情况下，相邻晶粒的位向差都大于 10°，此时各晶粒之间的晶界称为大角度晶界，多晶体中 90% 以上的晶界属于此类。另外，使用电子显微镜可以观察到，在一个晶粒内部又存在位向差只有几十〔角〕分到 1°～2° 的小晶块，称为亚晶粒，其界面称为亚晶界或小角度晶界。

亚晶界与晶界的作用相似，有如下特点：

① 由于界面能的存在，使晶界的熔点低于晶粒内部，且易于腐蚀和氧化。

② 晶界的原子混乱排列和高能量有利于固态相变的形核。

③ 晶界增加了位错移动阻力，故晶界处的硬度、强度高；晶界面积越大，强度越高。

通过细化晶粒，增加晶界面积来提高金属强度的方法称为细晶强化。必须指出，这种强化与位错强化不同，细晶强化不仅使金属强度提高，还使其塑性、韧性得到改善。

虽然晶体缺陷的存在破坏了晶体结构的完整性，但需指出的是，晶体缺陷的相对比例还是很小的，仅是在局部区域对于完整晶体的原子排列规则性的偏离，

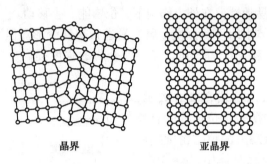

晶界　　　　　　　　　　亚晶界

图 1-13　晶界和亚晶界

金属的晶体性并不因有少量晶体缺陷的存在而改变。此外，实际晶体结构中的点、线、面缺陷并不是固定不变的，而是随温度和加工过程等因素的改变而不断变化的。它们可以产生、运动和交互作用，也能合并和消失。晶体缺陷对晶体材料的性质，特别是对金属的塑性变形、强化、断裂以及固态相变等过程都有很大的影响。

## 1.1.3　合金晶体结构

合金是指两种或两种以上金属元素或金属与非金属元素通过熔炼、烧结等方法制成的具有金属特性的物质。如钢与铸铁是铁和碳的合金；黄铜与锡青铜分别是铜与锌、铜与锡的合金。由于合金在强度、硬度等力学性能方面比纯金属高得多，所以工业中使用的金属材料几乎全部是合金材料。

组成合金的独立物质称为组元。组元通常指纯元素，也可以是稳定的化合物。根据合金的组元数，合金分为二元合金、三元合金等。合金中具有相同化学成分、相同的晶体结构并有明显界面分开的均匀部分称为"相"。如纯金属液体为单相，在结晶过程中液体和固体共存时则为两相。需要注意的是，相的区别并非只限于物质的状态，在固态下由于晶体结构不同也会同时存在多个相。"组织"是指用肉眼或光学显微镜观察到的内部构造的图像，如金属的晶粒。"组织"与"相"只是材料内部构造不同尺度的两个概念。相的基本组成部分是"原子"，组织的基本组成部分是"相"；原子间的结合键、相的成分与结构决定了相的性能，组织中相的组成方式决定了材料的力学性能。

合金中的相按其结构特点可分为固溶体和金属化合物两大类。

1. 固溶体

固溶体指一个或几个组元的原子（化合物）溶入另一个组元的晶格中，而仍保持另一组元晶格类型的固态晶体。固溶体的特征是：溶剂为含量较多的基体金属，晶格类型保持不变；溶质为含量较少的合金元素，晶格类型消失。例如碳

原子溶解到 α-Fe 的晶格中，形成的固溶体（称铁素体）具有 α-Fe 原来的体心立方晶格，而碳失去原来的密排六方结构，以单个原子溶入 α-Fe 的晶格，也就是说 α-Fe 是溶剂，碳是溶质。同理，碳原子溶解到 γ-Fe 的晶格中，形成的固溶体（称奥氏体）具有和 γ-Fe 相同的面心立方晶格。由于固溶体的成分范围是可变的，而且有一个溶解度极限，故通常固溶体不能用单一化学分子式来表示。

根据溶质原子在溶剂晶格中所处的位置不同，固溶体分为置换固溶体和间隙固溶体两种。

（1）置换固溶体　溶质原子置换了部分溶剂晶格中的溶剂原子而形成的固溶体称为置换固溶体，如图 1-14a 所示。多数固溶体为置换固溶体，如黄铜中的 α 相就是锌原子置换铜晶格上的原子而形成的固溶体。由于溶质原子在溶剂中的溶解度不同，置换固溶体中有些是无限固溶体，如铜镍合金；有些是有限固溶体，如铜、钼、铝、钨等只能与铁形成有限固溶体。

（2）间隙固溶体　溶质原子位于溶剂晶格间隙中所形成的固溶体称为间隙固溶体，如图 1-14b 所示。钢中的铁素体就是碳在 α-Fe 中形成的间隙固溶体。

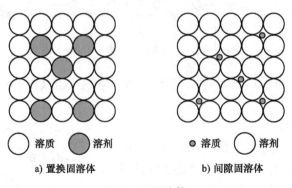

a) 置换固溶体　　　　　　　b) 间隙固溶体

图 1-14　固溶体

无论是间隙固溶体还是置换固溶体，都因溶质原子的溶入而导致原子间作用力发生变化，使溶剂晶格发生畸变，如图 1-15 所示。原子尺寸相差越大，畸变就越严重。晶格畸变增加了位错移动的阻力，提高了合金的强度和硬度。这种通过溶入溶质元素而使溶剂金属强度、硬度提高的现象称为固溶强化。固溶强化在工业中得到了广泛的应用，是提高金属材料力学性能的主要方法之一。例如向铜中加入一定量的镍，可使其抗拉强度提高近一倍。由于固溶体是以溶剂金属为基体，故其还具有良好的塑性与韧性。

若按照溶质原子在溶剂中的溶解度来分类，则固溶体可分为有限固溶体和无限固溶体两种。有限固溶体指溶质原子在固溶体中的浓度有一定的限度，超过这个限度就会有其他合金相析出；无限固溶体指溶质和溶剂元素能以任意比例相互

置换固溶体                                              间隙固溶体

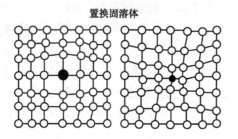 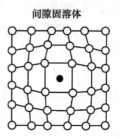

图 1-15    固溶体晶格畸变

溶解，即溶解度可以达到 100%。

图 1-16 所示为形成无限固溶体时两组原子连续置换的过程。对间隙固溶体而言，由于溶剂晶格的间隙有限，所以其只能有限溶解溶质原子，因此间隙固溶体一定是有限固溶体。而对于原子半径、电化学特性接近、晶格类型相同的组元，容易形成置换固溶体，并有可能形成无限固溶体。

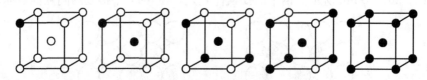

图 1-16    形成无限固溶体时两组元原子连续置换的过程

### 2. 金属化合物

合金中各组元按一定方式形成的一种新晶体称为金属化合物。金属化合物的晶格类型不同于任一组元，一般具有复杂晶格，如碳钢中的渗碳体（$Fe_3C$）是铁与碳形成的金属化合物，但其晶格类型既不同于铁，也不同于碳，表现为图 1-17 所示的复杂结构。

复杂的结构使金属化合物具有较高的熔点、很高的硬度与脆性。合金中出现金属化合物时，合金的强度、硬度和耐磨性提高，但塑性、韧性降低。由于金属化合物硬而脆，通常不能作为合金的基体材料，而是以弥散状态（细粒状、细点状）分布于合金基体上作为强化相。弥散度越高，金属的强度、硬度越高。这种以弥散粒子作为第二强化相而使金属强度、硬度提高的现象称为弥散强化。由于第二强化相粒子很小，故对合金的塑性、韧性影响较小。弥散强化在生

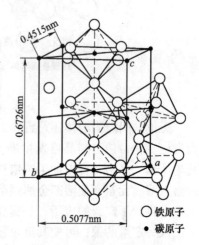

○ 铁原子
• 碳原子

图 1-17    金属化合物的结构

产中也得到了广泛应用。

## 1.2 金属材料的性能

### 1.2.1 金属材料的力学性能

金属材料的力学性能指材料在外力（外载荷）作用时表现出的性能，包括强度、塑性、硬度、韧性、疲劳强度等。根据载荷随时间变化的情况，可以把载荷分为静载荷和动载荷。

静载荷指外力缓慢的由零增加到某一定值后保持不变或变化很小，如机器的重量对基础的作用。作用在机械零件的静载荷分为以下四种基本形式：

1）拉伸或压缩载荷，如图 1-18a、b 所示。拉伸或压缩载荷是由大小相等、方向相反、作用线与杆件轴线重合的一对力引起的。这类载荷使杆件的长度发生伸长或缩短。起吊重物的钢索、液压缸的活塞杆、桁架的杆件等，在工作时都受到拉伸或压缩载荷作用，产生拉伸或压缩变形。

2）弯曲载荷，如图 1-18c 所示。弯曲载荷是由垂直于杆件轴线的横向力，或由作用于包含杆轴的纵向平面内的一对大小相等、方向相反的力偶引起的。弯曲载荷使杆件轴线由直线变成曲线，产生弯曲变形。在工程中，桥式吊车的大梁、各种心轴以及车刀等都受弯曲载荷作用。

3）剪切载荷，如图 1-18d 所示。剪切载荷是由作用在构件两侧面上的大小相等，方向相反，作用线相距很近的横向集中力引起的。在此外力作用下，构件的变形特点是以两力之间的横截面为分界线，构件的两部分沿该面发生相对错动，受力过大时甚至发生切断。机械中常用的连接件，如键、销钉、螺栓等都受剪切载荷作用。

4）扭转载荷，如图 1-18e 所示。构件两端受到一对在垂直于轴线平面内的外力偶作用，这一对大小相等、转向相反的力偶即为扭转载荷。扭转载荷会使杆件的任意两个横截面发生绕轴线的相对转动，产生扭转变形。汽车方向盘的转向轴、电动机和水轮机的主轴等都受扭转载荷作用。

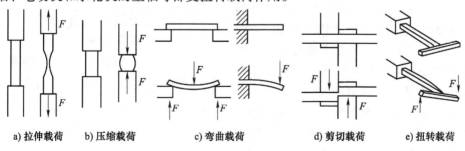

a) 拉伸载荷    b) 压缩载荷    c) 弯曲载荷    d) 剪切载荷    e) 扭转载荷

图 1-18 静载荷

动载荷根据载荷随时间变化的方式，分为变动载荷与冲击载荷：

1）变动载荷是大小、方向或大小和方向随时间按一定的规律作周期性变化的载荷，或呈无规则随机变化的载荷，前者称为周期变动载荷，后者称为随机变动载荷。周期变动载荷又分交变载荷和重复载荷。交变载荷的载荷大小和方向都随时间呈周期性变化，如图 1-19a 所示。火车的车轴和曲轴轴颈上的一点在运转过程中所受的载荷就是交变载荷。重复载荷的载荷大小作周期性变化，但方向不变（见图 1-19b），如单向传动的啮合齿轮根部受拉侧的载荷就是重复载荷。而对于在不平坦的路面上行驶的汽车、拖拉机等机械设备，其零件常受偶然冲击，所承受的载荷就是随机变动载荷（见图 1-19c）。在变动载荷作用下，零件的主要破坏形式是疲劳断裂。

2）冲击载荷指作用力在极短的时间内有着很大变化幅度的载荷。例如活塞冲击钎尾，在相互撞击部分，其作用力在几十微秒内就由零增到几十千牛，再经几百微秒又重新下降到零。

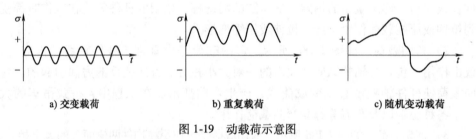

a) 交变载荷          b) 重复载荷          c) 随机变动载荷

图 1-19　动载荷示意图

### 1. 轴向拉伸试验

常温、静载下的轴向拉伸试验是材料力学试验中最基本、应用最广泛的试验。通过拉伸试验，可以全面地测定材料的弹性、塑性、强度等力学性能指标。这些性能指标对零件设计、材料选择、工艺评定和新材料开发都有极其重要的作用。

试验按 GB/T 228.1—2010 规定的方法进行，将一截面为圆形的试样（见图 1-20）夹在拉伸试验机（见图 1-21）的上、下夹头上，缓慢加载拉伸，直至试样拉断为止。图 1-22 所示为低碳钢试样做拉伸试验时测得的拉力（$F$）和伸长量（$\Delta L$）的关系曲线，称为低碳钢拉力-伸长量（应力-应变）曲线。低碳钢是指碳的质量分数在 0.3% 以下的碳素

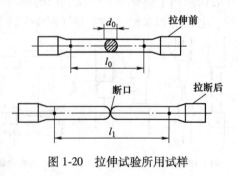

图 1-20　拉伸试验所用试样

钢。这类钢材在工程中使用较广，在拉伸时表现出的力学性能也最为典型。

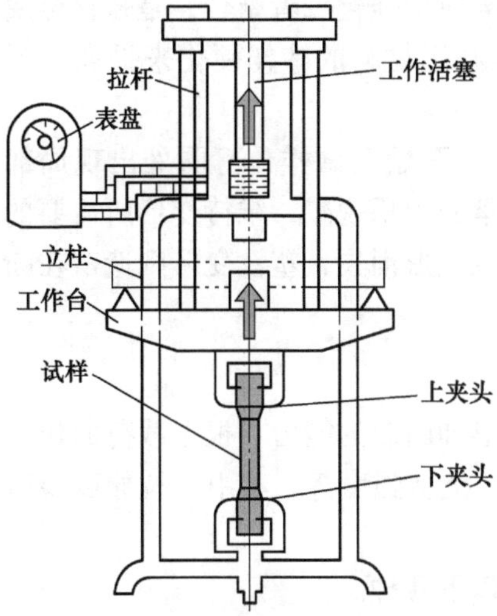

图 1-21　拉伸试验机

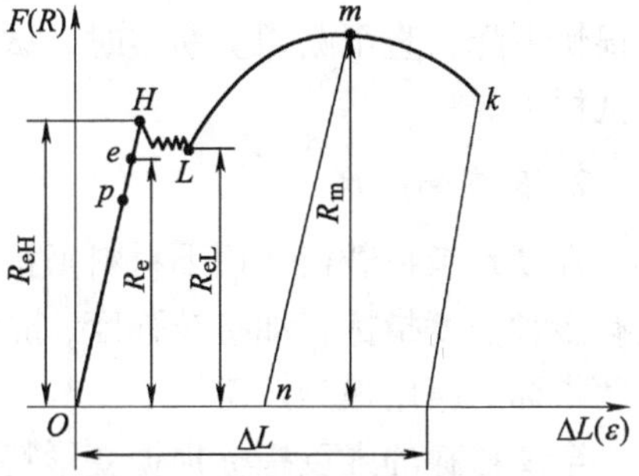

图 1-22　低碳钢拉力-伸长量
（应力-应变）曲线

　　拉力-伸长量曲线与试样的尺寸有关。为了消除试样尺寸的影响，把轴向力 $F$ 除以试样横截面的原始面积 $S_0$ 就得到了应力，用 $R$ 表示。同样，试样在标距段的伸长量 $\Delta L$ 除以试样的原始标距 $L_0$ 得到伸长率，用 $\varepsilon$ 表示。$R$-$\varepsilon$ 曲线与 $F$-$\Delta L$ 曲线形状相似（见图 1-22），但消除了几何尺寸的影响，因此代表了材料本质属性。

　　典型低碳钢的应力-应变曲线，主要分为以下四个阶段：

　　1）弹性阶段 $Ope$：在此阶段试样的变形是弹性的，如果在这一阶段终止拉伸并卸载，试验曲线将沿着拉伸曲线回到初始点，即变形完全恢复到初始状态。

　　需要注意的是，当载荷超过 $F_p$（$p$ 点载荷）而不大于 $F_e$（$e$ 点载荷）时，拉伸曲线稍偏离直线，试样发生极微量塑性变形（0.001%~0.005%），但仍属于弹性变形阶段。

　　2）屈服阶段 $HL$：在超过弹性阶段后出现明显的屈服过程，即曲线沿一水平段上下波动，应力增加很少，而变形却快速增加。这表明材料在此载荷作用下，宏观上表现为暂时丧失抵抗继续变形的能力。从微观结构解释这一现象，是由于构成金属晶体材料结构晶格间的位错在外力作用下发生有规律的移动。

　　3）强化阶段 $Lm$：屈服阶段结束后，应力-应变曲线又出现上升现象，说明材料恢复了对继续变形的抵抗能力，若要继续变形必须施加足够的载荷。如果在这一阶段卸载，弹性变形将随之消失，而塑性变形将永远保留。强化阶段的卸载路径（$mn$）与弹性阶段平行。卸载后若重新加载，材料的弹性阶段线将加长、屈服强度明显提高，塑性将降低。这种现象称作应变强化或冷作硬化。冷作硬化是金属材料极为宝贵的性质之一。塑性变形与应变强化二者结合，是强化金属的重要手段。喷丸、挤压，冷拔等工艺，就是利用材料的冷作硬化来提高材料的强度。

4）缩颈阶段 $mk$：应力到达强度极限后，开始在试样最薄弱处出现局部变形，从而导致试样局部截面急剧缩颈，有效承载面积锐减，维持变形所需要的应力很快下降，直至断裂。断裂时，试样的弹性变形消失，塑性变形则遗留在断裂的试样上。

2. 强度和刚度

强度是指在载荷作用下材料抵抗塑性变形和断裂的能力。根据载荷的作用方式有多种强度指标，如抗拉强度、抗弯强度、抗剪强度等，其中以拉伸试验所得强度指标的应用最为广泛。

金属材料的强度指标根据变形特点分为以下几种。

（1）弹性极限 $R_e$ 和弹性模量 $E$ 由低碳钢的应力-应变曲线可知，$Op$ 段是应变量与应力为成正比关系的直线段，$p$ 点处的应力用 $R_p$ 表示，称为规定塑性延伸强度；$pe$ 段虽非正比关系，但仍属纯弹性变形阶段，$e$ 点处的应力用 $R_e$ 表示，称为弹性极限。也就是说，$R_p$ 是材料保持载荷与伸长成比例增长的最大应力；$R_e$ 是材料不产生永久变形可承受的最大应力，是弹性零件的设计依据。事实上，$R_p$ 与 $R_e$ 相当接近，故工程上通常不做区分。

弹性模量 $E$ 是指在规定塑性延伸强度 $R_p$ 范围内应力与应变之比，可由式（1-1）表示。弹性模量主要取决于金属的本身性质，与晶格类型和原子间距有关，而热处理等强化手段对弹性模量影响极小。

$$E = R/\varepsilon = Fl_0/S_0\Delta l \tag{1-1}$$

$E$ 反映了材料抵抗弹性变形的能力，即材料刚度大小的度量指标。当外力 $F$、试样长度 $l_0$ 和试样面积 $S_0$ 一定时，$E$ 与 $\Delta l$ 成反比，即某种材料的弹性模量越大，其弹性变形量就越小，而刚度就越大。大部分机械零件都在弹性状态下工作，对刚度有一定要求，在工作时不允许产生过大的弹性变形。除选择具有较大弹性模量的材料外，增大横截面积或改变截面形状可使零件的刚度增加。

（2）屈服强度 屈服强度表征金属材料对产生明显塑性变形的抗力。

屈服强度包括上屈服强度 $R_{eH}$ 和下屈服强度 $R_{eL}$。上屈服强度 $R_{eH}$，是指试样发生屈服而力首次下降前的最大应力。下屈服强度 $R_{eL}$，是指试样在屈服期间，不计初始瞬时效应时的最小应力。由于材料在屈服阶段已经发生过量变形，必然残留不可恢复的变形（塑性变形），因此，从屈服阶段开始，材料的变形就包含弹性和塑性变形两部分。通常零件在工作时不允许产生塑性变形，故屈服强度是零件设计的主要依据，也是材料最重要的强度指标。

需要注意的是，工业中使用的大多数材料（如合金钢、铜合金、铝合金、铸铁等）没有明显的屈服点（见图1-23a），很难准确测定屈服强度。因此国家标准中规定，用规定塑性延伸强度 $R_p$，或规定残余延伸强度 $R_r$，作为该材料的条件屈服强度。如 $R_{r0.2}$，表示规定残余延伸率为 0.2% 时的应力（见图1-23b）；$R_{p0.2}$，表示规定塑性延伸率为 0.2% 时的应力。

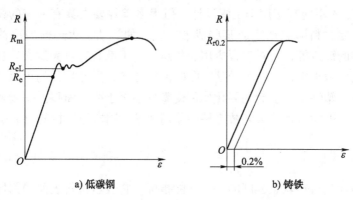

a) 低碳钢　　　　　　　　　b) 铸铁

图1-23　低碳钢和铸铁的应力-应变曲线

（3）抗拉强度　应力-应变曲线的应力峰值记为材料的抗拉强度 $R_m$，它表征材料抵抗均匀变形和断裂的能力。材料的抗拉强度容易测定，数值也比较准确。

$R_m$ 也是零件设计和评定材料时的重要强度指标。如果单从保证零件不产生断裂的安全角度考虑，或者用低塑性材料或脆性材料制造零件时，都可以 $R_m$ 作为设计依据。

在航空航天及汽车工业中，为了减轻车身或机身重量，常选用比强度的材料。比强度是材料的强度指标与其密度的比值（$R_m/\rho$）。强度相等时，材料的密度越小（即重量越轻），比强度越大。

3. 塑性

拉伸试验在测定材料强度的同时，也可以测定塑性。塑性指材料在外载荷作用下产生永久变形而不断裂的能力。常用的塑性指标是断后伸长率（$A$）和断面收缩率（$Z$），计算公式如下

$$A = \frac{l_1 - l_0}{l_0}, Z = \frac{S_0 - S_1}{S_0} \tag{1-2}$$

式中　$l_0$——试样原标距长度，单位为 mm；

　　　$l_1$——试样拉断后标距长度，单位为 mm；

　　　$S_0$——试样原始横截面积，单位为 $mm^2$；

$S_1$——试样断裂处的横截面积，单位为 $mm^2$。

$A$、$Z$ 值越大，表示金属的塑性越好。同一材料的试样长短不同，测得的 $A$ 值略有不同。长试样（$l_0 = 10d_0$）测得的断后伸长率用 $A_{11.3}$ 表示，短试样（$l_0 = 5d_0$）测得的断后伸长率用 $A$ 表示。对于同一材料，$A > A_{11.3}$，因此，不同材料的 $A$ 与 $A_{11.3}$ 不能直接比较。而 $Z$ 与试样的尺寸无关，考虑到材料塑性变形时可能有缩颈行为，故 $Z$ 能更可靠地反映材料的塑性高低。

虽然 $Z$、$A$ 不能直接用于工程设计，但很多零件要求具有一定的塑性。良好的塑性可以使材料顺利地完成某些成形工艺，如翼肋、火焰筒的冷冲压及涡轮盘、涡轮轴的锻造等，这对工程应用和材料的加工都具有重大意义。良好的塑性还可以降低应力集中，使应力松弛，吸收冲击能量，提高零件的可靠性；如零件超载使用时，塑性变形引起的强化作用使零件不至于突然断裂。一般 $A$ 达到 5%，$Z$ 达到 10%，即能满足绝大多数零件的使用要求。追求过高的塑性，会降低零件的强度。

4. 硬度

硬度是反映材料软硬程度的一种性能指标，它表示材料表面局部区域抵抗变形或破裂的能力。硬度不足会使零件表面在使用过程中产生划痕、凹坑，或长期使用后产生磨损。

工程上用于测量材料硬度的方法有布氏硬度、洛氏硬度和维氏硬度等。

（1）布氏硬度（HBW） 布氏硬度的试验原理、方法与条件在国标 GB/T 231.1—2018《金属材料 布氏硬度试验 第 1 部分：试验方法》中有详细说明。图 1-24 所示为布氏硬度测量原理，测量时将直径为 $D$ 的碳化钨合金球（即压头）施加试验力 $F$ 并压

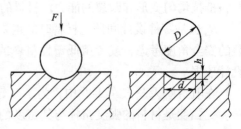

图 1-24 布氏硬度测量原理

入试样表面，经规定保持时间后卸除试验力，测量试样表面压痕的直径 $d$。压痕被看作具有一定半径的球形，试验力除以压痕表面积即得到布氏硬度，用 HBW 表示，其计算公式为

$$布氏硬度 HBW = 0.102 \frac{2F}{\pi D(D - \sqrt{D^2 - d^2})} \tag{1-3}$$

式中　$F$——试验力，单位为 N；

　　　$D$——压头直径，单位为 mm；

　　　$d$——压痕平均直径，单位为 mm。

由式（1-3）可看出，布氏硬度值实质上是指材料压坑单位球面积上的抵抗

力，其数值越大，则表示材料越硬。布氏硬度的表示方法为：符号 HBW 之前为布氏硬度值，符号后面的数值依次表示球体直径、施加的试验力对应的 kgf 值及试验力保持时间（保持时间 10~15s 时可不标注）。例如，压头直径为 10mm，试验力为 9.81kN（1000kgf），保持时间为 3s，布氏硬度值为 300，可记为 300 HBW 10/1000/30，也可简单表示为 300 HBW。

布氏硬度试验的优点是：压坑面积大，受材料不均匀度影响小，故测量误差小，硬度值准确、真实。但同时也因压痕面积大，不宜用来检测成品、小件、薄件的硬度。此外，还因测试过程相对较复杂，不适合大批量生产的零件检验。

（2）洛氏硬度（HR）　洛氏硬度的试验原理、方法与条件在国标 GB/T 230.1—2018《金属材料 洛氏硬度试验　第 1 部分：试验方法》中有详细说明。图 1-25 所示为洛氏硬度测量原理，测量时将特定尺寸、形状和材料的压头分两级试验力压入试样表面。初试验力加载后，测量初始压痕深度 $h_1$；

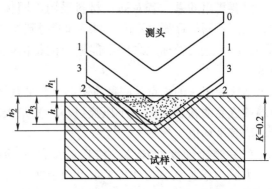

图 1-25　洛氏硬度测量原理

随后施加主试验力，使压入深度达 $h_2$；经保持规定时间后，卸除主试验力、保持初试验力，由于材料弹性恢复，最终压痕深度减小为 $h_3$。以 $h = h_3 - h_1$ 作为洛氏硬度值的计算深度。

如果直接用压痕深度的大小计量硬度值的指标，势必造成材料越硬，洛氏硬度值越小；而材料越软，洛氏硬度值越大，这不符合人们的习惯 。因此，洛氏硬度值采用以下公式换算得到：

$$洛氏硬度 HR = N - \frac{h}{s} \tag{1-4}$$

式中　$N$——给定标尺的全量程常数；

$s$——标尺常数，通常为 0.002mm。

根据国标 GB/T 230.1—2018 规定，洛氏硬度试验采用三种试验力、三种压头，它们共有 9 种组合，对应于洛氏硬度的 9 个标尺：HRA、HRB、HRC、HRD、HRE、HRF、HRG、HRH 和 HRK。这 9 个标尺的应用涵盖了几乎所有常用金属材料的硬度测量。其中最常用的是 HRA、HRB、HRC 三种，测量时硬度值可直接从洛氏硬度机的刻度盘上读出（现在硬度计上多配备数字显示），不必再采用上式计算。洛氏硬度的表示方法是：洛氏硬度值（数字）置于 HR 之前，如 50 HRC 、65 HRA 等。常用洛氏硬度标尺的试验条件与应用范围见表 1-1。

表 1-1　常用洛氏硬度标尺的试验条件与应用范围

| 洛氏硬度标尺 | 压头类型 | 初试验力 $F_0/N$ | 总试验力 $F/N$ | 适用范围 | 应用举例 |
|---|---|---|---|---|---|
| HRA | 120°金刚石锥 | 98.07 | 588.4 | 20~95 HRA | 硬质合金、表面硬化层 |
| HRB | 1.588mm 碳化钨合金球 | 98.07 | 980.7 | 10~100 HRB | 有色金属、退火钢 |
| HRC | 120°金刚石锥 | 98.07 | 1471 | 20~70 HRC | 淬火、回火钢 |

需要指出的是，若对同一材料采用不同标尺测量，所得数值各不相同；反之，采用不同标尺测量不同材料，即使得到相同数值，各材料的实际硬度也并不相同。故上述三种标尺之间不能用所测得的硬度值直接对比来比较材料的硬度高低。

洛氏硬度法的优点是测量简便迅速，可直接读数；表面压痕小，多用于较薄材料或成品的检测。但由于压痕过小，测量误差稍大，常采用不同部位多点测量，取其平均值。

（3）维氏硬度（HV）　维氏硬度的试验原理、方法与条件在国标 GB/T 4340.1—2009《金属材料 维氏硬度试验　第 1 部分：试验方法》中有详细说明。测量原理类似布氏硬度，如图 1-26 所示，将顶部两相对面夹角为 136°的正四棱锥体金刚石压头用一定的试验力 $F$ 压入试样表面，保持规定时间后，卸除试验力，测量试样表面压痕对角线长度 $d_1$ 与 $d_2$，计算出二者的算术平均值 $d$，进而计算出压痕表面积 $A$，最后求出压痕表面积上的平均压力，即得到金属的维氏硬度值，用符号 HV 表示。计算式为：

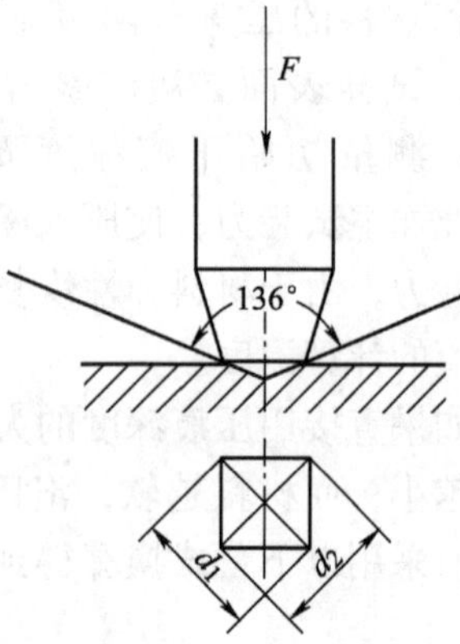

图 1-26　维氏硬度测量原理

$$HV = F/A = 0.189F/d^2$$

$$d = \frac{d_1 + d_2}{2} \tag{1-5}$$

维氏硬度的试验力 $F$ 分为六级（49N、98N、196N、294N、490N、980N），可根据材料硬度和厚度的不同来选择。一般情况下试验力选用 294N。测定表面薄层时，可用小试验力。维氏硬度不随试验力变化，即不同试验力下的维氏硬度可以相互比较。维氏硬度表示方法与布氏硬度基本相同，比如，500 HV 30/20 表示用 294N（30kgf）的试验力加载并保持 20s 后测得的维氏硬度值为 500（加载时间为 10~15s 时不注明时间）。

维氏硬度的优点是测量精度高，测量的硬度范围宽（可高达 1300HV），特别适宜测定工件表面硬化层、金属镀层及薄片金属的硬度。

硬度试验的以下优点促进了它的广泛应用：①试验设备简单，操作快捷方便。②试验时一般不破坏成品零件，因而无须加工专门的试样，试验对象可以是各类工程材料和各种尺寸的零件。③硬度能综合反映材料的强度等其他力学性能。如对某些材料（如低碳钢）而言，其硬度与强度之间存在着一定的对应关系，可以用零件的硬度来估算强度而免做复杂的拉伸试验。④硬度与耐磨性有直接关系，硬度越高，耐磨性越好。如高速钢车刀要求硬度大于 62HRC，热锻模要求硬度为 35~47 HRC。⑤硬度能较敏感地反映材料的成分与组织结构的变化，可用来检验原材料和控制冷、热加工质量。⑥材料的硬度还与工艺性能之间有联系，如塑性加工性能、切削加工性能和焊接性能等，因而可作为评定材料工艺性能的参考。

**5. 冲击韧性**

冲击韧性是材料抵抗冲击载荷的能力。许多机械零件（如飞机起落架、发动机涡轮轴、汽车的变速齿轮等）在工作中受到冲击载荷的作用，能引起材料断裂。因此，对这类零件进行设计时，除了要考虑硬度、塑性等静态力学性能指标，还要考虑冲击韧性这种动态力学性能指标。在测定冲击韧度值时，不仅存在力的作用，而且伴随有力的作用速度，所以它是一种能量参数。

根据夏比摆锤冲击试验方法规定，将试样制成带 V 形缺口或 U 形缺口的标准试样，通常采用横梁式（见图 1-27）方法进行冲击试验。

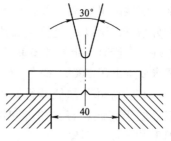

图 1-27　横梁式方法测量冲击韧度值原理

冲击试验利用的是能量守恒原理。试验的过程为，先将试样放在如图 1-28 所示的冲击试验机的支座上，并使试样缺口背向摆锤冲击方向与摆锤对正，然后将重量为 $G$ 的摆锤提举到一定高度 $H$；摆锤落下将试样冲断，冲断试样后的剩余能量使摆锤上升到高度 $h$。试样横截面单位面积上所消耗的功即为冲击韧度值 $a_K$，即

$$a_K = \frac{A_K}{S}$$

$$A_K = G(H - h) \tag{1-6}$$

式中　$A_K$——冲击试样所消耗的功，单位为 J；

$S$——试样缺口处的横截面积，单位为 $cm^2$。

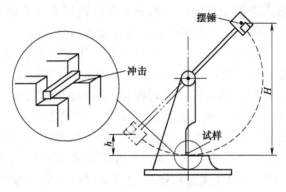

图 1-28 冲击试验机

冲击吸收能量虽然可以表示材料变脆倾向，但不能真正反映材料的韧性程度。因为用于冲断试样的冲击吸收能量并非完全被试样的变形和断裂过程所吸收，其中有一部分功消耗于空气阻力、机身振动、轴承与测量机构的摩擦及冲断试样的飞出等。此外，冲击韧度值是通过一次摆锤冲击试验测得的，测试时要求一次冲断，而实际生产中的工件大多数都是多次冲击后才被破坏的，这与冲击试验中一次冲断的情况相差较大。所以冲击韧度不能用于定量计算，只能用于相对比较。

尽管冲击吸收能量不能真正代表材料的韧性高低，但由于它对材料成分、内部组织缺陷（如夹杂物、偏析、气泡、内部裂纹、钢的回火脆性、晶粒粗化）十分敏感，所以 $a_K$ 是检验冶炼和热加工质量的有效方法。对于承受冲击载荷的零件，应当有一定的冲击韧度要求，以保证零件使用的安全性，如航空发动机轴要求 $a_K = 300 \sim 500 \mathrm{kJ/cm}^2$，而一般零件只需 $a_K = 300 \sim 100 \mathrm{kJ/cm}^2$ 便可满足要求。

有的材料（如低碳钢）在室温及室温以上处于韧性状态，冲击韧性很高；而低温下冲击韧性急剧下降，表明材料由韧性状态转变为脆性状态，其特征温度称为韧脆转变温度（$T_K$）（见图 1-29）。韧脆转变温度的高低是金属材料质量指标之一。材料的 $T_K$ 越低，表明低温冲击韧性越好。这对于在寒冷地区工作的机械结构（如极寒地区的运输机械、输送管道等）尤为重要。应当指出的是，并非所有材料都有韧脆转变现象，如铝和铜合金等就没有韧脆转变现象。

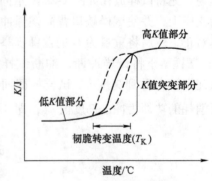

图 1-29 冲击吸收能量-温度曲线

6. 疲劳强度

机械零件在交变载荷作用下，其工作应力远小于抗拉强度（甚至小于屈服强度）的情况下，在长时间工作后突然断裂的现象称为疲劳断裂。交变载荷指大小、方向随时间呈周期性变化的载荷。机床主轴、齿轮、弹簧、连杆等做旋转或往复运动的零件都是在交变载荷作用下工作的，较易发生疲劳断裂。

金属疲劳断裂可分为三个阶段：

① 微观裂纹扩展阶段。在循环加载下，由于物体内部微观组织结构的不均匀性，某些薄弱部位（如材料表面的刀痕、尖角等应力集中处和材料内部的夹渣、气孔、裂纹等缺陷处）首先形成微观裂纹。在此阶段，裂纹长度大致在0.05mm以内。

② 宏观裂纹扩展阶段。微裂纹基本上沿着与主应力垂直的方向扩展，逐渐发展为宏观裂纹。借助电子显微镜可在断口表面上观察到此阶段中每一应力循环所遗留的疲劳条带，宏观上表现为壳状或海滩状纹路的疲劳弧线。

③ 瞬时断裂阶段。当裂纹扩大到使零件残存截面不足以抵抗外载荷时，就会在某一次加载下突然断裂。疲劳断裂具有在时间上的突发性，在位置上的局部性及对环境和缺陷的敏感性等特点，且疲劳断裂一般不发生明显的塑性变形，故疲劳断裂常不易被及时发现且易造成事故。

材料抵抗疲劳断裂的能力用疲劳强度来表征。根据国标 GB/T 4337—2015《金属材料 疲劳试验 旋转弯曲方法》规定，材料承受的交变应力 $R$ 与材料断裂前承受的交变应力的循环次数 $N$（疲劳寿命）之间的关系可用疲劳曲线来表示（见图1-30a）。显然，材料承受的交变应力 $R$ 越大，则断裂时应力循环次数 $N$ 越少；当 $R$ 降低到某一数值时，曲线趋于水平，即表示在该应力作用下，材料经过无限多次应力循环而不断裂，此时的应力即为疲劳极限（或称疲劳强度）。对于对称循环交变应力（见图1-30b）下的弯曲疲劳强度用 $R_{-1}$ 表示。实际上，材料不可能做无限次交变载荷试验，一般钢铁的疲劳寿命 $N$ 取 $10^7$ 次，有色金属的疲劳寿命 $N$ 取 $10^8$ 次。

机械零件发生的断裂中，超过80%是因疲劳造成的。一般而言，钢铁材料的疲劳强度 $R_{-1}$ 值约为其抗拉强度 $R_m$ 的一半，钛合金及高强钢的疲劳强度较高，而塑料、陶瓷的疲劳强度则较低。采用改进设计（避免尖角、降低表面粗糙度值等）和表面强化工艺（表面淬火、化学热处理、喷丸、滚压等）都可提高零件的疲劳强度。加强原材料和零件成品的内部缺陷检查也可减少或避免疲劳断裂。

7. 高温性能

航空发动机中很多零件长期在高温下工作。这里所指的"高温"或"低温"是相对该金属的熔点而言，常采用约比温度，即 $T/T_m$（$T$ 为试验或工作温度，

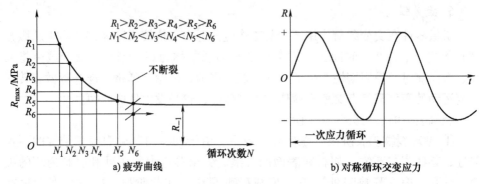

a) 疲劳曲线                b) 对称循环交变应力

图 1-30    疲劳曲线和对称循环交变应力图

$T_m$ 为熔点)。当 $T/T_m > 0.5$ 时为高温,反之为低温。高温下,钢的抗拉强度随载荷持续时间的增长而降低。如 20 钢在 450℃ 时短时抗拉强度为 320MPa;载荷为 225MPa 时,持续 300h 可发生断裂;载荷为 115MPa 左右时,持续 10000h 试样断裂。一般在高温短时载荷作用下,金属材料的强度和弹性模量降低而塑性增加;但高温长时载荷作用下,塑性却显著降低,缺口敏感性增加,往往呈现脆性断裂现象。由此可见,对于高温材料的力学性能,不能使用常温下短时拉伸的应力-应变曲线来评定其性能,还必须加入温度与时间两个因素。

(1) 蠕变   蠕变就是金属材料在一定温度和持续应力(即使应力小于弹性极限)作用下,缓慢地发生塑性变形的现象。这种变形最后导致的材料断裂称为蠕变断裂。蠕变现象的发生是温度和应力共同作用的结果。温度和应力的作用方式可以是恒定的,也可以是变动的。蠕变在低温下也会产生,但只有当约比温度大于 0.3 时才比较显著。如碳钢温度超过 300℃,合金钢温度超过 400℃ 时,就必须考虑蠕变的影响。

一般随着工作温度的提高,材料蠕变现象会更加明显,对材料蠕变强度的要求也越来越高。不同的工作温度需选用具有不同蠕变性能的材料,因此蠕变强度就成为决定高温金属材料使用价值的重要因素。

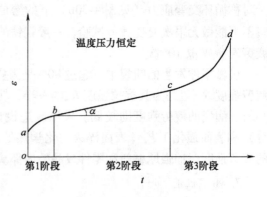

图 1-31   典型蠕变曲线

金属材料的蠕变过程可用典型的蠕变曲线表示,如图 1-31 所示。曲线分为三个阶段。$ab$ 部分为第一阶段,包括瞬时变形 $oa$ 部

分和蠕变变形 $ab$ 部分，$ab$ 部分称为蠕变起始阶段。由于这部分的蠕变速度是逐渐减小的，故又称蠕变减速阶段。$bc$ 部分为第二阶段，这部分的蠕变变形与时间呈线性关系，即蠕变速度维持恒定。在整个蠕变过程中，这部分的蠕变速度最小，故称为稳态蠕变阶段或最小蠕变速度阶段。$cd$ 部分为蠕变第三阶段，由于在这一部分蠕变变形速度逐渐增加，故将这部分称为蠕变加速阶段，直至 $d$ 点材料断裂。

蠕变强度是指材料在高温长时载荷作用下抵抗塑性变形的能力，有以下两种表示方法：

1) 在规定时间内达到规定变形量的蠕变强度，记为 $\sigma_{A/t}^{T}$，单位为 MPa，其中 $T$ 为摄氏温度（℃），$A$ 为伸长率（%），$t$ 为持续时间（h）。例如，$\sigma_{0.2/1000}^{700}$ 表示 700℃、1000$h$ 达到 0.2% 伸长率的蠕变强度。这种蠕变强度一般用于需要提供总蠕变变形的构件设计。

2) 稳态蠕变速度达到规定值时的蠕变强度，记为 $\sigma_{v}^{T}$，单位 MPa。其中 $T$ 为摄氏温度（℃），$v$ 为稳态蠕变速度（%/h）。例如 $\sigma_{1.10^{-5}}^{600}$ 表示 600℃、稳态蠕变速度达到 $1\times10^{-5}$%/h 时的蠕变强度。这种蠕变强度一般用于受蠕变变形控制的，工作时间较长的构件设计。

（2）持久强度　持久强度是指材料在高温长时载荷作用下抵抗断裂的能力。其大小用给定温度（$T$）下，恰好使材料经过规定时间（$t$）发生断裂的应力值表示，记为 $R_{u t/T}$。这里所指规定时间是以零件的设计寿命为依据的。锅炉、汽轮机等机组的设计寿命为数万至数十万小时，而航空喷气发动机的寿命则为一千或几百小时。

对于设计某些在高温运转过程中不考虑变形量大小，而只考虑在承受给定应力下使用寿命的零件来说，金属材料的持久强度是极其重要的性能指标。

（3）高温疲劳　金属材料在高温下的疲劳强度往往是疲劳与蠕变同时作用的结果，因此也常称其为蠕变范围内的疲劳。一般地说，当温度超过 $0.5T_m$ 时，材料的疲劳强度会急剧下降。随着温度的升高，疲劳强度逐渐下降。某试样若在 650℃ 时，应力为 40MPa，经 $10^7$ 次对称循环后断裂，记为 $\sigma_{-1}^{650}=40$MPa。

## 1.2.2　金属材料的理化性能

工程设计制造时除了要考虑材料的力学性能以外，在某些特殊的环境介质和服役条件下还需考虑材料的理化性能。

### 1. 物理性能

材料的物理性能包括密度、热学性能（热容、热膨胀、热传导等）、电学性能（导电性、热电性、压电性、磁电性、光电性等）、磁学性能及光学性能等。

下面介绍工程材料选择和应用时常需考虑的几种物理性能。

(1) 密度　单位体积物质的质量称为该物质的密度。通常把密度小于 $5 \times 10^3 kg/m^3$ 的金属称为轻金属，如铝、镁、钛及它们的合金。密度大于 $5 \times 10^3 kg/m^3$ 的金属称为重金属，如铁、铅、钨等。金属材料的密度直接关系到由它们所制构件和零件的自重。尽管铝合金的强度低于钢，但铝的相对密度却小得多，故比强度更大。用铝合金代替钢制造同一零件，其重量可减小很多。因此，对于航空航天、汽车等要求减轻构件自重的领域，采用低密度材料很有必要。

(2) 熔点　金属从固态向液态转变时的温度称为熔点。纯金属都有固定的熔点。熔点高的金属称为难熔金属，如钨、钼、钒等，可以用来制造耐高温零件，如在火箭、导弹、燃气轮机和喷气式飞机等设备中得到广泛应用。熔点低的金属称为易熔金属，如锡、铅等，可用于制造保险丝和防火安全阀零件等。

(3) 导热性　导热性通常用热导率来衡量。热导率的符号是 $\lambda$，单位是 $W/(m \cdot K)$。热导率越大，导热性越好。金属的导热性以银为最好，铜、铝次之。合金的导热性比纯金属差。在热加工和热处理时，必须考虑金属材料的导热性，防止材料在加热或冷却过程中形成过大的内应力，以免零件变形或开裂。导热性好的金属散热也好，在制造散热器、热交换器与活塞等零件时，要选用导热性好的金属材料。

(4) 导电性　材料传导电流的能力称为导电性，用电阻率 $\rho(\Omega \cdot m)$ 来衡量。电阻率越小，金属材料导电性越好。金属导电性以银为最好，铜、铝次之。合金的导电性比纯金属差。电阻率小的金属（纯铜、纯铝）适宜于制造导电零件和电线。电阻率大的金属或合金（如 Ni-Cr 合金、Fe-Mn-Al 合金、Fe-Cr-Al 合金）适宜于做电热元件。

(5) 热膨胀性　材料随着温度变化而膨胀、收缩的特性称为热膨胀性。一般来说，金属受热时膨胀，体积增大；冷却时收缩，体积缩小。热膨胀性用线胀系数 $\alpha_l$ 和体胀系数 $\alpha_v$ 来表示，线胀系数 $\alpha_l$ 的计算公式为

$$\alpha_l = \frac{L_2 - L_1}{L_1 \Delta t} \qquad (1\text{-}7)$$

式中　$\alpha_l$——线胀系数，单位为 1/K 或 1/℃；

$L_1$——膨胀前长度，单位为 m；

$L_2$——膨胀后长度，单位为 m；

$\Delta t$——温度变化量，单位为 K 或℃。

在实际工程中，许多场合要考虑热膨胀性。例如，相互配合的柴油机活塞与缸套之间的间隙很小，既要允许活塞在缸套内做往复运动，又要保证其气密性，因此活塞与缸套材料的热膨胀性能要相近，以免两者卡住或者出现漏气现象。工程中一些过盈量较大的机械零件，可利用材料的热膨胀性来配合装配或拆卸。在

热加工和热处理时，也要考虑材料热膨胀系数的影响，以减少工件的变形和开裂。

（6）磁学性能

磁性是材料被外界磁场磁化或吸引的能力。金属材料可分为铁磁性材料（在外磁场中能强烈地被磁化，如铁、钴等）、顺磁性材料（在外磁场中只能微弱地被磁化，如锰、铬等）和抗磁性材料（能抗拒或削弱外磁场对材料本身的磁化作用，如铜、锌等）三类。铁磁性材料可用于制造变压器、电动机、测量仪表等。抗磁性材料则用于要求避免电磁场干扰的零件和结构材料，如航海罗盘。铁磁性材料温度升高到一定数值时，磁畴被破坏，变为顺磁体，这个转变温度称为居里点，如铁的居里点是770℃。一些金属的物理性能及力学性能见表1-2。

表1-2 一些金属的物理性能及力学性能

| 金属 | 铁 | 铝 | 铜 | 镁 | 镍 | 钛 | 铅 | 锡 |
|---|---|---|---|---|---|---|---|---|
| 元素符号 | Fe | Al | Cu | Mg | Ni | Ti | Pb | Sn |
| 密度/ $(\times10^3 kg/m^3)$ | 7.86 | 2.70 | 8.94 | 1.74 | 8.9 | 4.51 | 11.34 | 7.3 |
| 熔点/℃ | 1.539 | 660 | 1083 | 650 | 1455 | 1660 | 327 | 232 |
| 线胀系数/ $(\times10^{-6}℃^{-1})$ | 11.7 | 23.1 | 16.6 | 25.7 | 13.5 | 9.0 | 29 | 23 |
| 电导率/ $(S/m)$ | 16 | 60 | 95 | 34 | 23 | | | 14 |
| 热导率/ $[W/(m \cdot K)]$ | 0.84 | 2.09 | 2.85 | 1.46 | 0.59 | 0.17 | | |
| 体积磁化率 | 铁磁 | 21 | 抗磁 | 12 | 铁磁 | 182 | 抗磁 | |
| 弹性模量/MPa | $2\times10^5$ | $7.24\times10^4$ | $1.3\times10^5$ | $4.36\times10^4$ | $2.1\times10^5$ | $1.125\times10^5$ | | |
| 抗拉强度/MPa | 250~330 | 80~110 | 200~240 | 200 | 400~500 | 250~300 | 18 | 20 |
| 断后伸长率（%） | 25~55 | 32~40 | 45~50 | 11.5 | 35~40 | 50~70 | 45 | 40 |
| 断面收缩率（%） | 70~85 | 70~90 | 65~75 | 12.5 | 60~70 | 76~88 | 90 | 90 |
| 布氏硬度 HBW | 65 | 20 | 40 | 36 | 80 | 100 | 4 | |
| 色泽 | 灰白 | 银白 | 玫瑰红 | 银白 | 白 | 暗灰 | 苍灰 | 银白 |

2. 化学性能

材料的化学性能是指材料抵抗各种化学介质作用的能力，包括溶蚀性，耐蚀性、抗渗入性、抗氧化性等，可归结为材料的化学稳定性。此外还有催化性、离子交换性等。对于常用的结构材料，最常考虑的化学性能是耐蚀性。

在周围介质的作用下，金属逐渐受到破坏的现象称为腐蚀。按照金属与周围介质作用的性质，把腐蚀分类为化学腐蚀和电化学腐蚀。

化学腐蚀是指金属与周围介质发生纯化学作用而产生的腐蚀。它有两种形式：其一是金属在干燥气体中的腐蚀，如高温燃气对涡轮喷气发动机零部件的腐蚀。其二是金属在非电解液中的腐蚀，如飞机管路系统受汽油、润滑油的腐蚀。化学腐蚀的特点是腐蚀过程中不产生电流。其腐蚀速度慢、危害小。

电化学腐蚀是指金属和周围介质（如酸、碱、盐等电解质溶液和潮湿空气）发生电化学作用而产生的腐蚀。图1-32所示为金属的电化学腐蚀原理。两种金属或两相金属在电解质溶液的作用下形成宏观腐蚀电池和微观腐蚀电池。电化学腐蚀的特点是腐蚀过程中有电流产生，腐蚀速度快，危害大。

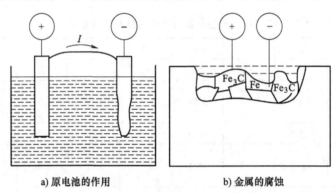

a) 原电池的作用　　　　　　　　b) 金属的腐蚀

图1-32　电化学腐蚀原理

金属腐蚀最严重的是航空航天、船舶制造、石油化工、核能等现代工业领域，比如井下油管、海洋采油平台、船载电子装备等的主要损坏形式即为腐蚀。为了防止金属腐蚀，可以采用合金化以及表面防护等措施。

### 1.2.3　金属材料的工艺性能

工艺性能是指制造工艺过程中材料适应加工的能力，反映了材料加工的难易程度。对于金属材料，主要的工艺性能有铸造性、可锻性、焊接性、热处理工艺性和可加工性等。

#### 1. 铸造性

铸造性指金属材料能用铸造的方法获得合格铸件的性能，主要包括流动性、收缩性和偏析。采用流动性好、收缩小、偏析小的金属，可使铸件质量提高。

流动性是指液态金属充满铸模的能力，通常流动性好的金属充满铸型的能力大。例如，铸铁的流动性比钢好，它能铸造较薄与较复杂的铸件。收缩性是指铸件凝固时，体积收缩的程度。若铸造时收缩小，则铸件中缩孔、缩松和变形、裂纹等缺陷较少。偏析是指金属在冷却凝固过程中，因结晶先后差异而造成金属内部化学成分和组织的不均匀性。常用的金属材料中，灰铸铁和青铜的铸造性能较好。

**2. 可锻性**

可锻性指金属材料在压力加工时，能改变形状而不产生裂纹的性能。它反映了金属适应锤锻、轧制、拉深、挤压等加工的能力。可锻性实际上是金属塑性好坏的一种表现，金属材料塑性越高，变形抗力就越小，则可锻性就越好。如低碳钢的可锻性比中碳钢、高碳钢好，碳钢的可锻性比合金钢好，铸铁则没有可锻性。

**3. 可加工性**

可加工性是指金属材料被切削加工的难易程度。可加工性的高低常用加工后工件的表面粗糙度、允许的切削速度以及刀具的磨损程度来衡量。它与金属材料的化学成分、力学性能、导热性及加工硬化程度等诸多因素有关。通常是用硬度和韧性作为可加工性高低的大致判断依据。一般讲，金属材料的硬度愈高愈难切削；但如果硬度不高，韧性较大，切削也较困难。灰铸铁具有良好的切削加工性，碳钢硬度适中（150~250HBW）时，有较好的可加工性。

**4. 焊接性**

焊接性指金属材料对焊接加工的适应性能，也就是在一定的焊接工艺条件下，获得优质焊接接头的难易程度。它包括两个方面的内容：一是结合性能，即在一定的焊接工艺条件下，一定的金属形成焊接缺陷的敏感性；二是使用性能，即在一定的焊接工艺条件下，一定的金属焊接接头对使用要求的适用性。金属的焊接性很大程度上受金属本身材质（如化学成分）的影响。在常用金属材料中，低碳钢有良好的焊接性，而高碳钢和铸铁的焊接性差。

**5. 热处理工艺**

热处理是指固态金属或合金通过一定的加热、保温和冷却方法改变材料内部组织，而得到所需性能的一种工艺操作。热处理工艺性就是指金属经过热处理后其组织和性能改变的能力，包括淬硬性、淬透性、回火脆性等。

## 1.3 高分子材料的结构和性能

高分子材料是由相对分子质量较高的化合物构成的材料。实际上，高分子化合物与低分子化合物并没有严格的界限，主要根据是否显示高分子化合物的特性来判断。常见的高分子材料有天然的，如松香、淀粉、天然橡胶等；也有人工合成的，如塑料、合成橡胶、胶粘剂等。

## 1.3.1 高分子材料的结构

高分子化合物由一种或多种低分子化合物通过聚合反应获得，通常情况下其相对分子质量均大于$10^4$，虽然质量很大，但是其化学组分一般都比较简单。高分子材料的许多奇特和优异性能（如高弹性、黏弹性、物理松弛行为等）都与大分子的巨大分子量相关。同时，当单体保持一定时，聚合度同样可以影响所形成的高聚物的相关性能，随着聚合度的不断增加，相对分子质量随之增加，强度和黏度也会变得更大。

高分子材料主要由 C、H、O、P、S 等原子以共价键方式构成的大分子链组成，以聚乙烯分子 $n(C_2H_4)$ 为例，它是由乙烯（$CH_2 = CH_2$）单体聚合而成。其中只包含 C 和 H 两种元素，可以写成下面的化学式：

$$\cdots-CH_2-CH_2-CH_2-CH_2-CH_2-CH_2-\cdots$$

为简便计，可以写作$[-CH_2-CH_2-]_n$。式中括号外右下角的 n 为组成高分子的重复单元数目，一般称为聚合度（DP）。聚合度 n 在一定程度上反映了大分子链的长短和分子量的大小。而括号内的 "$-CH_2-CH_2-$" 是高分子化合物中的重复结构单元，称为链节。

聚合物的结构包括高分子的链结构和聚集态结构。

### 1. 高分子的链结构

高分子的链结构是指聚合物的大分子链中各链节间的几何排布，包括形态、构造等。按照大分子链的几何形态，高分子化合物可以分为三种结构类型：线型结构、支化型结构和体型结构，如图 1-33 所示。

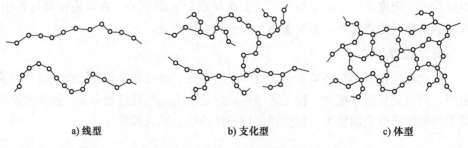

a) 线型                    b) 支化型                    c) 体型

图 1-33　不同大分子链的结构形态

线型结构大分子各链节以共价键连接成线型长链分子，也可为卷曲状或者是线团状。这种结构高聚物的弹性、塑性好，硬度低，是热塑性材料（可以重复加热变形的材料）；支化型结构大分子的主链两侧以共价键连接相当数量的长度各异的支链，有树枝形和梳形等形状，其性能和加工都接近于线型分子结构，但与之的区别在于支链对于结晶度的影响；体型（网型或交联型）结构大分子链间用共价键连接在一起，整个聚合物会形成三维的立体网状结构，这样的三维网状结构使得聚合物分子间的稳定性较好，不容易发生流动，与之对应的特点是硬度高、脆性大、无弹性和塑性，但缺点是加工困难，难以回收再利用，是热固性材料（一次加热定形的材料）。

2. 高分子的聚集态结构

高分子的聚集态结构是指高分子材料整体的内部结构，是分子链聚集在一起的形态结构，根据分子链的排列是否为规则排列方式将高分子的聚集态分为晶态和非晶态，除此之外，还有取向态结构、液晶态结构等多种不同的聚集态结构。

线型、支化型和交联少的体型高聚物被加热融化后，从熔体中冷却成型时，长链的分子排列规则、紧密，形成有序的结晶结构。高分子链的化学结构越简单，规整性越好，取代基团的空间位阻越小，分子链间作用力越大，越有利于结晶。除此之外，分子链的长度在一定程度上也能够影响结晶的难易程度，越短的分子链越容易形成晶体结构。通常情况下，由同一种单体构成的高聚物对称性较好，所以较容易结晶，而当高聚物的构成成分中存在许多种不同类型的单体时，通常情况下对称性被破坏，因而不容易结晶。当然，在实际情况中，高分子由于分子的运动受到牵制，不能形成100%的结晶，这类聚合物中总是包含相当一部分的非晶区。一般常用结晶部分的质量分数或体积分数来表示高分子的结晶度。高聚物的实际结晶度主要受结晶温度、冷却速度、杂质和应力状态等因素影响，结晶度在一定程度上可以影响高分子化合物的性能，具体表现为结晶度越高，分子间的作用力越强，高分子化合物的强度、硬度、刚度和熔点就会随之升高，对应的耐热性和化学稳定性也越好，但是结晶度高意味着与键运动有关的性能就会降低，包括弹性、伸长率、冲击强度等指标。

高分子在外场作用下沿一定方向排列的现象称为聚合物的取向。聚合得到的高分子在通常情况下是各向同性的，也就是说任何方向的物理特性是相同的。但是取向后的聚合物呈现各向异性，其力学性能沿取向方向大大增强，而垂直于取向方向则大大减小。纤维和塑料包装绳在制备时都要经过拉伸、取向，纺成的丝才会有很高的强度。纤维的拉伸倍数越高，取向度越好，强度就越高。塑料吹膜的过程就是一个双轴取向过程，又如飞机的有机玻璃罩仓也是在二次成型中采用了双轴取向工艺。

液晶态是介于非晶态和晶态之间的中间态，它既能像液体一样流动，又具有晶体的某些特性。聚合物液晶多为溶致性液晶，具有高浓度、低黏度和低剪切应力下的高取向度等特殊的流变行为。液晶有很多特殊的性质，最有用的是它的电光效应。这种液晶分子的有序排列在电场作用下发生改变的现象被用来制造液晶显示器。当外界条件发生改变时，液晶结构也会发生改变，因而可制成各种有用的器件。液晶外观颜色可随温度的变化而变化，用于温度测量；熔融温度和外场作用下分子会发生高度取向，可用作记录、储存材料；光导性、选择渗透性可用于制备光调制器、功能性液晶高分子膜等。

## 1.3.2 高分子材料的性能

不同高分子材料常因为加入各种助剂或填料而产生不同的性能。其中增强剂、填充剂对高分子材料的物理、化学性能影响最大。随着科技的发展和进步，新型高分子材料不断涌现，它们的性能也会随制品加工和应用的实际需求出现一些新的特点。

1. 物理、化学性能

（1）热学性能　高分子材料由于主要靠分子间力结合，因此热导率一般较差，固体聚合物的热导率相对最低，其次为结晶聚合物和非晶聚合物。加入低分子的增塑剂会使热导率下降。温度的变化也会影响聚合物的热导率。聚苯乙烯、聚氨酯泡沫等泡沫塑料由于其本身结晶不完善阻碍热量的传递以及发泡所造成的空间排布因素，使这类材料具有良好的绝热性能，常被用作保温材料。除了具备较好的低导热性，高分子材料还具备较低的耐热性和高热膨胀性。

（2）电学性能　高分子材料的电学性能主要由其化学结构所决定。高分子材料的化学键为共价键，不能电离，没有自由电子和可移动的离子，因此是良好的绝缘体。高分子材料的介电常数通常在 1~10 之间。介电常数大于 3.6 的物质（聚氯乙烯、酚醛树脂、聚氨酯弹性体等）为极性物质。这类物质通常会有介电损耗。高分子材料的电学性能综合表现为导电能力低，介电常数小，介电损耗低，耐电弧性好，因而在实际的生产工艺中，通常使用高分子材料作为良好的绝缘材料。

（3）光学性能　液晶在光学和电学特性上存在各向异性，所以光在液晶中传播时会发生双折射，而当存在外电场时，液晶分子将受到一种使分子轴取向改变的作用力，这种电场引起的转矩会使分子轴发生旋转。这种特性就是液晶的电控双折射特性。目前家用电器中常见的液晶显示器件就是利用这种双折射变化原理来设计的。

（4）化学反应　高分子材料的化学反应是利用大分子上官能团进行的反应，包括聚合物的基团反应、接枝、降解等。例如氯化聚乙烯就是利用基团反应提高了阻燃性能，聚烯烃通过紫外线接枝做表面材料浸润于水，易于喷涂油漆，改变了表面性能。利用植物中的纤维素、木质素和淀粉以及动物胶和藻类等，制造了有价值的生物降解塑料。

（5）老化 老化是指高分子材料在长期使用、储存和加工过程中，由于受光、热、水、生物等外来因素的作用，性能随时间的推移逐渐降低，逐渐丧失使用价值的过程。其根本原因是在外部因素的作用下，高聚物分子链产生了交联与裂解。老化的主要表现是：对于橡胶为变脆、龟裂或变软、发黏；对于塑料是褪色、失去光泽和开裂。这些现象是不可逆的，所以老化是高分子材料的一个主要缺点。

改进高分子材料的抗老化能力，应从其具体问题出发，主要措施有三个方面：①表面防护。在表面涂镀一层金属或防老化涂料，以隔离或减弱外界环境中老化因素的作用。②改进高聚物的结构，减少高聚物各层次结构上的弱点，提高稳定性，推迟老化过程。③加入稳定剂，消除链式反应，阻碍分子链的降解和交联，达到防止老化的目的。

（6）燃烧特性 高分子材料的燃烧过程如图1-34所示。在受热时聚合物会氧化裂解出可燃气体，当可燃性气体与氧气混合达到燃点便会燃烧。燃烧放出的热回馈到物质本身，使物质再裂解。如此循环反应，就产生了燃烧反应。

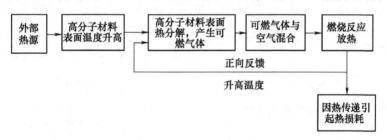

图1-34 高分子材料的燃烧过程

## 2. 力学性能

（1）高弹性和黏弹性 高分子材料力学性能的最大特点是高弹性和黏弹性。高分子材料受力时，表现出强烈依赖于温度和时间等因素的影响，所以它们的力学性能变化幅度较大。

1）高弹性。高聚物的相对分子质量很大，线型高聚物分子长而具有柔性，当高聚物处于玻璃化温度以上时，具有典型的高弹性，即弹性变形大，弹性模量小，弹性变形量是原始尺寸的几倍至几十倍，而且随着温度的升高而增大。图1-35所示为橡胶的应力-应变曲线，由图可以看出，在较小的应力范围内，其变形量增加很大。

2）黏弹性。理想的弹性固体材料受力时产生的弹性变形与时间无关（见图1-36a、b），即变形与外力是同步的。而黏性液体流变是随时间而发展的。

　　高分子材料是典型的黏弹性材料，它的力学行为强烈地依赖于时间和温度（见图1-36c）。高分子材料的黏弹性根据应力、应变与时间的关系可分为蠕变和应力松弛两种表现形式。

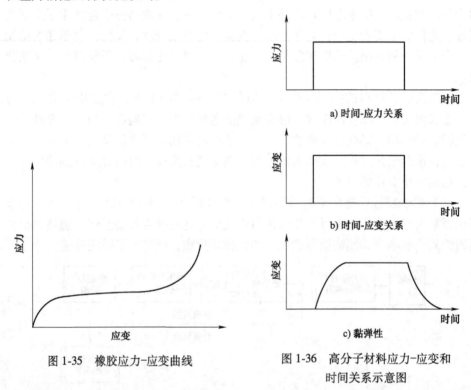

图 1-35　橡胶应力-应变曲线

a) 时间-应力关系

b) 时间-应变关系

c) 黏弹性

图 1-36　高分子材料应力-应变和时间关系示意图

　　蠕变是在恒定应力作用下变形随时间而增加的现象。例如架空的聚氯乙烯电线套管的缓慢变弯等，即属于蠕变现象。它是受恒定外力作用，经过分子链构象的变化而导致不可逆变形。影响材料蠕变性能的内外因素很多，有分子链结构交联度、结晶度以及温度和外加应力等。温度升高时，蠕变加快。在一定温度下，每种高聚物都有临界应力值 $R_c$，当外加应力 $R > R_c$ 时，蠕变急剧加速。对于在恒定静载下工作的材料，外加应力应小于这一临界应力才不至于造成失效。

　　应力松弛是高聚物产生一定形变后，在保持变形量不变条件下，应力随时间发展而逐渐衰减的现象。例如，连接管道的法兰盘密封垫片（硬橡胶制品）经一定时间后，由于应力松弛而产生泄漏。对线型分子链而言，经足够长的时间后，应力可降为零。经交联后应力松弛速度大大减缓，而且应力仅衰减至某一有限值。

　　（2）强度和冲击韧性

　　1）强度。与金属材料相比，高分子材料的弹性模量和强度要低得多，其最大可能的断后伸长率又比金属高得多。高分子材料的弹性模量范围为 7~35GPa，金属材料的弹性模量范围为 35~48GPa；高分子材料的最大强度为 240MPa，而金属材料中某些合金的强度可高达 4100MPa；高弹态高分子材料的断后伸长率可达到 1000%，而金属塑性变形中最大的断后伸长率不超过 100%。表 1-3 列出了几种常用高分子材料的力学性能。

表 1-3　几种常用高分子材料的力学性能

| 材料 | 密度/($\times 10^3$kg/m³) | 拉伸模量/GPa | 抗拉强度/MPa | 断后伸长率/(%) | 冲击强度/(J/m) |
|---|---|---|---|---|---|
| 聚乙烯（低密度） | 0.917~0.932 | 1.7~2.8 | 9.0~14.5 | 100~650 | 不断 |
| 聚乙烯（高密度） | 0.952~0.965 | 10.6~10.9 | 22~31 | 10~1200 | 21~214 |
| 聚氯乙烯 | 1.30~1.58 | 24~41 | 41~52 | 40~80 | 21~107 |
| 聚四氟乙烯 | 2.14~2.20 | 4.0~5.5 | 14~34 | 200~400 | ~160 |
| 聚丙烯（等规） | 0.90~0.91 | 11~16 | 31~41 | 100~600 | 21~53 |
| 聚苯乙烯 | 1.04~1.05 | 23~33 | 36~52 | 1.0~2.5 | 19~24 |
| 聚甲基丙烯酸甲酯 | 1.17~1.20 | 22~31 | 48~76 | 2~10 | 16~32 |
| 酚醛树脂 | 1.24~1.32 | 28~48 | 34~62 | 1.5~2.0 | 13~214 |
| 尼龙—66 | 1.13~1.15 | — | 76~83 | 60~300 | 43~112 |
| 聚酯 | 1.34~1.39 | 28~41 | 59~72 | 50~300 | 12~35 |
| 聚碳酸酯 | ~1.20 | ~24.0 | ~66 | ~110 | ~854 |

注：试样厚度为 3.2mm。

由于高分子材料具有突出的黏弹性，其应力-应变行为受温度和应变速率的影响很大。图 1-37 所示为有机玻璃（聚甲基丙烯酸甲酯）在室温附近几十摄氏度范围内的一组应力-应变曲线。由图可见，随着温度的升高，有机玻璃的模量和强度下降，断后伸长率增加。在 4℃ 时，有机玻璃是典型的"刚而脆"的材料，而到 60℃ 时，已变成典型的"刚而韧"的材料。韧-脆转变温度约在 20~30℃。习惯上把韧-脆转变温度称为脆化温度，以 $T_b$ 表示。关于应变速率对高分子材料应力-应变行为的影响规律如图 1-37 所示，可以概括为"降低应变速率的效果相当于升高温度的效果"。

理论计算和实际测试表明，高分子材料的实际强度值只有其理论值的 1‰~1%，这是由于大分子链的无规性导致受力不均及杂质、空穴、裂纹等内部缺陷存在所造成的。对高分子材料不断加以物理或化学改性，其强度就有很大的增长潜力。总的看来，和金属相比，高分子材料的实际强度较低，目前尚不能大量用于制作尺寸很大的工程结构件及高负荷机器零件。

2）冲击韧性　各类高聚物的冲击韧性相差很大。未改性的聚苯乙烯、有机玻璃等脆性高聚物的冲击韧度值大都小于 0.25J/cm²，聚碳酸酯等高聚物的冲击

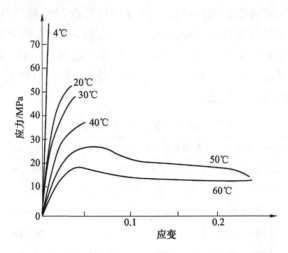

图 1-37　有机玻璃在不同温度时的应力-应变曲线

韧度值大于 $0.9J/cm^2$。

提高冲击韧性有两条途径：一是将高聚物和增强纤维复合，提高强度；二是将塑料和橡胶共混，增加断后伸长率。两种方法都可以使材料在受冲击载荷时吸收更多的能量。经过改性的高聚物，其冲击韧度值可达 $8J/cm^2$。

（3）耐磨性　摩擦力是接触表面之间的机械黏结和分子黏着所引起的。大多数塑料对金属和对塑料的摩擦因数值一般在 $0.2\sim0.4$，但也有一些塑料的摩擦因数非常低。部分塑料除了摩擦因数低以外，更主要的优点是磨损率低，其原因是它们的自润滑性能较好，消音、吸振能力强，同时，对工作条件及磨粒的适应性、就范性和埋嵌性好，所以是很好的轴承材料及其他耐磨件材料。在无润滑和少润滑的摩擦条件下，它们的耐磨、减摩性能是金属材料无法比拟的。

# 1.4　陶瓷材料的结构和性能

陶瓷材料既是最古老的传统材料，又是最年轻的近代新型材料。它和金属材料、高分子材料一起，构成了工程材料三大支柱。

陶瓷材料主要是由离子键、共价键，或者这两者的混合键键合组成的化合物，是除金属和高聚物以外的无机非金属材料的通称。它具有高熔点、高硬度、高耐磨性、耐氧化等优点。可用作结构材料、刀具材料，由于陶瓷还具有某些特殊的性能，又可作为功能材料。

## 1.4.1　陶瓷材料的结构

与金属材料不同，陶瓷材料的组织结构要复杂得多，这是由于陶瓷在生产过程中，各种物理和化学转变通常不能充分进行，得到的组织很不均匀，通常为不平衡组织。陶瓷材料的组织结构主要由晶体相、非晶相和气孔组成，如图 1-38 所示。

（1）晶体相　陶瓷的主要组成相是晶体相，陶瓷的主要性能和应用基本取决于其结构、数量、晶粒大小及形状和分布。例如，氧化铝陶瓷（刚玉瓷）由于晶体中氧和铝是以很强的离子键结合，其结构紧密，具有强度高、耐高温和绝缘耐蚀的优良性能，是优异的工具材料和耐火材料。陶瓷中的晶体相主要有硅酸盐、氧化物和非氧化合物三种。

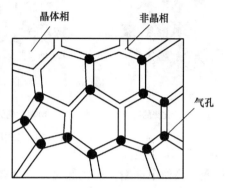

图 1-38　典型的陶瓷组织结构

硅酸盐是普通陶瓷的主要原料，同时也是陶瓷组织中重要的晶体相，例如橄榄石、长石、莫来石、石英等。离子键和共价键共同构成了硅酸盐的结合键。它的基本单元都是［SiO4］四面体，是四氧化硅结合而成的复杂化合物。硅氧四面体通过不同的形状排列，构成了岛状、链状、层状和骨架状等硅酸盐结构。

氧化物是大多数陶瓷尤其是特种陶瓷的主要组成之一，主要由离子键结合，有时也有共价键。这种氧化物结构的共同特点是较大的氧离子进行紧密排列构成骨架，而较小的金属阳离子分布在氧骨架的间隙中，依靠强大的离子键，形成稳定的离子晶体。四面体和八面体间隙是较典型的间隙。常见的氧化物晶体相有 $AO$、$AO_2$、$A_2O_3$、$ABO_3$ 和 $AB_2O_4$ 等（A 和 B 均表示阳离子）。

非氧化合物是指不含氧的金属碳化物、氮化物、硼化物和硅化物。非氧化合物是特种陶瓷，特别是金属陶瓷的主要组成之一，主要由强大的共价键结合，但也有一定成分的金属键和离子键。其中金属碳化物大多数是共价键和金属键之间的过渡键，以共价键为主。$TiC$、$ZrC$ 和 $NbC$ 等陶瓷结构是碳原子填入密排立方或六方金属晶格的八面体间隙之中；而 $Fe_3C$、$Ni_3C$ 和 $WC$ 等陶瓷结构是由碳原子或碳原子链与金属构成各种复杂结构。氮化物的结合键与碳化物相似，但金属键弱些。常见的氮化硅（$Si_3N_4$）和氮化铝（$AlN$）都属于六方晶系。而硼化物和硅化物的结构比较相近，都是以较强的共价键结合，均可连接成链、网和骨架状，构成独立的基本单元，而金属原子则位于基本单元之间。图 1-39 所示为三种典型的非氧化合物的结构。

（2）非晶相　非晶态物质是在陶瓷高温烧结时各组成物质和杂质发生一系列物理、化学反应的生成物。它们可填充于晶体相的晶粒之间，在一定程度上可提高材料的致密度；也可阻止晶体转变，抑制晶粒长大。但是非晶相的强度比晶

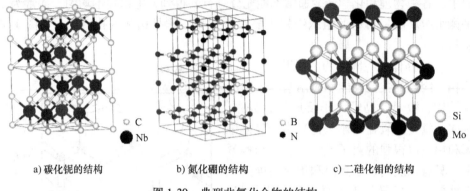

a) 碳化铌的结构　　　　b) 氮化硼的结构　　　　c) 二硅化钼的结构

图 1-39　典型非氧化合物的结构

相低，热稳定性差，在较低温度下会软化，因此不能成为陶瓷的主相，其质量分数一般为 20%~40%。非晶相中的玻璃相是较为常见的，玻璃相是一种非晶态的低熔点固体相，只有同时满足内部黏度条件和外部冷却速度两方面条件的情况下，才能形成完整的玻璃相。玻璃相也是陶瓷材料中一种重要的组成相，其主要作用是将分散的晶相黏结在一起，填充气体缝隙，抑制晶体膨胀使得晶格类型发生改变，降低陶瓷烧结温度，加快烧结工艺进程。

（3）气孔　气孔是陶瓷组织中的气相导致的内部残留结构。气孔可以是封闭型的，也可以是开放型的；既可以分布在晶粒内，也可以分布在晶界上，甚至部分非晶相中也会分布气孔。气孔的形成原因比较复杂，几乎涉及生产工艺的各个过程甚至可以追溯到原料环节。一般来说，气孔的存在对陶瓷材料的性能是不利的。

## 1.4.2　陶瓷材料的性能

### 1. 力学性能

（1）强度　按照理论计算，陶瓷的强度应该很高，但陶瓷的实际强度比理论值低得多。其主要原因是陶瓷材料是由晶相、非晶相及气孔组成的多相材料，它们的微结构中存在大量的晶界和各种缺陷。陶瓷的晶界上容易产生孔洞和非晶相，所以消除晶界的不良作用是提高陶瓷强度的基本途径之一。同时，陶瓷的实际强度受致密度、杂质和各种缺陷的影响也很大。陶瓷内部有大量气孔，在受压应力时，气孔不易导致裂纹的扩展，故抗压强度高，而抗拉强度低。较脆的铸铁其抗拉强度与抗压强度比值约为 1/4~1/3，而陶瓷在 1/10 以下。例如热压烧结法制备的高致密度的氮化硅陶瓷，其强度可接近理论值。图 1-40 所示为陶瓷和低碳钢试件的应力-应变曲线。

陶瓷材料中的孔隙是应力集中的地方，当孔隙处的应力达到临界值时，就会形成裂纹并进行扩展。由于在这类材料中没有大量的能量吸收过程，一旦裂纹开始扩展，就会继续长大直到断裂。孔隙对陶瓷材料的强度也是有害的，因为孔隙减少了试样或零件承受外力时的有效横截面积，使材料能够承受的应力减小。因此，陶瓷材料中孔隙的尺寸和体积分数是影响其强度的重要因素。

陶瓷在加工制造时形成的发裂对于决定其断裂强度十分关键，较大的发裂可以是影响陶瓷强度的主要因素。在没有大缝隙、完全致密的陶瓷材料中，发裂尺寸通常与晶粒尺寸有关。在无孔隙陶瓷中，纯陶瓷材料的强度取决于其晶粒大小，晶粒

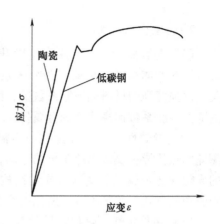

图 1-40　陶瓷和低碳钢试件的
应力-应变曲线

愈细，位于晶界的发裂尺寸也愈小，因而其强度高于晶粒尺寸较大的陶瓷。

（2）弹性模量和塑性　弹性模量反映的是结合键的强度，因此以离子键、共价键结合为主的陶瓷材料都具有很高的弹性模量。陶瓷材料的弹性模量在 $10^3 \sim 10^4$ GPa 的数量级，多数陶瓷的室温弹性模量比金属高若干倍，比高聚物高 $2 \sim 4$ 个数量级。

弹性模量对晶粒大小、形状等微结构不太敏感，但受孔隙率的影响很大，气孔会降低材料的弹性模量；随温度的升高，陶瓷材料的弹性模量也降低。

塑性变形指的是在切应力作用下由位错运动所引起的密排子面间的滑移变形，而陶瓷材料在室温下的滑移系很少，因此陶瓷材料在室温下几乎没有塑性。同时，由于陶瓷材料在室温下的物相大多属于离子晶体，当带电离子沿某晶面滑移时很容易引起同号离子相斥，导致陶瓷的塑性很差。不过在高温慢速加载的条件下，由于滑移系的增多，原子的扩散能促进位错的运动以及晶界原子的迁移，特别是微结构中存在非晶相时，陶瓷也能呈现出一定的塑性，所以陶瓷都具有较高的高温强度。

（3）韧性和硬度　作为一类材料，陶瓷是非常典型的脆性材料，其韧性极低。陶瓷材料承受外力时发生的失效主要是由组织缺陷引起的，多晶陶瓷断裂源主要是表面精加工时形成的表面裂纹间隙、夹杂以及制备时形成的大晶粒等。通常情况下，陶瓷材料的冲击韧性值在 $10$ kJ/m$^2$ 以下。脆性大是陶瓷的最大缺点，是其作为结构材料的主要障碍。人们正致力于从以下几个方面去改善陶瓷的韧性：第一，有效调控陶瓷中的缺陷；第二，人为在陶瓷表面形成压应力；第三，尽量避免陶瓷表面微裂纹的产生。

陶瓷的硬度远高于金属，这是因为它具有比金属复杂得多的晶体结构，要使正负离子之间产生极小的位移都要消耗较大的能量。

2. 物理、化学性能

（1）热膨胀性　热膨胀是温度升高时物质原子振动振幅增大，原子间距增大所导致的体积胀大现象。热膨胀系数的大小与晶体结构和结合键强度密切相关。键强度高的材料热膨胀系数低，结构较紧密的材料的热膨胀系数较低，所以陶瓷的线胀系数比高聚物和金属低。

（2）导热性　导热性为在一定温度梯度作用下热量在固体中的传导速率。陶瓷的热传导主要依靠原子导热振动，由于没有自由电子的传热作用，所以陶瓷的导热性比金属低。受其组成和结构的影响，一般热导率为 $2 \sim 50W/(m \cdot K)$。陶瓷中的气孔对传热不利，所以陶瓷多为较好的绝热材料。

（3）热稳定性　热稳定性为陶瓷在不同温度范围波动时的寿命，一般用急冷到水中不破裂所能承受的最高温度来表示。例如，日用陶瓷的热稳定性为220℃。它与材料的线胀系数和导热性等有关。线胀系数大和导热性低的材料的热稳定性低；韧性低的材料的热稳定性也不高。所以陶瓷的热稳定性很低，比金属低得多。这是陶瓷的另一个主要缺点。

（4）化学稳定性　陶瓷的结构非常稳定。在以离子晶体为主的陶瓷中，金属原子被氧原子所包围，被屏蔽在其紧密排列的间隙中，很难再同介质中的氧发生作用，甚至在1000℃以上的高温下也是如此，所以陶瓷是很好的耐火材料。另外，陶瓷对酸、碱、盐等腐蚀性很强的介质均有较强的抵抗能力，与许多金属的熔体也不发生作用，所以也是很好的坩埚材料。

（5）导电性　陶瓷的导电性变化范围很广。由于缺乏电子导电机制，大多数陶瓷是良好的绝缘体；但不少陶瓷既是离子导体，又有一定的电子导电性；许多氧化物，例如 $ZnO$、$NiO$、$Fe_3O_4$ 等实际上是重要的半导体材料。

总之，陶瓷的性能特点是：具有良好的抗压强度、高硬度、不可燃烧性、高耐热性、不老化性和高化学稳定性；但脆性很高，温度急变抗力很低，抗拉、抗弯性能差。相关性能对于航空航天系统的影响见表1-4。

表1-4　陶瓷性能对航空航天系统的影响

| 陶瓷性能 | 对航空航天系统的影响 |
| --- | --- |
| 低密度 | 减轻自重 |
| 高比刚度，高比强度 | 提高推力-重量比 |
| 高的高温性能保留率 | 提高热效率 |
| 热膨胀系数低 | 增加尺寸稳定性 |
| 环境耐久性 | 延长使用寿命 |
| 导热性 | 满足特殊要求 |
| 电气特性 | 满足特殊要求 |

## 习题与思考题

1. 工程材料的性能包括哪几方面？研究它们与材料的选择和加工有何关联？

2. 什么是应力和应变？低碳钢的拉伸应力-应变曲线可分为哪几个变形阶段？各变形阶段有何明显特征？

3. 由拉伸试验可以得出哪些力学性能指标？在工程上这些指标是怎样定义的？

4. 说明刚度、强度、硬度、塑性、韧性的含义，它们分别与金属零件的哪种失效形式有关？

5. 材料刚度与构件刚度有何不同？

6. 铁、铝和某碳纤维的弹性模量分别为 213790MPa，70560MPa 和 390000MPa，当应力为 49MPa 时，它们的应变各为多少？

7. 说明并比较下列符号的名称、意义、公式、单位，它们分别为何种力学性能的指标？

$E$、$R_m$、$S$、$R_{p0.2}$、HBW、HRB、HRC、$a_K$、$A$、$Z$。

8. 按 GB/T 699—2015 规定，15 钢出厂时，力学性能指标应不低于下列数值：$R_m = 372MPa$、$R_{eL} = 225MPa$、$A = 27\%$、$Z = 55\%$。现购进一批 15 钢，用它制成 $d_0 = 10mm$，$L_0 = 50mm$ 拉伸试样，拉伸试验的结果是：$F_m = 33844N$，$F_s = 20699N$，$d_1 = 6mm$，$L_1 = 65mm$。试计算这批钢材的力学性能是否合格。

9. 标距不相同的伸长率能否进行比较？为什么？

10. 疲劳破坏是怎样形成的？提高零件疲劳寿命的方法有哪些？为什么表面粗糙的零件会降低材料的疲劳强度？

11. 金属在高温下的力学性能有哪些特点？高温力学性能用哪些指标衡量？

12. 材料的工艺性能有哪些？

13. 为什么单晶体表现各向异性，而多晶体不表现？在何种情况下多晶体也能显示出各向异性来？

14. 什么叫高分子相对分子质量的分散性和分子结构的分散性？

15. 与金属相比，高分子材料和陶瓷的力学性能有何特点？

第 2 章

# 金属的结晶和变形

金属材料是指由金属元素或以金属元素为主构成的具有金属特性的材料，包括纯金属、合金、金属间化合物和特种金属材料等。人类文明的发展和社会的进步同金属材料关系十分密切。继石器时代之后出现的铜器时代、铁器时代，均以金属材料的应用为其时代的显著标志。现代，种类繁多的金属材料已成为人类社会发展的重要物质基础。本章主要介绍金属材料的结晶、种类、性能及在社会发展中的重要应用，并且展望金属材料在未来的发展前景。

## 2.1 纯金属的结晶

金属材料冶炼后，浇注到模具中冷却，液态金属转变为固态金属，获得一定形状的铸件。固态金属大多是晶体，因此金属由液态变为固态的过程称为结晶。广义上讲，金属从一种原子排列状态转变为另一种原子规则排列状态（晶态）的过程均属于结晶过程。通常把金属从液态转变为固体晶态的过程称为一次结晶，而把金属从一种固体晶态转变为另一种固体晶态的过程称为二次结晶或重结晶。

### 2.1.1 结晶

1. 纯金属结晶的条件

研究金属结晶过程最常用、最简单的方法是热分析法。即将纯金属加热到熔化状态，然后将其缓慢冷却。在冷却过程中每隔一定时间测量一次温度，直至结晶完毕，这样可得到一系列时间与温度相对应的数据。将记录的数据标注在同一时间-温度坐标图中，可画出如图 2-1 所示的一条曲线，称为冷却曲线。

由冷却曲线可知，液态金属随时间的增长温度下降，当降至某一温度时出现了一个平台，这个温度是金属的平衡结晶温度（或理论结晶温度）$T_0$。因为在该温度时，液态金属已开始结晶，结晶时放出的结晶潜热与冷却时向外界散失的热量相平衡，所以温度保持不变。结晶完毕后继续向外界散失热量，故温度又不断下降。上述过程是以极其缓慢的速度进行，相当于结晶过程中每一瞬间都是平衡过程，所以称之为理论冷却曲线。

实际金属凝固时，只有冷却到低于 $T_0$ 的某一温度 $T_n$ 时，结晶过程才能有效地进行。这种实际结晶温度总是低于理论结晶温度的现象叫过冷现象。过冷是结晶的必要条件。理论结晶温度与实际结晶温度的差值称为过冷度，即 $\Delta T = T_0 - T_n$。

实际结晶温度和过冷度的大小与冷却速度有关。图 2-2 所示为液态金属不同冷却速度时的冷却曲线，由图可知，冷却速度越快，实际开始结晶温度越低，过冷度也就越大。

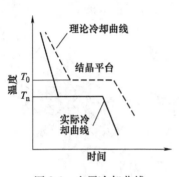

图 2-1 金属冷却曲线

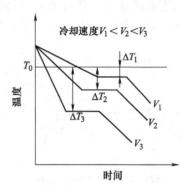

图 2-2 液态金属不同冷却速度时的冷却曲线

需要指出的是，纯金属和合金的结晶过程区别在于，纯金属的结晶是一个恒温过程；但大多数合金的结晶过程却在一个温度区间内进行。

2. 纯金属的结晶过程

金属的结晶过程由晶核形成和长大两个基本过程组成。

研究证明，液态金属中总是存在着许多类似于晶体原子规则排列的小集团，称为近程有序。由于液态金属原子的热振动很激烈，原子间距离较大而结合力较弱，使得这些近程有序的原子集团很不稳定，时聚时散，此起彼伏。只有当温度降至理论结晶温度以下时，大于一定尺寸的原子团才会稳定下来，首先在液态金属中形成一些极小的晶体作为结晶核心，称为晶核。

晶核形成后不断吸附周围液体中的原子，使它们按一定的排列规律附着在这些晶核上。与此同时，在液态金属中又不断产生新的晶核，新晶核又不断长大，直到液态金属全部消失为止。每个晶核长大后即成为一个晶粒，同时相邻晶粒之间自然形成了晶界，金属结晶过程如图 2-3 所示。

晶核长大初期的外形是比较规则的，但当晶体棱角形成后，因棱角处的散热条件优于其他部位，优先沿一定方向生长出空间骨架。这种骨架形同树干，称为一次晶轴。在一次晶轴增长和变粗的同时，在其侧面生出新的枝芽，枝芽发展成

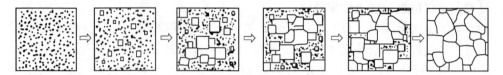

图 2-3　金属结晶过程

枝干，此为二次晶轴。随着时间的推移，二次晶轴成长的同时又可长出三次晶轴，等等。如此不断成长和分枝下去，直至液体全部消失。最终结晶得到一个具有树枝形状的晶粒（树枝晶），形成的树枝晶是单晶体（见图 2-4）。多晶体金属的每个晶粒一般都是由一个晶核采取树枝状长大的方式形成的。

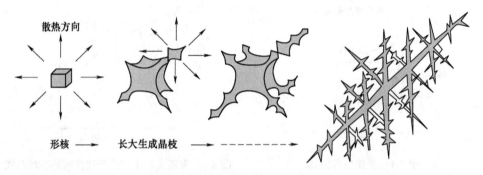

图 2-4　晶体树枝状长大示意图

### 3. 晶粒度控制

晶粒度即是晶粒大小的等级，常用单位体积内所含晶粒数目表示。晶粒的大小对金属材料的性能有着重要影响。一般情况下，晶粒越细小，其强度越高，塑性及韧性越好。因此，在实际生产中总希望得到细小均匀的晶粒组织。

单位体积内的晶粒数目（$Z$）越多，则晶粒越细。$Z$ 取决于结晶时的形核率 $N$（单位时间在单位体积内所生成的晶核数目）与晶核长大速度 $v$ 两个因素，它们之间存在以下关系

$$Z \propto \sqrt{\frac{N}{v}} \qquad (2\text{-}1)$$

由式（2-1）可知，通过控制形核率 $N$ 与晶核长大速度 $v$ 这两个因素，使 $N/v$ 获得较大的比值，即促进形核、抑制晶核长大，就会产生细小的晶粒。细化晶粒的主要方法是：

（1）增大过冷度　金属结晶的过冷度越大，其冷却速度也越大，形成的晶核数目越多，结晶后的晶粒越细。在实际生产中，过冷细化的办法只适用于尺寸较小的铸件。大铸件整体获得大的冷却速度是困难的，甚至会导致铸件的变形或

开裂。

（2）变质处理　变质处理又称孕育处理。它是在金属结晶前加入一些细小的变质剂作为"人工晶核"（非自发形核），起到增加形核率或降低长大速度的作用，从而获得均匀细小的晶粒。与增大过冷度相比，变质处理细化晶粒效果更好，因而在生产上应用更广泛。例如在铸铁液中加入硅、钙（见图2-5），在铝硅合金液中加入钠盐等。

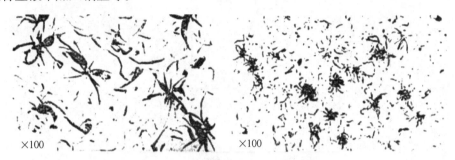

×100　　　　　　　　　　　　　　×100

图2-5　铸铁变质处理前后的组织对比

（3）振动搅拌　在液态金属结晶过程中，采取机械振动、超声波振动、电磁搅拌等方法，使正在生长中的枝状晶体破碎，破碎的细小晶体又成为新的晶核，增大了形核率，从而使晶粒细化。

## 2.1.2　同素异构转变

多数金属结晶后，晶格类型不再发生变化。但有少数金属如铁、钴、钛、锡等，在结晶完成后继续冷却的过程中还会发生晶体结构的转变。金属在固态下由一种晶格向另一种晶格的转变称为同素异构转变。

金属的同素异构转变也是原子重新排列的过程，这一过程与液态金属的结晶过程类似，故称为二次结晶或重结晶。固态下的重结晶也遵循晶体结晶的一般规律：转变在恒温下进行，也有形核与长大的过程，也必须在一定的过冷度下转变才能完成。

但同素异构转变与液态金属结晶也存在着明显区别，主要表现在：晶界处能量较高，新的晶核往往在原晶界上形成；固态下原子扩散比较困难，固态转变需要较大的过冷度；固态转变时会产生体积变化，在金属中引起较大的内应力，严重时会导致工件变形和开裂。例如，由 $\gamma$-Fe 转变为 $\alpha$-Fe 时工件体积增大1%。

图2-6所示为纯铁在结晶时的冷却曲线。液态纯铁在1538℃时结晶，得到具有体心立方晶格的 $\delta$-Fe；当冷却至1394℃时转变为面心立方晶格，称为 $\gamma$-Fe；继续冷却至912℃时又转变为体心立方晶格，称为 $\alpha$-Fe，以后一直冷却至室温，晶格类型不再发生变化。

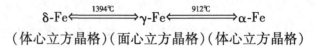

$$\delta\text{-Fe} \xleftrightarrow{1394℃} \gamma\text{-Fe} \xleftrightarrow{912℃} \alpha\text{-Fe}$$

（体心立方晶格）（面心立方晶格）（体心立方晶格）

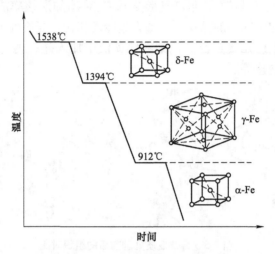

图 2-6　纯铁在结晶时的冷却曲线

　　$\alpha$-Fe 和 $\gamma$-Fe 的同素异构转变过程如图 2-7 所示，即纯金属冷却到一定温度时，首先在 $\gamma$-Fe 的晶界处形成 $\alpha$-Fe 的晶核；然后逐渐长大，直到完全取代 $\gamma$-Fe 为止。铁的同素异构转变具有十分重要的意义，由于铁在不同温度下具有不同的晶体结构，对碳和合金元素的溶解能力不同，所以才能通过热处理改变其组织和性能。

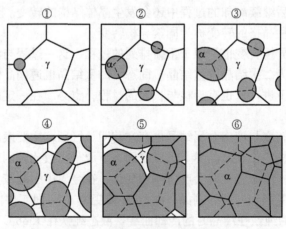

图 2-7　纯铁同素异构转变过程

## 2.2 合金的结晶

由两种或两种以上的金属（或金属与非金属），经熔炼或烧结，或用其他方法组合而成的具有金属特性的物质叫合金。在工程上，合金的应用范围比纯金属广泛得多。常用的钢、铸铁、黄铜等材料都是合金。合金的结晶通常在一定温度范围内进行，过程较为复杂，运用合金相图可分析合金的结晶过程。

相图是用图解的方法表示合金系中合金状态、温度和成分之间的关系，也称为平衡图。所谓平衡是指在一定条件下合金系中参与相变过程的各相的成分和相对重量不再变化所达到的一种状态，此时合金系的状态稳定，不随时间而改变。利用相图可以知道各种成分的合金在不同温度下有哪些相，各相的相对含量、成分以及温度变化时所可能发生的变化。

掌握相图的分析和使用方法，有助于了解合金的组织状态和预测合金的性能，也可按要求来研究新的合金。在生产中，合金相图可作为制订铸造、锻造、焊接及热处理工艺的重要依据。

### 2.2.1 二元合金相图

#### 1. 相图的建立过程

合金在极其缓慢冷却条件下的结晶过程，一般可认为是平衡结晶过程。在常压下，二元合金的相状态决定于温度和成分，因此测定合金系中各种成分合金的相变温度，可以确定不同相存在的温度和成分界限，从而建立相图。下面以铜镍合金系为例，简单介绍用热分析法建立相图的过程。

① 配制一系列不同成分的铜镍合金，见表 2-1。

表 2-1 不同成分的铜镍合金

| 元素 | 合金 I | 合金 II | 合金 III | 合金 IV | 合金 V |
|------|--------|---------|----------|---------|--------|
| Cu | 100% | 75% | 50% | 25% | 0% |
| Ni | 0% | 25% | 50% | 75% | 100% |

② 合金熔化后缓慢冷却，测出每种合金的冷却曲线，找出各冷却曲线上的临界点（转折点或平台）的温度。

③ 画出温度-成分坐标系，在各合金成分垂线上标出临界点温度。

④ 将具有相同意义的点连接成线，标明各区域内所存在的相，即得到如图 2-8 所示的 Cu-Ni 合金冷却曲线及相图。

上图是一种最简单的基本相图，横坐标表示合金成分（一般为溶质的质量分

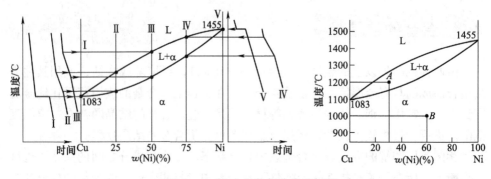

图 2-8　Cu-Ni 合金冷却曲线及相图

数），左、右端点分别表示纯金属 Cu、Ni，其余的为合金系的每一种合金成分。坐标平面上的任一点表示一定成分的合金在一定温度时的稳定相状态。例如，A 点表示，Ni 的质量分数为 30% 的铜镍合金在 1200℃ 时处于液相 L+固相 α 的两相状态；B 点表示，Ni 的质量分数为 60% 的铜镍合金在 1000℃ 时处于单一 α 固相状态。

铜镍合金相图比较简单，实际上多数合金的相图很复杂。但是，任何复杂的相图都是由一些简单的基本相图组成的。下面介绍几个基本的二元相图。

## 2. 匀晶相图

两组元在液态无限互溶，在固态也无限互溶、形成固溶体的二元相图称为二元匀晶相图，例如 Cu-Ni、Au-Ag 合金相图等。现以 Cu-Ni 合金相图为例，对匀晶相图及其合金的结晶过程进行分析。

（1）相图分析　Cu-Ni 相图（见图 2-9）为典型的匀晶相图。图中 $aa_1b$ 线为液相线，该线以上合金处于液相；$ac_1b$ 线为固相线，该线以下合金处于固相。液相线、固相线分别表示合金系在平衡状态下冷却时结晶的始点、终点。L 为液相，是 Cu 和 Ni 形成的合金液；α 为固相，是 Cu 和 Ni 组成的无限固溶体。图中有两个单相区：液相线以上的 L 相区和固相线以下的 α 相区。图中还有一个两相区：液相线和固相线之间的 L+α 相区。

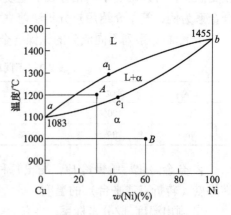

图 2-9　Cu-Ni 匀晶相图

（2）合金的结晶过程　以 b 点成分的 Cu-Ni 合金（Ni 的质量分数为 b%）为

例分析结晶过程，该合金的冷却曲线和结晶过程如图 2-10 所示。首先利用相图画出该成分合金的冷却曲线，在 1 点温度以上，合金为液相 L。缓慢冷却至 1~2 点温度之间时，合金发生匀晶反应，从液相中逐渐结晶出 α 固溶体。2 点温度以下至室温，合金保持 α 固溶体成分不变。其他成分合金的结晶过程也完全类似。

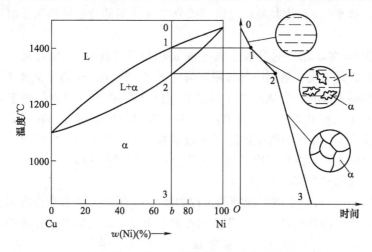

图 2-10 匀晶合金的冷却曲线和结晶过程

### 3. 共晶相图

二元共晶相图指两组元在液态无限互溶、固态有限溶解，通过共晶反应形成两相机械混合物的二元系相图，例如 Al-Si、Ag-Cu、Mg-Al、Pb-Sn 等合金相图。共晶反应是液相在冷却过程中同时结晶出两个结构不同的固相的过程。现以 Pb-Sn 合金相图为例，对共晶相图及其合金的结晶过程进行分析。

（1）相图分析 图 2-11 所示为 Pb-Sn 合金相图及成分线，对此相图的分析如下。

该合金系有三种相：Pb 与 Sn 形成的无限互溶液体 L 相，Sn 溶于 Pb 中形成的有限固溶体 α 相，Pb 溶于 Sn 中形成的有限固溶体 β 相。

相图中有三个单相区（L、α、β 相区）；三个两相区（L+α、L+β、α+β 相区）；一条 L+α+β 的三相并存线（水平线 cde）。

adb 为液相线，ac 和 be 为固相

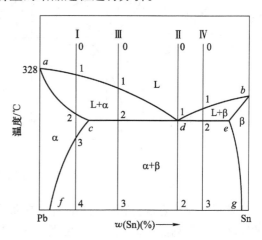

图 2-11 Pb-Sn 合金相图及成分线

线。$d$ 为共晶点，表示此点成分（共晶成分）的合金冷却到共晶温度时，共同结晶出 $c$ 点成分的 $\alpha$ 相和 $e$ 点成分的 $\beta$ 相，即 $L_d \rightarrow \alpha_c + \beta_e$。这种由一种液相在恒温下同时结晶出两种固相的反应称为共晶反应；所生成的两相混合物（$\alpha+\beta$）叫共晶组织。发生共晶反应时有三相共存，它们各自的成分是确定的，反应在恒温下平衡进行。水平线 $cde$ 为共晶反应线，成分在 $ce$ 之间的合金平衡结晶时都会发生共晶反应。

$cf$ 线为 Sn 在 $\alpha$ 相中的溶解度线（或 $\alpha$ 相的固溶线）。温度降低，固溶体的溶解度下降，即溶质在溶剂中的极限溶解度下降。因此，Sn 含量大于 $f$ 点的合金从高温冷却到室温时，会从 $\alpha$ 相中析出 $\beta$ 相以降低其 Sn 含量。从固态 $\alpha$ 相中析出的 $\beta$ 相称为二次 $\beta$ 相，常写作 $\beta_{II}$；这种二次结晶可表达为：$\alpha \rightarrow \beta_{II}$。

$eg$ 线为 Pb 在 $\beta$ 相中的溶解度线（或 $\beta$ 相的固溶线）。Sn 含量小于 $g$ 点的合金，冷却过程中同样发生二次结晶，析出二次 $\alpha$ 相（$\beta \rightarrow \alpha_{II}$）。

（2）典型合金的结晶过程

1）合金 I。合金 I 的平衡结晶过程如图 2-12 所示。液态合金冷却到 1 点温度以后，发生匀晶结晶过程，至 2 点温度时合金完全结晶成初生 $\alpha$ 固溶体；随后在温度 2~3 之间的冷却过程中，初生 $\alpha$ 相不变。从 3 点温度开始，由于 Sn 在 $\alpha$ 相中的溶解度沿 $cf$ 线降低，故从初生 $\alpha$ 相中析出次生相 $\beta_{II}$；到室温时 $\alpha$ 相中 Sn 含量逐渐变为 $f$ 点。最终合金的室温组织为 $\alpha+\beta_{II}$，其组成相是 $f$ 点成分的 $\alpha$ 相和 $g$ 点成分的 $\beta$ 相。

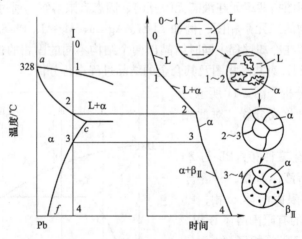

图 2-12　合金 I 的平衡结晶过程

这里需要注意区分初生相和次生相的概念。初生相是由液体中首先结晶出来的固相，亦称初晶。而次生相指由固溶体中析出的新固相，亦称二次相。在同一相图中，初生相 α（或 β）与次生相 $α_{II}$（或 $β_{II}$）是属于同一相，但却形成两种不同的组织。这是由于它们的形成条件、形态、数量、分布等均不相同所致。初生相由于结晶温度较高，结晶条件较好，并以树枝状方式长大，所以一般较粗大。而次生相是在低温下仅靠原子扩散从固态下析出，结晶条件不好，故一般形态细小，大多分布于晶界或固溶体中。

由于次生相的析出是通过原子在固溶体中的扩散来完成的，故快速冷却时可抑制或阻止次生相的析出，在室温下得到过饱和固溶体。过饱和固溶体与二次相的析出在工程上具有重要意义。

2）合金 Ⅱ。合金 Ⅱ 为共晶合金，其结晶过程如图 2-13 所示。合金从液态冷却到 1 点温度后，发生共晶反应：$L_d \rightarrow α_c + β_e$，经一定时间到 1′时反应结束，全部转变为共晶体（$α_c + β_e$）。从共晶温度冷却至室温时，共晶体中的 $α_c$ 和 $β_e$ 均发生二次结晶，即从 α 中析出 $β_{II}$、从 β 中析出 $α_{II}$。在这一过程中 α 的成分由 c 点变为 f 点，β 的成分由 e 点变为 g 点。由于共晶体中的二次相常依附于共晶体中的同类相析出（即析出的 $α_{II}$、$β_{II}$ 分别相应地同 α、β 相连在一起），使共晶体的形态和成分并未产生变化，故不用单独考虑。最终合金的室温组织全部为共晶体（α+β）；而其组成相仍为 α 相和 β 相。

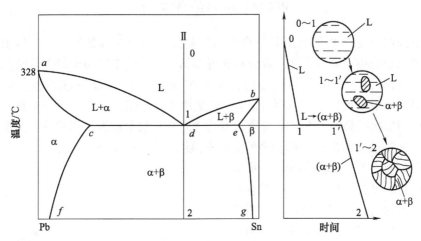

图 2-13 共晶合金结晶过程

3）合金 Ⅲ。合金 Ⅲ 是亚共晶合金，其结晶过程如图 2-14 所示。合金冷却到 1 点温度后，由匀晶反应生成 α 固溶体，此为初生 α 固溶体。从 1 点到 2 点温度的冷却过程中，α 相的成分沿 ac 线变化，液相 L 成分沿 ad 线变化；且 α 相逐渐增多，液相逐渐减少。当刚冷却到 2 点温度时，合金由 c 成分的初生 α 相（$α_c$）和 d 点成分的液相（$L_d$）组成。然后剩余液相进行共晶反应（$L_d \rightarrow α_c +$

$\beta_e$），但初生 $\alpha$ 相不变化。经一定时间到 $2'$ 点共晶反应结束，合金此刻组织为 $\alpha_c+$（$\alpha_c+\beta_e$）。从共晶温度继续往下冷却，初生 $\alpha$ 相中不断析出次生相 $\beta_{\mathrm{II}}$，成分由 $c$ 点降至 $f$ 点；而共晶体如前所述，形态、成分和总量保持不变。最终合金的室温组织为 $\alpha+(\alpha+\beta)+\beta_{\mathrm{II}}$。

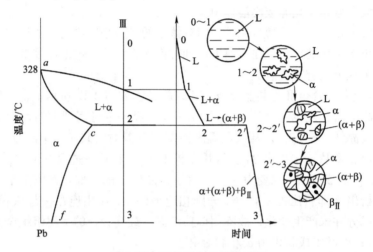

图 2-14　亚共晶合金结晶过程

成分在 $cd$ 之间的所有亚共晶合金的结晶过程均与合金 III 相同，仅组织组成物和组成相的相对质量不同。成分越靠近共晶点，合金中共晶体的含量越多。

4）合金 IV。位于共晶点右边，成分在 $de$ 之间的合金为过共晶合金（见图 2-11 中的合金 IV）。它们的结晶过程与亚共晶合金相似，也包括匀晶反应、共晶反应和二次结晶等三个转变阶段；不同之处是其初生相为 $\beta$ 固溶体，二次结晶过程为 $\beta\rightarrow\alpha_{\mathrm{II}}$。所以过共晶合金的最终室温组织为 $\beta+(\alpha+\beta)+\alpha_{\mathrm{II}}$。

（3）标注组织的共晶相图　研究相图的目的是要了解不同成分的合金在室温下的组织构成。因此，根据以上分析，将组织标注在相图上，可以很方便地分析和比较合金的性能，并使相图更具有实际意义。

从图 2-15 中可以看出，在室温下 $f$ 点及其左边成分的合金的组织为单相 $\alpha$，$g$ 点及其右边成分的合金的组织为单相 $\beta$，$f\sim g$ 之间成分的合金的组织由 $\alpha$、$\beta$ 两相组成。即合金系

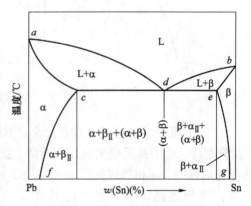

图 2-15　标注组织的共晶相图

的室温组织自左至右依次为：α、α+β$_Ⅱ$、α+（α+β）+β$_Ⅱ$、（α+β）、β+（α+β）+
α$_Ⅱ$、β+α$_Ⅱ$、β。

**4. 包晶相图**

两组元在液态无限互溶、在固态有限互溶，冷却时发生包晶反应的合金系构
成包晶相图。现以 Pt-Ag 合金相图为例（见图 2-16），对包晶相图进行简要分析。

Pt-Ag 合金相图中存在三种相：Pt 与 Ag 形成的合金液 L 相；Ag 溶于 Pt 中的
有限固溶体 α 相；Pt 溶于 Ag 中的有限固溶体 β 相。

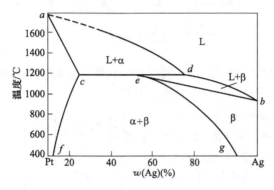

图 2-16　Pt-Ag 合金相图

水平线 *ced* 为包晶反应线。*e* 点为包晶点，*e* 点成分的合金冷却到 *e* 点所对应
的温度（包晶温度）时发生以下反应：α$_e$+L$_d$→β$_e$，这种由一种液相与一种固相
在恒温下相互作用而转变为另一种固相的反应称为包晶反应。发生包晶反应时三
相共存，它们的成分确定，反应在恒温下平衡地进行。*cf* 线为 Ag 在 α 中的溶解
度线，*eg* 线为 Pt 在 β 中的溶解度线。

**5. 共析相图**

共析相图形状与共晶相图相似，如图 2-17 所示。*d* 点成分（共析成分）的
合金从液相冷却到 *d* 点温度（共析温度）时发生共析反应，反应形式类似于共晶
反应，而区别在于它是由一个固相在恒温下同时析出两个固相（γ$_d$→α$_c$+β$_e$）。各
种成分的合金的结晶过程分析与共晶相图同理。

由于共析反应是在固态合金中进行的，转变温度较低，原子扩散困难，因而
较易达到较大的过冷度。同共晶体相比，共析体的组织要细致均匀得多。

## 2.2.2　铁碳合金相图

钢和铸铁是应用极其广泛的重要金属材料，都是以铁为基础、以碳为主要添
加元素的合金。铁碳合金相图反映了铁碳合金的成分、温度、组织三者之间的关

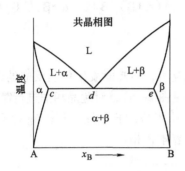
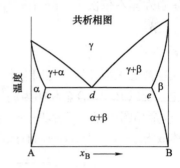

图 2-17　共晶相图和共析相图

系，是研究钢铁的重要理论基础。利用铁碳相图可以制定各种热加工及热处理工艺的加热温度，还可以通过它分析钢铁材料的性能。

铁和碳可以形成一系列化合物，如 $Fe_3C$、$Fe_2C$、$FeC$ 等，因此整个 Fe-C 相图包括 $Fe\text{-}Fe_3C$、$Fe_3C\text{-}Fe_2C$、$Fe_2C\text{-}FeC$、$FeC\text{-}C$ 等几个部分（见图 2-18）。$Fe_3C$ 中 $w(C) = 6.69\%$，当铁碳合金中 $w(C) > 6.69\%$ 时脆性很大，没有实用价值，所以本章讨论的铁碳相图，实际是 $Fe\text{-}Fe_3C$ 相图。该相图的两个组元是 Fe 和 $Fe_3C$。

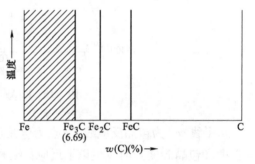

图 2-18　Fe-C 合金的各种化合物

1. Fe-Fe$_3$C 系合金基本相

Fe-Fe$_3$C 相图中除了高温时存在的液相 L 和化合物相 $Fe_3C$（渗碳体）外，还有碳溶于铁形成的几种间隙固溶体相：

1）高温铁素体：碳溶于 δ-Fe 的间隙固溶体，为体心立方晶格，用符号 δ 表示。

2）铁素体：碳溶于 α-Fe 的间隙固溶体，为体心立方晶格，用符号 α 或 F 表示。F 中碳的固溶度极小，室温时约为 0.0008%，600℃ 时约为 0.0057%，在 727℃ 时溶碳量最大，约为 0.0218%。铁素体的力学性能与工业纯铁相当。

3）奥氏体：碳溶于 γ-Fe 的间隙固溶体，为面心立方晶格，用符号 γ 或 A 表示。奥氏体是高温相，碳的固溶度较大，在 1148℃ 时最大达 2.11%。奥氏体强度较低，硬度不高，易于塑性变形。

2. Fe-Fe₃C 相图中各点的温度、碳的质量分数及含义

Fe-Fe₃C 相图及相图中各点的温度、碳的质量分数等见图 2-19 及表 2-2。图 2-19 及表 2-2 中代表符号属通用符号，一般不随意改变。

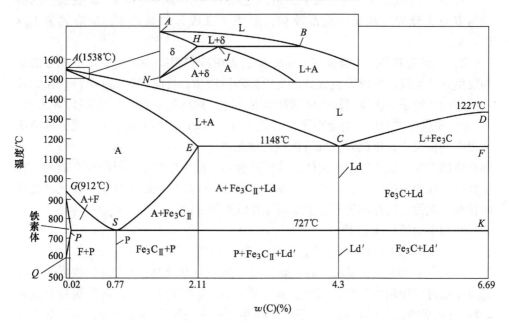

图 2-19 Fe-Fe₃C 相图

注：P 为珠光体，Ld 为莱氏体，Ld′为低温莱氏体，Fe₃C$_{II}$为二次渗碳体

表 2-2 相图中各点的温度、碳的质量分数及含义

| 符号 | 温度/℃ | 碳的质量分数（%） | 含义 |
|---|---|---|---|
| A | 1538 | 0 | 纯铁的熔点 |
| B | 1495 | 0.53 | 包晶线的端点 |
| C | 1148 | 4.30 | 共晶点 |
| D | 1227 | 6.69 | Fe₃C 的熔点 |
| E | 1148 | 2.11 | 碳在 γ-Fe 中的最大溶解度 |
| F | 1148 | 6.69 | Fe₃C 的成分 |
| G | 912 | 0 | γ-Fe→α-Fe 同素异构转变点 |
| H | 1495 | 0.09 | 包晶线的端点 |
| J | 1495 | 0.17 | 包晶点 |
| K | 727 | 6.69 | Fe₃C 的成分 |
| N | 1394 | 0 | δ-Fe→γ-Fe 同素异构转变点 |
| P | 727 | 0.0218 | 碳在 α-Fe 中的最大溶解度 |
| S | 727 | 0.77 | 共析点 |

3. Fe-Fe₃C 相图中重要的点和线

相图中三个重要的特性点如下：

1) $J$ 点为包晶点。合金在平衡结晶过程中冷却到 1495℃ 时，$B$ 点成分的液相与 $H$ 点成分的 δ 相发生包晶反应，生成 $J$ 点成分的奥氏体，反应式为 $L_B + \delta_H \rightarrow A_J$。

2) $C$ 点为共晶点。合金在平衡结晶过程中冷却到 1148℃ 时，$C$ 点成分的液相发生共晶反应，生成 $E$ 点成分的奥氏体和渗碳体，反应式为 $L_C \rightarrow A_E + Fe_3C$。共晶反应的产物是奥氏体与渗碳体的共晶混合物，称高温莱氏体，用符号 Ld 表示。

3) $S$ 点为共析点。合金在平衡结晶过程中冷却到 727℃ 时，$S$ 点成分的奥氏体发生共析反应，生成 $P$ 点成分的铁素体和渗碳体，反应式为 $A_S \rightarrow F_P + Fe_3C$。共析反应的产物是铁素体与渗碳体的共析混合物，称为珠光体，用符号 P 表示。在显微镜下珠光体的形态呈层片状，即渗碳体片与铁素体片相间分布。珠光体的强度较高，塑性、韧性和硬度介于渗碳体和铁素体之间。

相图中的特性线如下：

1) 相图中的 $ACD$ 为液相线；$AECF$ 为固相线。

2 水平线 $HJB$ 为包晶反应线，碳的质量分数在 0.09% ~ 0.53% 的铁碳合金在平衡结晶过程中均发生包晶反应。水平线 $ECF$ 为共晶反应线，碳的质量分数在 2.11% ~ 6.69% 之间的铁碳合金在平衡结晶过程中均发生共晶反应。水平线 $PSK$ 为共析反应线，碳的质量分数在 0.0218% ~ 6.69% 之间的铁碳合金在平衡结晶过程中均发生共析反应。

3) $PSK$ 线在热处理中亦称 $A_1$ 线。$GS$ 线是合金冷却时自奥氏体中开始析出铁素体的临界温度线，通常称 $A_3$ 线。$ES$ 线是碳在奥氏体中的固溶线，通常称 $A_{cm}$ 线。由于在 1148℃ 时奥氏体中溶碳量最大可达 2.11%，而在 727℃ 时仅为 0.77%，因此 $w(C) > 0.77\%$ 的铁碳合金自 1148℃ 冷却至 727℃ 的过程中，将从奥氏体中析出二次渗碳体（$Fe_3C_{II}$）。$A_{cm}$ 线亦是从奥氏体中开始析出 $Fe3C_{II}$ 的临界温度线。

4) $PQ$ 线是碳在铁素体中的固溶线。在 727℃ 时，铁素体中溶碳量最大可达 0.0218%，室温时仅为 0.0008%，因此 $w(C) > 0.0008\%$ 的铁碳合金自 727℃ 冷却至室温的过程中，将从铁素体中析出三次渗碳体（$Fe_3C_{III}$）。$PQ$ 线亦为从铁素体中开始析出 $Fe_3C_{III}$ 的临界温度线。$Fe_3C_{III}$ 数量极少，往往可以忽略。下面分析铁碳合金平衡结晶过程时，均忽略这一析出过程。

4. 典型铁碳合金的平衡结晶过程

根据 Fe-Fe₃C 相图，铁碳含金可分为三类，见表 2-3。

表 2-3 铁碳合金分类

| 名称 | $w(C)(\%)$ | | 类别 |
|------|-----------|---|------|
| 工业纯铁 | $\leqslant 0.0218$ | | 工业纯铁 |
| 钢 | $0.0218 < w(C) \leqslant 2.11$ | $0.0218 < w(C) < 0.77$ | 亚共析钢 |
| | | $0.77$ | 共析钢 |
| | | $0.77 < w(C) \leqslant 2.11$ | 过共析钢 |
| 白口铸铁 | $2.11 < w(C) \leqslant 6.69$ | $2.11 < w(C) < 4.3$ | 亚共晶白口铸铁 |
| | | $4.3$ | 共晶白口铸铁 |
| | | $4.3 < w(C) \leqslant 6.69$ | 过共晶白口铸铁 |

（1）共析钢结晶过程分析  共析钢[$w(C) = 0.77\%$]的冷却曲线和平衡结晶过程如图 2-20 所示。合金冷却时，于 1 点起从 L 中结晶出 A，至 2 点全部结晶完

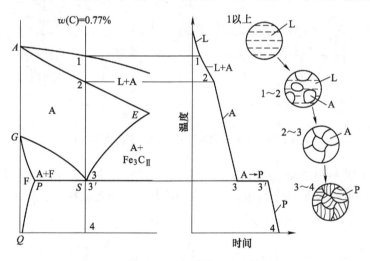

图 2-20  共析钢的冷却曲线和平衡结晶过程

毕。在 2~3 点冷却过程中 A 保持不变。至 3 点时（727℃），A 发生共析反应生成 P；至 3′点时，A 已全部转变为 P。从 3′点继续冷却至 4 点，P 不发生转变。因此，共析钢的室温平衡组织全部为 P，P 呈层片状（见图 2-21）。

（2）亚共析钢结晶过程分析  以 $w(C) = 0.4\%$ 的铁碳含金为例，其冷却曲线和平衡结晶过程如图 2-22 所示。合金

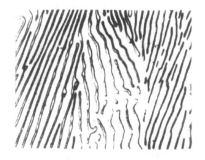

图 2-21  共析钢室温平衡状态显微组织

冷却时，从 1 点起自 L 中不断结晶出 A，至 2 点合金全部转变为 A。在 2~3 点间 A 冷却不变。从 3 点起，冷却时由 A 中析出 F，F 在 A 晶界处优先形核并长大，且 A 和 F 的成分分别沿 *GS* 和 *GP* 线变化。至 4 点时（727℃），A 的成分中 $w(C) = 0.77\%$，F 的成分中 $w(C) = 0.0218\%$，此时 A 发生共析反应，转变为 P；而 F 不发生变化。从 4′继续冷却至 5 点，合金组织不变。因此，亚共析钢的室温平衡组织为 F+P。F 呈白色块状，P 呈层片状。

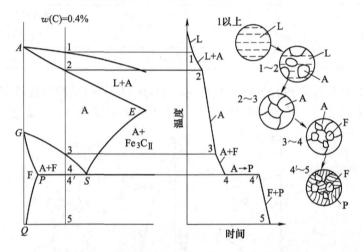

图 2-22　亚共析钢的冷却曲线和平衡结晶过程

（3）过共析钢结晶过程分析　以 $w(C) = 1.2\%$ 的铁碳合金为例，其冷却曲线和平衡结晶过程如图 2-23 所示。1~3 点的冷却过程同亚共析钢。从 3 点起，由 A

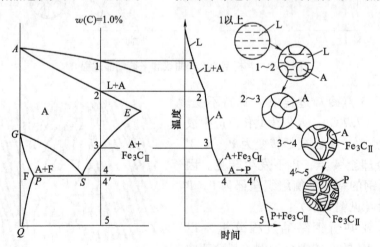

图 2-23　过共析钢的冷却曲线和平衡结晶过程

中析出 $Fe_3C_{II}$，$Fe_3C_{II}$ 呈网状分布在 A 晶界上；且 A 成分沿 ES 线变化。至 4 点时 A 中 $w(C)=0.77\%$，4~4′点的过程中发生共析反应，A 转变为 P，而 $Fe_3C_{II}$ 不变化。在 4′~5 点间冷却时组织不发生转变。因此，过共析钢的室温平衡组织为 $Fe_3C_{II}+P$。在显微镜下，$Fe_3C_{II}$ 呈网状分布在层片状 P 周围（见图 2-24），故 $Fe_3C_{II}$ 又叫网状渗碳体。

（4）共晶白口铸铁结晶过程分析　共晶白口铸铁 $[w(C)=4.3\%]$ 的冷却曲线和平衡结晶过程如图 2-25 所示。合金在 1 点发生共晶反应，由 L 转变为高温莱氏体 Ld（$A+Fe_3C$）。在 1′~2

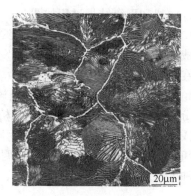

图 2-24　T12 退火态的显微组织——珠光体+二次渗碳体（网状分布）

点间，Ld 中的 A 成分沿固溶度线 ES 变化，且不断析出 $Fe_3C_{II}$。由于共晶 A 析出的 $Fe_3C_{II}$ 与共晶 $Fe_3C$ 无界线相连，在显微镜下无法分辨，故忽略不计。

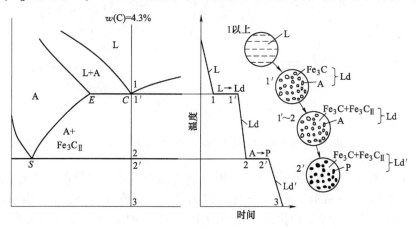

图 2-25　共晶白口铸铁的冷却曲线和平衡结晶过程

至 2 点时 A 中 $w(C)=0.77\%$，并发生共析反应转变为 P；此时高温莱氏体 Ld 转变成低温莱氏体 Ld′（P+$Fe_3C$）。从 2′至 3 点组织不变化，所以共晶白口铸铁的室温平衡组织为 Ld′，Ld′由黑色条状或粒状 P 和白色 $Fe_3C$ 基体组成（见图 2-26）。

（5）亚共晶白口铸铁结晶过程分析　亚共晶白口铸铁 $[w(C)=3\%]$ 的冷

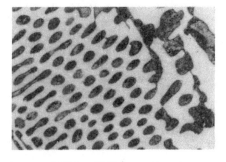

图 2-26　共晶白口铸铁室温平衡组织（Ld′）

却曲线和平衡结晶过程如图 2-27 所示。合金自 1 点起，从 L 中结晶出初生 A，且 L 和 A 的成分分别沿 AC 和 AE 线变化。至 2 点时 L 的成分中 $w(C)=4.3\%$、A 的成分 $w(C)=2.11\%$；此时，L 发生共晶反应转变为 Ld，而初生 A 不参与反应。在 2′~3 点间继续冷却时，初生 A 不断在其晶界上析出 $Fe_3C_{II}$，同时 Ld 中的 A 也析出 $Fe_3C_{II}$（忽略不计）。至 3 点温度时，所有 A（即初生 A 和共晶 A）的成分中 $w(C)=0.77\%$，并发生共析反应转变为 P；高温莱氏体 Ld 也转变为低温莱氏体 Ld′。在 3′~4 点冷却时不引起组织转变。因此，亚共晶白口铸铁的室温平衡组织为 $P+Fe_3C_{II}+Ld′$。其中，网状 $Fe_3C_{II}$ 分布在块状 P 的周围，Ld′ 则由粒状 P 和 $Fe_3C$ 基体组成（见图 2-28）。

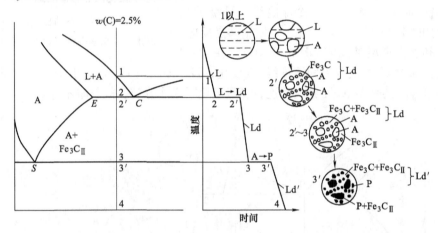

图 2-27　亚共晶白口铸铁的冷却曲线和平衡结晶过程

（6）过共晶白口铸铁结晶过程分析　过共晶白口铸铁的结晶过程与亚共晶白口铸铁类似，唯一的区别是：其先析出相是一次渗碳体（$Fe_3C_I$）而不是 A；而且因为没有先析出 A，进而其室温组织中除 Ld′ 中的 P 以外再无其他 P，即过共晶白口铸铁的室温平衡组织为 $Ld′+Fe_3C_I$。其中，$Fe_3C_I$ 呈长条状，Ld′ 的形貌则如前述（见图 2-29）。

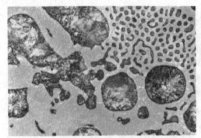

图 2-28　亚共晶白口铸铁室温平衡组织
（$P+Fe_3C_{II}+Ld′$）

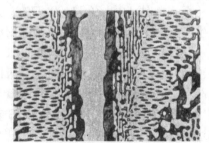

图 2-29　过共晶白口铸铁室温平衡组织
（$Ld′+Fe_3C_I$）

5. Fe-Fe₃C 相图的应用和局限性

Fe-Fe₃C 相图在生产中具有重大的实际意义，主要应用在钢铁材料的选用和加工工艺的制订两个方面。

（1）在钢铁材料选用方面的应用　Fe-Fe₃C 相图所表明的某些成分、组织、性能的规律，为钢铁材料选用提供了根据，如：

1）建筑结构和各种型钢需用塑性、韧性好的材料，因此可选用碳含量较低的钢材。

2）各种机械零件需要强度、塑性及韧性都较好的材料，应选用碳含量适中的中碳钢。

3）各种工具要用硬度高和耐磨性好的材料，则选用碳含量高的钢种。

4）纯铁的强度低，不宜用做结构材料，但由于其磁导率高、矫顽力低，可作软磁材料使用，例如做电磁铁的铁芯等。

5）白口铸铁硬度高、脆性大，不能切削加工，也不能锻造，但其耐磨性好，铸造性能优良，适用于要求耐磨、不受冲击、形状复杂的铸件，例如货车轮毂、犁铧、球磨机的磨球等。

（2）在铸造、锻造工艺方面的应用　在铸造方面，根据 Fe-Fe₃C 相图可以确定合金的浇注温度。浇注温度一般在液相线以上 50~100℃。从相图上可看出，纯铁和共晶白口铸铁的铸造性能最好。它们的凝固温度区间最小，因而流动性好，分散缩孔少，可以获得致密的铸件，所以铸铁在生产上总是选在共晶成分附近。

在锻造方面，钢处于奥氏体状态时强度较低，塑性较好，因此锻造或轧制选在单相奥氏体区内进行。一般始锻、始轧温度控制在固相线以下 100~200℃范围内。温度高时，钢的变形抗力小，节约能源，但温度不能过高，防止钢材严重烧损或发生晶界熔化（过烧）。

（3）在热处理工艺方面的应用　Fe-Fe₃C 相图对于制订热处理工艺有着特别重要的意义。一些热处理工艺如退火、正火、淬火的加热温度都是依据 Fe-Fe₃C 相图确定的。这将在第 3.2 节中详细阐述。

（4）Fe-Fe₃C 相图的局限性　Fe-Fe₃C 相图只反映铁碳二元合金中相的平衡状态。而实际生产中应用的钢和铸铁，除了铁和碳以外，往往含有或有意加入其他元素。当被加入元素的含量较高时，相图将发生重大变化，这种情况下铁碳相图已不适用。

另外，Fe-Fe₃C 相图反映的是平衡条件下铁碳合金中相的状态。相的平衡只有在非常缓慢的冷却和加热，或者在给定温度长期保温的情况下才能达到；也就是说，相图没有反映时间的作用。所以钢铁在实际生产和加工过程中，若冷却和加热速度较快，其组织转变就不能用相图进行分析。

### 2.2.3 碳的质量分数对铁碳合金平衡组织和性能的影响

1. 按组织划分的 Fe-Fe₃C 相图

由 Fe-Fe₃C 相图可知，铁碳合金室温平衡组织由 F 和 Fe₃C 两相组成。随着碳的质量分数的增高，F 含量下降，Fe₃C 含量相应增加。改变碳的质量分数，不仅引起组成相的质量分数变化，而且产生不同结晶过程，从而导致组成相的形态、分布变化，最终导致铁碳合金的组织改变。

根据分析结果，由图 2-30 可知，随着碳的质量分数的增加，铁碳合金室温组织按如下顺序变化：

$$F(+Fe_3C_{III}) \rightarrow F+P \rightarrow P \rightarrow P+Fe_3C_{II} \rightarrow P+Fe_3C_{II}+Ld' \rightarrow Ld' \rightarrow Ld'+Fe_3C \rightarrow Fe_3C_{\circ}$$

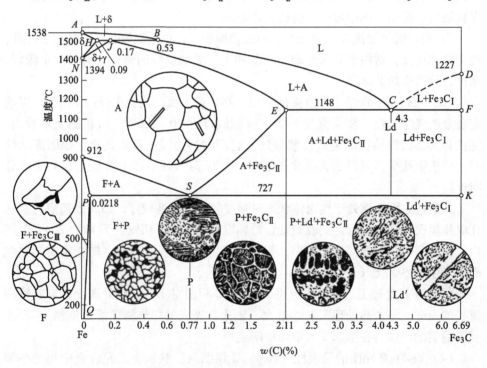

图 2-30 标注组织的 Fe-Fe₃C 相图

根据相图可以判断，在温度缓慢变化条件下，任一成分的合金在某个温度时的组织是由哪些相组成的。图 2-31 所示为铁碳合金在室温下各组织组成物与 $w(C)$ 的关系示意图。当 $w(C)<0.0218\%$ 时，组织全部为 F；等于 0.77% 时全部为 P；等于 4.3% 时全部为 Ld'；等于 6.69% 时全部为 Fe₃C；而在它们之间的组

织则为相应组织的混合物。

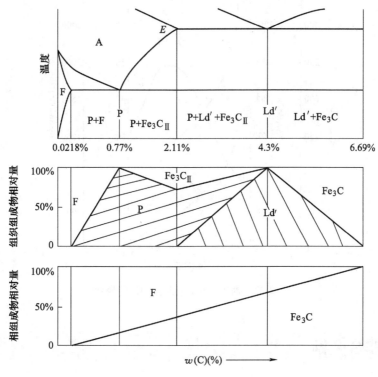

图 2-31　铁碳合金的 $w(C)$ 与组织的对应关系

### 2. 碳钢的力学性能与碳的质量分数的关系

组织的变化会引起性能的变化（见图 2-32）。硬度主要决定于相或组织组成物的硬度和相对数量，而受它们形态的影响相对较小。随碳质量分数的增加，由于高硬度的 $Fe_3C$ 增多，低硬度的 F 减少，所以合金的硬度呈直线关系增大。

强度是一个对组织形态很敏感的性能。随碳质量分数增加，亚共析钢中 P 增多而 F 减少。P 的强度比 F 高，所以亚共析钢的强度随碳质量分数的增大而增大；但当碳的质量分数超过共析成分之后，由于强度很低的 $Fe_3C_{II}$ 沿晶界析出，合金强度的增高变慢；到 $w(C) \approx 0.9\%$ 时，$Fe_3C_{II}$ 沿晶界形成完整的网，强度迅速降低；到 $w(C) \approx 2.11\%$ 后，合金中出现 Ld′时，强度已降到很低的值。再增加碳质量分数时，由于合金基体都为脆性很高的 $Fe_3C$，强度变化不大且值很低，趋近于 $Fe_3C$ 的强度（约 $20 \sim 30 MPa$）。此外，$Fe_3C$ 是极脆的相，没有塑性，故不能为合金的塑性做出贡献。合金的塑性全部由 F 提供，所以随碳质量分数的增大、F 量不断减少时，合金的塑性连续下降。到合金成为白口铸铁时，塑性就降到近于零值了。

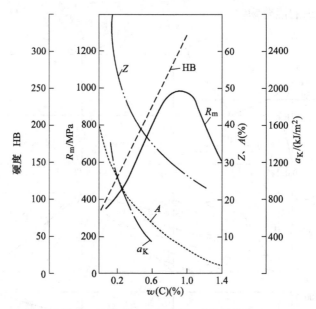

图 2-32　铁碳合金性能随 $w(C)$ 的变化

# 2.3　非合金钢

按照 GB/T 13304.1—2008 规定，钢按照化学成分可分为非合金钢、低合金钢和合金钢，三类钢的合金元素规定含量界限值见表 2-4。

表 2-4　非合金钢、低合金钢和合金钢的合金元素规定含量界限值

| 合金元素 | 合金元素规定含量界限值（%） | | |
| --- | --- | --- | --- |
| | 非合金钢 | 低合金钢 | 合金钢 |
| Al | <0.10 | — | ≥0.10 |
| B | <0.0005 | — | ≥0.0005 |
| Bi | <0.10 | — | ≥0.10 |
| Cr | <0.30 | 0.30~0.50 | ≥0.50 |
| Co | <0.10 | — | ≥0.10 |
| Cu | <0.10 | 0.10~0.50 | ≥0.50 |
| Mn | <1.00 | 1.00~1.40 | ≥1.40 |
| Mo | <0.05 | 0.05~0.10 | ≥0.10 |
| Ni | <0.30 | 0.30~0.50 | ≥0.50 |
| Nb | <0.02 | 0.02~0.06 | ≥0.06 |

（续）

| 合金元素 | 合金元素规定含量界限值（%） | | |
|---|---|---|---|
| | 非合金钢 | 低合金钢 | 合金钢 |
| Pb | <0.40 | — | ≥0.40 |
| Se | <0.10 | — | ≥0.10 |
| Si | <0.50 | 0.50~0.90 | ≥0.90 |
| Te | <0.10 | — | ≥0.10 |
| Ti | <0.05 | 0.05~0.13 | ≥0.13 |
| W | <0.10 | — | ≥0.10 |
| V | <0.04 | 0.04~0.12 | ≥0.12 |
| Zr | <0.05 | 0.05~0.12 | ≥0.12 |

注：表中"—"表示不规定，不作为划分依据。

非合金钢是通常称为碳素钢的一大钢类，价格低廉、工艺性能好，力学性能可以满足一般工程和机械制造的使用要求，是工业生产中用量最大的工程材料。

需要注意的是，实际使用的非合金钢并不是单纯的铁碳合金，由于冶炼时所用原料以及冶炼工艺方法等影响，钢中总不免有少量其他元素存在，如硅、锰、硫、磷等。通常认为，锰（Mn）和硅（Si）能溶于铁素体中，形成置换固溶体，使钢得到强化；而硫（S）和磷（P）的存在会使脆性增加，给钢的性能带来负面影响。

## 2.3.1 非合金钢的分类

非合金钢的分类方法很多，比较常用的有三种，即按钢的碳质量分数、品质和用途分类。

**1. 按碳的质量分数分类**

低碳钢：$w(C) \leqslant 0.25\%$。

中碳钢：$0.25\% < w(C) \leqslant 0.60\%$。

高碳钢：$w(C) > 0.60\%$。

**2. 按钢的品质分类**

普通钢：$w(P) \leqslant 0.045\%$、$w(S) \leqslant 0.05\%$。

优质钢：$w(P) \leqslant 0.35\%$、$w(S) \leqslant 0.35\%$。

高级优质钢：$w(P) \leqslant 0.25\%$、$w(S) \leqslant 0.25\%$。

特级优质钢：$w(P) \leqslant 0.025\%$、$w(S) \leqslant 0.015\%$。

**3. 按用途分类**

碳素结构钢：建筑用钢和机械用钢。

碳素工具钢：制造各种工具，如刀具、量具、模具用钢等。

特殊性能钢：具有特殊的物理、化学性能的钢。

## 2.3.2 非合金钢的牌号和用途

1. 碳素结构钢

根据国家标准（GB/T 700—2006），碳素结构钢的牌号和化学成分见表2-5。这类钢的牌号由代表屈服强度的字母（Q）、屈服强度数值、质量等级符号（A、B、C、D）、脱氧方法符号（F）等四个部分按顺序组成，牌号中各符号含义如下：

Q 为钢材屈服强度"屈"字汉语拼音首位字母。

A、B、C、D——表示钢材质量等级不同，即S、P含量不同。

F——沸腾钢"沸"字汉语拼音首位字母。

Z——镇静钢"镇"字汉语拼音首位字母；符号可省略。

TZ——特殊镇静钢"特镇"两字汉语拼音首位字母；符号可省略。

其中，A级钢种S、P含量最高，D级S、P含量最低。沸腾钢、镇静钢、特殊镇静钢是根据冶炼时脱氧程度的不同来分类的，其中沸腾钢的脱氧不完全，特殊镇静钢脱氧程度最高。例如Q235AF表示屈服强度为235MPa的A级沸腾钢。

表2-5 碳素结构钢的牌号和化学成分（摘自GB/T 700—2006）

| 牌号 | 等级 | 脱氧方法 | 化学成分（质量分数,%） | | | | |
| | | | C | Si | Mn | P | S |
| | | | ≤ | | | | |
| Q195 | — | F、Z | 0.12 | 0.30 | 0.50 | 0.035 | 0.040 |
| Q215 | A | F、Z | 0.15 | 0.35 | 1.20 | 0.045 | 0.050 |
| | B | | | | | | 0.045 |
| Q235 | A | F、Z | 0.22 | 0.35 | 1.40 | 0.045 | 0.050 |
| | B | | 0.20 | | | | 0.045 |
| | C | Z | 0.17 | | | 0.040 | 0.040 |
| | D | TZ | | | | 0.035 | 0.035 |
| Q275 | A | F、Z | 0.24 | 0.35 | 1.50 | 0.045 | 0.050 |
| | B | Z | 0.21 / 0.22 | | | 0.045 | 0.045 |
| | C | Z | 0.20 | | | 0.040 | 0.040 |
| | D | TZ | | | | 0.035 | 0.035 |

碳素结构钢一般情况下都不经热处理，而是在热轧状态使用。通常 Q195、Q215、Q235 中碳的质量分数低，有一定强度，常轧制成薄板、钢筋、焊接钢管等，用于桥梁、建筑等钢结构，也可制造普通的铆钉、螺钉、螺母、垫圈、地脚螺栓、轴套、销轴等等。Q275 钢强度较高，通常轧制成型钢、条钢和钢板作为构件用。表 2-6 列出了碳素结构钢的力学性能。

表 2-6　碳素结构钢的力学性能（摘自 GB/T 700—2006）

| 牌号 | 屈服强度/(N/mm$^2$)，不小于 | 抗拉强度/(N/mm$^2$) | 断后伸长率（%），不小于 |
|---|---|---|---|
|  | 厚度（或直径）≤16mm |  | 厚度（或直径）≤40mm |
| Q195 | 195 | 315~430 | 33 |
| Q215 | 215 | 335~450 | 31 |
| Q235 | 235 | 370~500 | 26 |
| Q275 | 275 | 410~540 | 22 |

**2. 优质碳素结构钢**

优质碳素结构钢牌号用两位数字表示，此二位数字表示碳的名义质量分数（以万分数计）。例如，钢号"40"即表示碳质量分数为 0.4%（万分之四十）的优质碳素结构钢。

锰的质量分数较高的优质碳素结构钢，在表示碳的名义质量分数的数字后面加锰元素符号。例如：$w(C) = 0.50\%$，$w(Mn) = 0.70\% \sim 1.00\%$ 的钢，其牌号表示为 50Mn。其他类似的优质碳素结构钢牌号如 15Mn、40Mn、45Mn、60Mn、65Mn 等。

优质碳素结构钢的化学成分见表 2-7。

表 2-7　优质碳素结构钢的化学成分（摘自 GB/T 699—2015）

| 牌号 | 化学成分（质量分数,%） | | | | |
|---|---|---|---|---|---|
|  | C | Si | Mn | Cr(≤) | 其他 |
| 10 | 0.07~0.13 | 0.17~0.37 | 0.35~0.65 | 0.15 |  |
| 15 | 0.12~0.18 | 0.17~0.37 | 0.35~0.65 | 0.25 |  |
| 20 | 0.17~0.23 | 0.17~0.37 | 0.35~0.65 | 0.25 |  |
| 35 | 0.32~0.39 | 0.17~0.37 | 0.50~0.80 | 0.25 | $w(P) \leqslant 0.035$ |
| 40 | 0.37~0.44 | 0.17~0.37 | 0.50~0.80 | 0.25 | $w(S) \leqslant 0.035$ |
| 45 | 0.42~0.50 | 0.17~0.37 | 0.50~0.80 | 0.25 | $w(Ni) \leqslant 0.30$ |
| 50 | 0.47~0.55 | 0.17~0.37 | 0.50~0.80 | 0.25 | $w(Cu) \leqslant 0.25$ |
| 60 | 0.57~0.65 | 0.17~0.37 | 0.50~0.80 | 0.25 |  |
| 65 | 0.62~0.70 | 0.17~0.37 | 0.50~0.80 | 0.25 |  |

优质碳素结构钢主要用于制造机械零件，一般都要经过热处理以提高力学性能。根据碳的质量分数不同，有如下不同的用途。

10钢的塑性、韧性好，具有优良的冷成形性能和焊接性能，常冷轧成薄板，用于制作仪表外壳、汽车和拖拉机上的冷冲压件，如汽车车身、拖拉机驾驶室等。

15钢、20钢、25钢用于制作尺寸较小、载荷较轻、表面要求耐磨、心部强度要求不高的渗碳零件，如活塞钢、样板等。

30钢、35钢、40钢、45钢、50钢经热处理（淬火+高温回火）后具有良好的综合力学性能，即具有较高的强度和较高的塑性、韧性，用于制作轴类零件。

55钢、60钢、65钢经热处理（淬火+中温回火）后具有高的弹性极限，常用作弹簧。

3. 非合金工具钢

非合金工具钢的牌号是由代表碳的符号"T"与数字组成，其中数字表示钢中碳的名义质量分数（以千分之几计）。非合金工具钢均为优质钢，但若S、P含量更低，为高级优质钢，则在牌号最后标注字母A。例如T12钢表示$w(C)=1.2\%$的碳素工具钢；T12A钢表示$w(C)=1.2\%$的高级优质非合金工具钢。

非合金工具钢的化学成分见表2-8，其生产成本较低，加工性能良好，可用于制造低速、手动刀具及常温下使用的工具、模具、量具等。在使用前要进行热处理（淬火+低温回火）。

T7钢、T8钢用于制造要求较高韧性、受冲击的工具，如小型冲头、凿子、锤子等。

T9钢、T10钢、T11钢用于制造要求中韧性的工具，如钻头、丝锥、车刀、锯条等。

T12钢、T13钢具有高硬度、高耐磨性，但韧性低，用于制造不受冲击的工具，如量规、锉刀、刮刀、精车刀等。

表2-8 非合金工具钢的化学成分（摘自GB/T 1299—2014）

| 牌号 | 化学成分（质量分数,%） | | |
|:---:|:---:|:---:|:---:|
| | C | Mn | Si |
| T7 | 0.65~0.74 | ≤0.40 | |
| T8 | 0.75~0.84 | | |
| T8Mn | 0.80~0.90 | 0.40~0.60 | |
| T9 | 0.85~0.94 | | ≤0.35 |
| T10 | 0.95~1.04 | | |
| T11 | 1.05~1.14 | ≤0.40 | |
| T12 | 1.15~1.24 | | |
| T13 | 1.25~1.35 | | |

注：高级优质钢在牌号后加"A"。

## 2.4 铸铁

铸铁是人类最早使用的金属材料之一。由于生产工艺简单、成本低廉，并且具有优良的铸造性、可加工性、耐磨性和吸振性等优点，铸铁被广泛应用于机械制造、冶金、矿山、石油化工、交通运输、建筑和国防等工业部门。在各类机械中，铸铁件占机器总质量的40%~70%，在机床和重型机械中，则要占机器总质量的85%~90%。高强度铸铁和特殊性能铸铁还可以代替部分昂贵的合金钢和有色金属材料。

从铁碳相图可知，$w(C)$大于2.11%的铁碳合金称为铸铁。虽然铸铁的力学性能（抗拉强度、塑性、韧性）较低，但是由于其生产成本低廉，具有优良的铸造性、可加工性、减振性及耐磨性，因此在现代工业中仍得到了普遍的应用，如制造机床的床身、内燃机的汽缸、汽缸套、曲轴等。

铸铁的组织是由钢的基体和石墨组成的，其中基体组织包括珠光体、铁素体、珠光体加铁素体三种，冷却速度的快慢造成基体组织的不同。

### 2.4.1 铸铁的石墨化

在铁碳合金中，碳除了少部分固溶于铁素体和奥氏体外，以两种形式存在：碳化物状态——渗碳体（$Fe_3C$）、游离状态——石墨（G）。石墨的晶格类型为简单六方晶格，如图2-33所示，其基面中的原子间距为0.142nm，结合力较强；而两基面间距为0.340nm，结合力弱，故石墨的基面很容易滑动，其强度、硬度、塑性和韧性都很差。

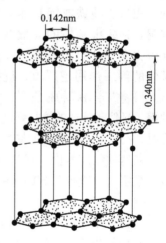

图2-33 石墨晶格

铸铁组织中石墨的形成过程称之为石墨化过程。一般认为石墨可以从液相中直接析出，也可以自奥氏体中析出，还可以由渗碳体分解得到。影响铸铁组织和性能的关键是石墨在铸铁中存在的形态、大小和分布。

石墨的主要作用有：
1）使基体不连续，切削加工时切屑容易脱落，从而改善了切削加工性能。
2）因石墨有润滑作用，使铸铁有良好的耐磨性和减摩性。
3）对振动的传递起削弱作用，使铸铁有很好的抗振性能。
4）大量石墨的割裂作用，使铸铁对缺口不敏感。

### 2.4.2　常用铸铁类型

常见铸铁有白口铸铁、灰口铸铁、可锻铸铁、球墨铸铁和蠕墨铸铁，此外还有合金元素含量较多的合金铸铁。

白口铸铁是完全按照 Fe-Fe$_3$C 相图进行结晶而得到的铸铁，其中碳主要以渗碳体（Fe$_3$C）形式存在。白口铸铁主要是由其断口较白而得名，其组织是珠光体和粗大碳化物。由于白口铸铁的渗碳体又硬又脆，在生产中很少直接用其制作机器零件，主要用于制造要求耐磨损的铸造零件，如球磨机中的磨球，还可作为炼钢原料。

灰铸铁、球墨铸铁、可锻铸铁和蠕墨铸铁则是根据石墨的形态分类的。其中，灰铸铁、球墨铸铁和蠕墨铸铁中的石墨都是自液体铁水在结晶过程中获得的，而可锻铸铁中的石墨则是由白口铸铁在加热过程中石墨化获得的。

（1）灰铸铁　灰铸铁的基体组织与共析钢或亚共析钢的组织相同，但其上分布着片状石墨，显微组织如图 2-34 所示。石墨的强度和塑性都极低，相当于纯铁或钢基体上的裂纹或空洞。它减小基体的有效截面，并引起应力集中，且石墨越多、越大，对基体的割裂作用越严重，抗拉强度越低。可将灰铸铁看成是含有大量裂纹

图 2-34　（铁素体基体）灰铸铁的显微组织

的钢，显然灰铸铁的抗拉强度比钢低得多；但是裂纹对抗压强度影响不大（受压应力时，石墨片不引起大的局部压应力），所以灰铸铁的抗压强度不受影响，接近钢。

灰铸铁的牌号由"HT"（"灰铁"两字汉语拼音首字母）及后面一组数字组成，数字表示直径为 30mm 单铸试棒的最低抗拉强度值。例如，HT300 代表抗拉强度 $R_m$≥300MPa 的灰铸铁。由于灰铸铁的性能特点及生产简便的优点，灰铸铁产量占铸铁总产量的 80% 以上，应用广泛，是制造机床床身和各种机座的良好材料。常用的灰铸铁牌号是 HT150、HT200。

经过孕育处理（或称变质处理）后的灰铸铁称为孕育铸铁。变质处理后，由于石墨片细化，石墨对基体的割裂作用减轻，铸铁的强度提高，但塑性无明显改善。

常见灰铸铁的牌号、性能及应用见表 2-9。

（2）可锻铸铁　可锻铸铁是由白口铸铁通过退火处理得到的一种高强铸铁。因化学成分、热处理工艺的差异而导致的性能和金相组织的不同，可锻铸铁分为两类。第一类：黑心可锻铸铁和珠光体可锻铸铁。黑心可锻铸铁的金相组织主要

是铁素体基体+团絮状石墨，珠光体可锻铸铁的金相组织主要是珠光体基体+团絮状石墨，其显微组织如图 2-35 所示。第二类：白心可锻铸铁，这类铸铁由于可锻化退火时间长而较少生产应用。

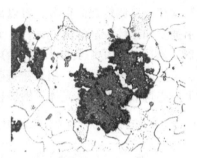

a) 珠光体可锻铸铁(P+G)　　　　　　　b) 铁素体可锻铸铁(F+G)

图 2-35　可锻铸铁的显微组织

表 2-9　常见灰铸铁的牌号、性能及应用 （GB/T 9439—2010）

| 分类 | 牌号 | 抗拉强度/MPa | 屈服强度/MPa | 断后伸长率/% | 抗压强度/MPa | 弯曲疲劳强度/MPa | 显微组织 | | 应用举例 |
|---|---|---|---|---|---|---|---|---|---|
| | | | | | | | 基体 | 石墨 | |
| 普通灰铸铁 | HT150 | 150~250 | 98~165 | 0.3~0.8 | 600 | 70 | F+P | 较粗片 | 端盖、汽轮泵体、轴承座、阀壳、管材及管路附件、手轮；一般机床底座、床身及其他复杂零件、滑座、工作台等 |
| | HT200 | 200~300 | 130~195 | 0.3~0.8 | 720 | 90 | P | 中等片 | 汽缸、齿轮、底架、机件、飞轮、齿条、衬筒；一般机床床身及中等压力液压缸、液压泵和阀的壳体等 |
| 孕育铸铁 | HT250 | 250~350 | 165~228 | 0.3~0.8 | 840 | 120 | 细珠光体 | 较细片 | 阀壳、液压缸、汽缸、联轴器、机体、齿轮、齿轮箱外壳、飞轮、衬筒、凸轮、轴承座等 |
| | HT300 | 300~400 | 195~260 | 0.3~0.8 | 960 | 140 | 索氏体或屈氏体 | 细小片 | 齿轮、凸轮、车床卡盘、剪床、压力机的机身；导板、自动车床及其他重载荷机床的机身；高压液压缸、液压泵和滑阀的壳体等 |

注：表中数据为 φ30mm 单铸试棒和 φ30mm 附铸试棒的试验测量值。

　　黑心可锻铸铁以 "KTH" 表示，珠光体可锻铸铁以 "KTZ" 表示。其后的两组数字分别代表最低抗拉强度 $R_m$ 和最低断后伸长率 $A$。例如，KTH370 - 12，代表 $R_m$>370MPa、$A \geqslant 12\%$ 的黑心可锻铸铁。

由于石墨呈团絮状，对基体的割裂和尖口作用减轻，故可锻铸铁的强度、韧性比灰铸铁和白口铸铁提高很多，可以部分代替碳钢。可锻铸铁主要用于形状复杂、要求强度和韧性较高的薄壁铸件，如各种农机、纺织机械、汽车、拖拉机零件（轮毂、阀门、轴瓦）及自来水管的弯头等。这些零件用铸钢生产，存在铸造性差、工艺困难的问题；而用灰铸铁生产，又存在性能不满足要求的问题。

常见黑心可锻铸铁和珠光体可锻铸铁的牌号及力学性能见表 2-10。

表 2-10　常见黑心可锻铸铁和珠光体可锻铸铁的牌号及力学性能（摘自 GB/T 9440—2010）

| 牌号 | 试样直径 /mm | 最低抗拉强度 $R_m$/MPa（≥） | 最低条件屈服强度 $R_{p0.2}$/MPa（≥） | 断后伸长率 $A$（%）（$L_0 = 3d$） | 布氏硬度 HBW |
|---|---|---|---|---|---|
| KTH275-05 | 12 或 15 | 275 | — | 5 | |
| KTH300-06 | 12 或 15 | 300 | — | 6 | |
| KTH330-08 | 12 或 15 | 330 | — | 8 | ≤150 |
| KTH350-10 | 12 或 15 | 350 | 200 | 10 | |
| KTH370-12 | 12 或 15 | 370 | — | 12 | |
| KTZ450-06 | 12 或 15 | 450 | 270 | 6 | 150~200 |
| KTZ500-05 | 12 或 15 | 500 | 300 | 5 | 165~215 |
| KTZ550-04 | 12 或 15 | 550 | 340 | 4 | 180~230 |
| KTZ600-03 | 12 或 15 | 600 | 390 | 3 | 195~245 |
| KTZ650-02 | 12 或 15 | 650 | 430 | 2 | 210~260 |
| KTZ700-02 | 12 或 15 | 700 | 530 | 2 | 240~290 |
| KTZ800-01 | 12 或 15 | 800 | 600 | 1 | 270~320 |

（3）球墨铸铁　球墨铸铁由于石墨呈球状（显微组织见图 2-36），其表面积最小，能大大减少对基体的割裂和尖口敏感作用。需要注意的是，石墨形态对应力集中十分敏感，片状石墨引起严重应力集中，团絮状和球状石墨引起的应力集中较轻。因此，灰铸铁的抗拉强度最低，可锻铸铁的抗拉强度较高，球墨铸铁的抗拉强度最高。

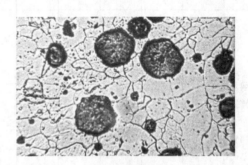

图 2-36　（铁素体基体）球墨铸铁的显微组织

球墨铸铁的强度与钢接近，虽然塑性、韧性大为改善，但仍比钢差。此外，球墨铸铁仍有灰铸铁的一些优点，如较好的减振性、减摩性、低的缺口敏感性、优良的铸造性和可加工性等。但球墨铸铁存在收缩率较大、流动性稍差等缺陷，故它对原材料和熔炼、铸造工艺的要求比灰铸铁高。

球墨铸铁的牌号由"QT"及后面两组数字组成。第一组数字表示最低抗拉强度 $R_m$；第二组数字表示最低断后伸长率 $A$。例如 QT600-3，代表 $R_m \geqslant 600\mathrm{MPa}$，$A \geqslant 3\%$ 的球墨铸铁。

球墨铸铁的力学性能好，又易于熔铸，经合金化和热处理后可代替铸钢、锻钢，可制作受力复杂、性能要求高的重要零件。表 2-11 列出了球墨铸铁和 45 钢试验的对称弯曲疲劳强度，可见带孔和带台肩试样的疲劳强度大致相同。试验还表明，球墨铸铁的扭转疲劳强度甚至超过 45 钢。在实际应用中，大多数承受动载的零件是带孔和台肩的，因此完全可以用球墨铸铁来代替钢制造某些重要零件，如曲轴、连杆、凸轮轴等。

表 2-11 球墨铸铁和 45 钢试验的对称弯曲疲劳强度

| 材料 | 对称弯曲疲劳强度/MPa | | | |
| --- | --- | --- | --- | --- |
| | 光滑试样 | 光滑带孔试样 | 带台肩试样 | 带孔、带台肩试样 |
| 45 钢 | 305 | 225 | 195 | 155 |
| 珠光体球墨铸铁 | 255 | 205 | 175 | 155 |

部分球墨铸铁的牌号及力学性能见表 2-12。

表 2-12 部分球墨铸铁的牌号及力学性能（摘自 GB/T 1348—2019）

| 牌号 | 基体 | 力学性能（壁厚 $t \leqslant 30$） | | | | 应用举例 |
| --- | --- | --- | --- | --- | --- | --- |
| | | $R_m$ /MPa | $R_{p0.2}$ /MPa | $A(\%)$ | 硬度 HBW | |
| QT400-18 | 铁素体 | 400 | 250 | 18 | 120~175 | 汽车、拖拉机底盘零件；工作压力为 1.6~6.4MPa 阀门的阀体、阀盖 |
| QT450-10 | 铁素体 | 450 | 310 | 10 | 160~210 | |
| QT500-7 | 铁素体+珠光体 | 500 | 320 | 7 | 170~230 | 机油泵齿轮 |
| QT600-3 | 珠光体+铁素体 | 600 | 370 | 3 | 190~270 | 柴油机、汽油机曲轴；磨床、铣床、车床的主轴；空压机、冷冻机缸体、缸套 |
| QT700-2 | 珠光体 | 700 | 420 | 2 | 225~305 | |
| QT800-2 | 珠光体或索氏体 | 800 | 480 | 2 | 245~335 | |

（4）蠕墨铸铁 蠕墨铸铁的石墨形态介于球状和片状之间，它比片状石墨短、粗，端部呈球状，类似蠕虫状（见图 2-37）。蠕墨铸铁是一种新型高强铸铁材料，它的强度接近于球墨铸铁，并且有一定的韧性、较高的耐磨性；同时又有和灰铸铁一样的良好铸造性能和导热性。

蠕墨铸铁的牌号由"RuT'("蠕铁"两字的汉语拼音字首）加一组数字组成，数字表示最低抗拉强度。例如，RuT380 表示最低抗拉强度为 380MPa 的蠕墨铸铁。

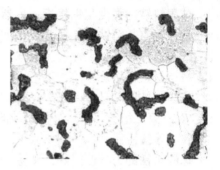

图 2-37 蠕墨铸铁的显微组织

由于蠕墨铸铁综合性能好，组织致密，所以它主要应用在一些经受热循环负荷的铸件（如钢锭模、玻璃模具、柴油机缸盖、汽车发动机排气管、刹车盘等）和组织致密零件（如一些液压阀的阀体、各种耐压泵的泵体）以及一些结构复杂而又要求高强度的铸件。

（5）合金铸铁　随着工业的发展，对铸铁不仅要求其具有更高的力学性能，同时要求它具有耐磨、耐热、耐腐蚀等特殊性能，因此需要加入合金元素，获得合金铸铁。例如，常用的耐磨合金铸铁有：

1）高磷合金铸铁。铸铁中磷的质量分数提高到 0.4%~0.7%，即为高磷合金铸铁，其中磷以化合物 $Fe_3P$ 的形式存在，并与铁素体或珠光体形成共晶体，以断续网状分布在珠光体基体上，形成坚硬的骨架，显著提高了铸铁的耐磨性。而加入 Cr、Mn、V、Ti、W 等可强化和细化基体，使其强度和韧性进一步提高。

高磷合金铸铁多用作机床导轨，汽车发动机的缸套、活塞环等零件。

2）铬钼铜合金铸铁。这种铸铁是目前机床制造业中广泛应用的一种耐磨铸铁。其中铬、钼可形成稳定的碳化物，铜能促进珠光体灰口铸铁形成，获得一种强度和耐磨性比 HT200 高出一倍以上的铬钼铜合金铸铁。

表 2-13 列出了耐磨铸铁的力学性能和应用范围。

表 2-13　耐磨铸铁的力学性能和应用范围

| 铸铁名称 | 牌号 | 力学性能 | | | 应用范围 |
|---|---|---|---|---|---|
| | | 抗拉强度/MPa | 抗弯强度/MPa | 硬度 HBW | |
| 高磷合金铸铁 | MTP15 | 150 | 330 | 170~229 | 普通机床的床身、溜板、工作台等 |
| | MTP20 | 200 | 400 | 179~235 | |
| | MTP25 | 250 | 470 | 187~241 | |
| | MTP30 | 300 | 540 | 187~255 | |
| 铬钼铜合金铸铁 | MTCrMoCu25 | 250 | 470 | 185~230 | 中小型精密机床仪表及机床床身导轨等铸件 |
| | MTCrMoCu30 | 300 | 540 | 200~250 | |
| | MTCrMoCu35 | 350 | 610 | 220~260 | |

## 2.5 金属的塑性变形和再结晶

金属塑性成形是利用金属材料所具有的塑性变形规律，在外力作用下通过塑性变形获得具有一定形状、尺寸和力学性能的零件或毛坯的加工方法。塑性成形加工在机械制造、军工、航空、轻工、家用电器等行业得到广泛应用，例如，飞机上的塑性成形零件约占总体零件的85%，汽车上的锻件占60%～80%。常用金属材料塑性成形工艺如图2-38所示。

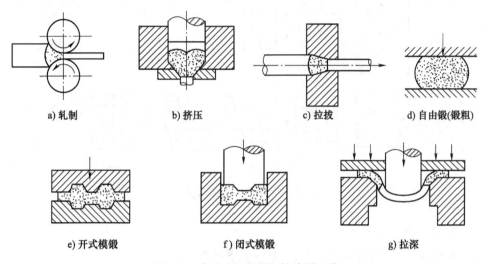

a) 轧制          b) 挤压          c) 拉拔          d) 自由锻(锻粗)

e) 开式模锻          f) 闭式模锻          g) 拉深

图2-38 常用金属材料塑性成形工艺

### 2.5.1 塑性变形

金属在外力作用下产生变形，当外力去除后不能恢复的永久性变形称为塑性变形。塑性变形不仅使金属获得所需的形状和尺寸，而且能改变金属的组织和性能。

#### 1. 单晶体的塑性变形

单晶体金属的原子按一定规则排列（见图2-38b、d）；单晶体受力后，外力 $P$ 在任何晶面上都可分解为垂直于晶面的正应力 $\sigma$ 和平行于晶面的切应力 $\tau$（见图2-39a）。

正应力只能引起弹性变形，即当受力较小时，晶体内原子间距发生微小变化，原子稍偏离平衡位置处于不稳定状态（见图2-39c），当外力去除后原子则返回平衡位置，晶体变形随之消失；当应力超过原子间结合力时，则晶体断裂；即正应力只能引起晶格的弹性伸长，或进一步把晶体拉断。

切应力可使晶格在发生弹性歪扭（见图2-39e）之后，进一步造成滑移（见图2-39f）。通过大量的晶面滑移，最终使试样拉长变细。当外力卸去后，晶格发生了永久变形，原子间距仍恢复原状（见图2-39g）。这种在切应力作用下，晶体的一部分相对于另一部分产生滑动的现象称为滑移，发生滑移的晶面称为滑移面。金属晶体只有在切应力的作用下才能产生塑性变形。

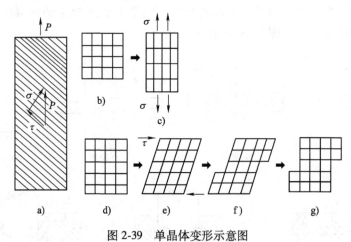

图2-39 单晶体变形示意图

### 2. 滑移变形机理及特点

滑移是塑性变形的基本方式，具有如下特点：

1）滑移只能在切应力的作用下发生。

2）塑性变形不是由沿着整个滑移面同时进行的简单刚性滑移造成的，而是通过位错在滑移面上的运动来实现的。如图2-40所示，位错中心附近的极少量原子做微量位移，多余的半个原子面就从 $PQ$ 位置移到了 $P'Q'$ 位置。图2-41所示为一个刃型位错在剪应力作用下，多余的半个原子平面从滑移面的左侧逐步转移到右侧，造成上、下部分晶体相对滑移了一个原子间距的全过程。

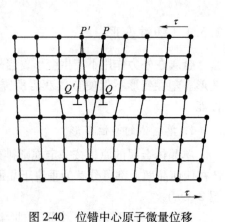

图2-40 位错中心原子微量位移

由此可见，金属晶体的塑性变形是由于晶体中存在着位错，位错中心的原子位移引起了位错运动，大量的位错运动引起晶体滑移的结果。位错滑移运动所需的剪应力远远小于刚性滑移；无位错的金属晶体理论强度约为 $E/10$，而实际金属中有大量位错，其强度只有约 $E/200$ 到 $E/300$（$E$ 为弹性模量）。

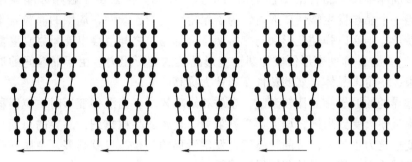

图 2-41　含位错晶体的滑移过程

3）滑移一般是沿晶体的密排面上的密排方向进行。密排面指原子密度最大的面、密排方向指原子密度最大的方向。由于密排面之间（见图 2-42）、密排方向之间的间距最大，原子结合力较弱，滑移的阻力小，故易滑动。因此，滑移总是沿着晶体中原子密度最大的晶面（密排面）和其上密度最大的晶向（密排方向）进行。

一个滑移面与其上的一个滑移方向组成一个滑移系，三种常见晶格的滑移系见表 2-14。滑移系越多，金属发生滑移的可能性越大，塑性就越好。又因为滑移方向

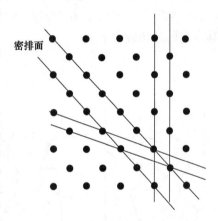

图 2-42　密排面示意图

对滑移所起的作用比滑移面大，故面心立方晶格金属比体心立方晶格金属的塑性更好，密排六方晶格金属的塑性最差。

表 2-14　金属三种常见晶格的滑移系

| 晶格 | 体心立方晶格 | 面心立方晶格 | 密排六方晶格 |
|---|---|---|---|
| 滑移面 | 6 个 | 4 个 | 1 个 |
| 一个滑移面上的滑移方向 | 2 个 | 3 个 | 3 个 |
| 滑移系 | 6×2 = 12 个 | 4×3 = 12 个 | 1×3 = 3 个 |

### 3. 多晶体的塑性变形

多晶体中每个晶粒的塑性变形与单晶体相同。但是由于各相邻晶粒位向不同，当一个晶粒发生塑性变形时，为了保持金属的连续性，周围的晶粒若不发生塑性变形，则必以弹性变形来与之协调，否则晶粒之间就会出现间隙或重叠（见图 2-43）。这种弹性变形便成为塑性变形晶粒的变形阻力。由于晶粒间的这种相互约束，使得多晶体金属的塑性变形抗力提高。

晶界处的原子排列比较紊乱，杂质和缺陷较多。当滑移变形时，位错移动到晶界附近便会受到阻碍，增大了滑移阻力。金属的晶粒越细，晶界的总面积就越大，变形抗力也越大；且晶粒越细，发生滑移的晶粒数目就越多，金属的塑性变形分布越均匀，使金属的塑性提高得越多。

除了晶界影响，多晶体中各晶体的位向不同是多晶体塑性变形较复杂的另一原因。如图 2-44 所示，在对多晶体金属施加外力 $F$ 后，外力作用于滑移面上滑移方向的分切应力 $\tau$ 为

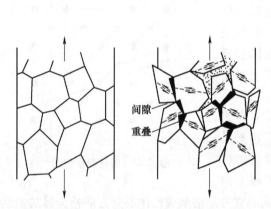

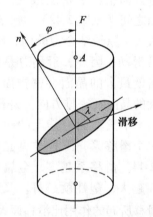

间隙
重叠

图 2-43  多晶体晶粒变形连续性示意图     图 2-44  单晶体某滑移系上的分切应力

$$\tau = \frac{F\cos\lambda}{A/\cos\varphi} = \frac{F}{A}\cos\lambda\cos\varphi \propto \sin2\lambda \tag{2-2}$$

式中　$\lambda$——外力和滑移方向的夹角；

$\varphi$——外力和滑移面法线的夹角；

$A$——晶粒截面积。

故具有与外力成45°滑移面的晶粒将首先发生滑移变形，这种滑移必然会受到周围位向不同晶粒的阻碍，使滑移阻力增加；并且伴随着晶粒之间的滑移和转动，处于不同位向的晶粒才能先后进行滑移。

4. 塑性变形对金属组织和性能的影响

在常温下金属塑性变形后，内部组织将发生变化。晶粒中及晶界外的杂质沿着变形最大的方向伸长，其显微组织呈纤维状线条，称作纤维组织（见图2-45）。且部分晶粒破碎，亚晶粒数目增多、细化；位错密度增加，晶格畸变严重。

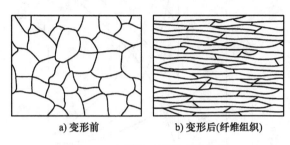

a) 变形前　　　　　　　b) 变形后(纤维组织)

图 2-45　变形前后晶粒形状变化

金属组织的改变必然会引起性能的变化。其中最主要的是随变形程度的增加，金属的强度和硬度不断提高，塑性和韧性不断降低，这种现象称为加工硬化，如图2-46所示。产生加工硬化的原因是主滑移面减少，位错密度增加，从而导致变形阻力增大、变形能力减小。加工硬化是金属材料的一项重要特性，是强化金属的一种重要方法，尤其是对于纯金属和不能热处理强化的材料，如工业纯铜、黄铜及奥氏体不锈钢等，冷变形加工是强化它们的主要手段。如材料为Q345钢的自行车链条经过五次轧制，厚度由3.5mm压缩到1.2mm，总变形量为65%，硬度从150HBW提高到275HBW，抗拉强度从510MPa提高到980MPa，承载能力提高了将近一倍；65Mn弹簧钢丝经冷拉后，抗拉强度可达2000~3000MPa，比一般钢材的强度提高4~6倍。

此外，金属在冷变形加工后会产生残余内应力（即外力去除后残留于金属内部的自相平衡的应力）。其中，因金属各部位变形不均匀所造成的内应力为宏观内应力；因晶粒之间或晶内各部分变形不均匀所造成的内应力为微观内应力；因晶体缺陷所造成的内应力为晶格畸变内应力。残余内应力会使金属的耐腐蚀性能降低，严重时可导致零件变形或开裂。但对于齿轮等零件，通过表面淬火或喷丸处理，可在表面产生较大的残余压应力，从而提高疲劳强度。

## 2.5.2 再结晶

金属在常温下经塑性变形而加工硬化后处于不稳定状态，具有恢复为原状态的自发趋势。如果对塑性变形后的金属加热，提供原子活动所需的能量，将会产生组织与性能的变化，如图2-47所示。

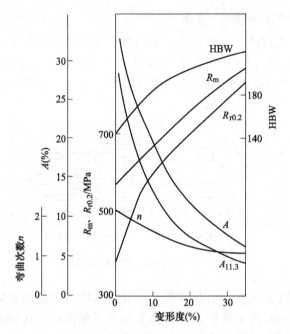

图 2-46　加工硬化对低碳钢强度和塑性的影响

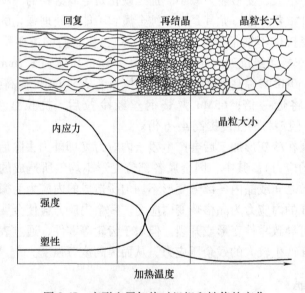

图 2-47　变形金属加热时组织和性能的变化

## 1. 回复

当加热温度不太高时，金属内原子活动能力增强不多，原子能进行短距离的移动，使晶格畸变程度大为减轻，大部分内应力得以消除，这一过程称为回复。金属回复使加工硬化部分消除，即强度、硬度略有下降，而塑性有所提高。由于原子不能进行大距离移动，所以碎晶和拉长晶粒外形并未改变。

工业生产中的低温去应力退火就是回复在生产中的应用。对冷变形后的金属进行去应力退火，既可消除内应力，又可保持其加工硬化性能。

### 2. 再结晶

当继续升高加热温度时，原子就具有了更大的活动能力，金属的显微组织发生明显的变化，碎晶和拉长晶粒不再存在，以碎晶和晶界上的某些质点为晶核成长为新的细小均匀的等轴晶粒，这个过程称为再结晶（见图2-48）。冷变形金属开始进行再结晶的最低温度，称为再结晶温度。实验表明，纯金属的再结晶温度与其熔点有如下关系：

$$T_{再} = 0.4T_{熔}(T \text{ 为热力学温度})$$

合金的再结晶温度略高于纯金属。

由于再结晶后的金属晶格畸变和加工硬化现象完全消除，因而其强度、硬度显著下降，塑性、韧性明显上升，金属的性能又恢复到变形前的状态。

工业生产中常采用再结晶退火（一般高于再结晶温度100~200℃）使加工硬化的金属恢复塑性，以便进一步加工。

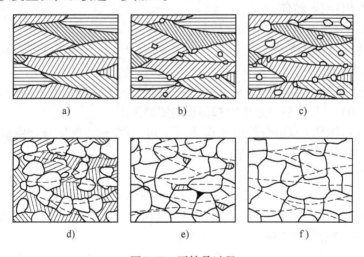

图2-48 再结晶过程

### 3. 晶粒长大

再结晶完成后，如果继续升高加热温度或延长保温时间，晶粒便会互相吞并，细小的晶粒快速成长为粗大的晶粒，导致金属的力学性能显著下降。

## 习题与思考题

1. 解释下列名词。

相、组织、合金及合金系、组元、相图、液相线、固相线、过冷度、同素异晶转变、匀晶转变、共晶转变、包晶转变、共析转变、共晶体、铁素体、奥氏体、渗碳体、珠光体、莱氏体。

2. 什么叫结晶？结晶的条件是什么？为什么结晶时纯金属的冷却曲线上会出现水平段？

3. 金属晶界的结构有何特点？它对金属的性能有何影响？

4. 为什么不同晶格类型的金属显示出不同的变形特征？三种金属晶体结构中哪一种的塑性最大？为什么？

5. 滑移的本质是什么？简述滑移的位错理论。

6. 在实际应用中，细晶粒金属材料往往具有较好的常温力学性能，细化晶粒的措施有哪些？

7. 如果其他条件相同，试比较下列铸造条件下铸件晶粒的大小。

1）金属模浇注与砂模浇注。

2）浇注时振动搅拌或不振动搅拌。

3）薄铸件与厚铸件。

4）浇注时加变质剂与不加变质剂。

8. 分别说出碳的质量分数为 0.2%、0.5%、0.8%、2%的铁碳合金，当温度由 1000℃ 降低至 20℃ 时的组织变化。

9. 说明直径为 10mm 的 45 钢试样分别经下列温度加热：700℃、760℃、840℃、1100℃，保温后在水中冷却得到的室温组织。

10. 说出当碳的质量分数由 0.02% 增加到 2.0% 时，铁碳合金室温下的组织和性能所发生的变化，并做解释。

11. 应用 Fe-Fe$_3$C 相图解释：

1）室温下 $w(C)$0.8%的钢比 $w(C)$1.2%的钢强度高而硬度低。

2）在 1000℃ 时，$w(C)$0.4%的钢能锻造而 $w(C)$4%的生铸铁不能锻造。

3）钢的锻造性能好而铸铁铸造性能好。

12. 用示意图表示珠光体、索氏体、屈氏体和马氏体在显微镜下的形态特征。

13. 下列说法是否正确？为什么？

1）钢中碳的质量分数越高，则其质量越好。

2）共析钢在 727℃ 发生共析转变形成单相珠光体。

3）$w(C) = 4.3\%$的钢在 1148℃ 时发生共晶转变形成莱氏体。

4）钢中碳的质量分数越高，其强度和塑性也越高。

14. 试述固溶强化、加工硬化和弥散强化的强化原理。

15. 与单晶体的塑性变形相比较，说明多晶体塑性变形的特点。

16. 再结晶和重结晶有何不同？

17. 金属塑性变形后组织和性能会有什么变化？

18. 在图 2-49 所示各晶格的晶面、晶向中，哪些是滑移面？哪些是滑移方向？图中情况是否构成滑移系？

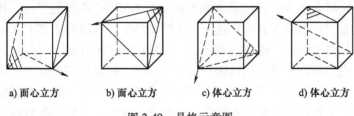

a) 面心立方　　 b) 面心立方　　 c) 体心立方　　 d) 体心立方

图 2-49　晶格示意图

19. 试述石墨形态对铸铁性能的影响，与钢相比较，铸铁性能有什么优缺点？

20. 为什么一般机器的支架、机床的床身常用灰口铸铁制造？

21. 说明球墨铸铁的性能优于灰口铸铁的原因？

## 第 3 章

# 金属热处理及表面处理工艺

热处理是将金属在固态范围内加热到一定温度进行必要的保温，并以适当的速度冷却至室温，以改变其内部组织，从而获得所需性能的工艺方法。通过热处理可以提高材料的强度、硬度，改善塑性、韧性及加工性能。因此，热处理在机械工业中的应用极为广泛。在机床制造业，汽车、拖拉机制造业中，大部分零件都要进行热处理。各类工具（刃具、量具、模具）及重要零件往往要经过几次不同的热处理工艺才能达到性能要求。在航空工业中，飞机上的金属零件几乎全部要进行热处理。

## 3.1 热处理原理

大多数热处理工艺（如淬火、正火、退火等）的第一步都需要先将钢加热到临界点温度以上获得全部或部分奥氏体组织，即进行奥氏体化。由 Fe-Fe$_3$C 相图可知，亚共析钢加热到 $GS$ 线（$A_3$）以上、过共析钢加热到 $ES$ 线（$A_{cm}$）以上、共析钢加热到超过 $PSK$ 线（$A_1$）时，可全部转变为奥氏体。其中，$A_1$、$A_3$、$A_{cm}$ 为平衡条件下的临界点温度。

实际热处理加热和冷却时的相变是在不完全平衡的条件下进行的，相变温度与平衡相变点之间有一定差异。即加热时，非平衡条件下的相变温度高于平衡条件下的相变温度（过热）；冷却时，非平衡条件下的相变温度低于平衡条件下的相变温度（过冷）。通常将加热时的实际临界点温度标为 $Ac_1$、$Ac_3$、$Ac_{cm}$，冷却时的实际临界点温度标为 $Ar_1$、$Ar_3$、$Ar_{cm}$，如图 3-1 所示。

奥氏体在冷却时发生的组织转变，既可在恒温下进行，也可在连续冷却的过程中进行。根据冷却条件的不同，奥氏体可在 $A_1$ 以下不同的温度发生转变，获得不同的组织。等温冷却和连续冷却热处理工艺如图 3-2 所示，这两种冷却方式的冷却速度较快，因此不能依据铁碳相图来判定和分析其组织转变，而要用等温转变图或连续冷却转变图对冷却过程中的组织转变进行分析。

### 3.1.1 等温转变图

等温转变是将加热到奥氏体化的钢，先以较快的冷却速度冷却到 $A_1$ 线以下一定的温度，然后进行保温，使过冷奥氏体在等温下发生组织转变，转变完后再冷却到室温。过冷奥氏体指在 $A_1$ 线以下存在的、且不稳定的、将要发生转变的奥氏体，又叫亚稳奥氏体。过冷奥氏体在热力学上处于不稳定状态，在一定条件下会发生分解转变。

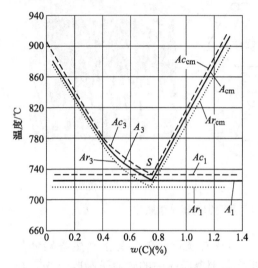 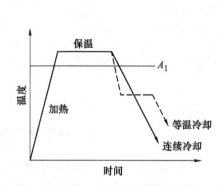

图 3-1 加热和冷却对临界点温度的影响　图 3-2 等温冷却和连续冷却热处理工艺示意图

图 3-3 所示为共析钢过冷奥氏体等温转变图。按照转变温度的不同，转变可分为高温转变、中温转变、低温转变三个类型。

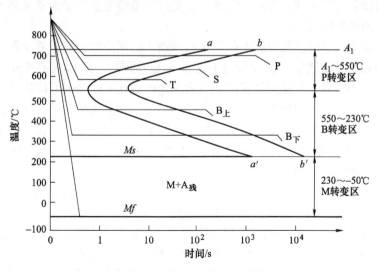

图 3-3 共析钢过冷奥氏体等温转变图

（1）高温转变　共析钢奥氏体过冷到 $A_1 \sim 550℃$ 之间，等温转变的产物属于珠光体类组织。奥氏体转变成珠光体的过程是一个铁素体与渗碳体交替生核长大的过程，如图 3-4 所示。

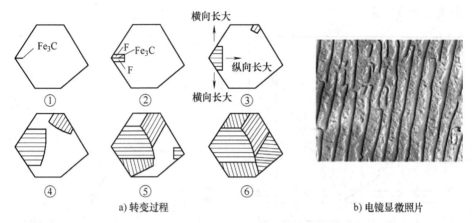

a) 转变过程　　　　　　　　　　　　　　　　　b) 电镜显微照片

图 3-4　珠光体转变过程示意图和电镜显微照片

当奥氏体过冷到 $A_1$ 线以下的温度时，首先在奥氏体的晶界上产生渗碳体晶核，渗碳体的碳含量高于奥氏体，所以要将周围奥氏体中的碳原子吸收过来；与此同时，附近的奥氏体碳含量降低，为铁素体的形成创造了有利条件，使这部分奥氏体转变为铁素体。由于铁素体的溶碳能力很低，在其长大过程中必须将过剩的碳转移到相邻的奥氏体中，从而使相邻奥氏体区域中的碳含量升高，又为产生新的渗碳体创造了条件。如此反复进行，奥氏体最终完全转变为铁素体和渗碳体层片相间的珠光体组织。

在珠光体的形成过程中需要碳原子的移动。温度高时碳原子移动距离大，所形成的珠光体片层较宽；温度较低时碳原子移动困难，所形成的珠光体片层较密。在 $727 \sim 650℃$ 之间转变得到的组织为珠光体；在 $650 \sim 600℃$ 间转变而得到的组织为索氏体，又叫细珠光体；在 $600 \sim 550℃$ 之间转变而得到的为屈氏体，又叫极细珠光体。这种组织即使在很高倍率的金相显微镜下也无法分辨，只有在电子显微镜下才能观察清楚。这三种珠光体类组织只有层片间距大小之分（见图 3-5），并无本质区别。

珠光体的强度、硬度较低，塑性、韧性较好。随着转变温度降低，珠光体片层变小。片层间距越小，其强度、硬度越高，塑性、韧性越好。

（2）中温转变　共析钢奥氏体过冷到 $550 \sim 240℃$ 之间时，等温转变的产物属于贝氏体型的组织。在这一温区上部（$550 \sim 350℃$）转变形成上贝氏体；在这一温区下部（$350 \sim 240℃$）转变得到下贝氏体。贝氏体是由 F 和 $Fe_3C$ 组成的非层片状组织。

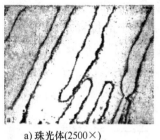
a) 珠光体(2500×)

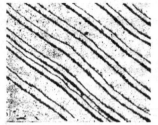
b) 索氏体(7500×)

c) 屈氏体(11000×)

图 3-5 三种片状珠光体的组织形态

上贝氏体和下贝氏体的性能差别很大。传统认为，上贝氏体因碳化物颗粒粗大，强化作用较小，特别因有片状铁素体存在（见图 3-6），可能成为裂纹发展的通道，所以不仅抗拉强度低，而且抗冲击性也较差，故上贝氏体基本上无实用价值。

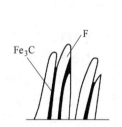
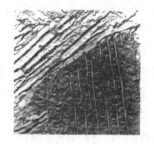

图 3-6 上贝氏体组织示意图和电子显微照片

目前也有一些最新研究成果表明，在短时上贝氏体等温条件下，上贝氏体优先于晶界处析出且具有小针状形态，赋予部分材料（如 GCr15 钢）组织较高的强韧性。

下贝氏体组织形态与上贝氏体明显不同，类似于片状马氏体的回火组织（见图 3-7）。因其转变温度较低，碳的扩散困难，故碳化物弥散度高，强化作用大。通常下贝氏体的强度和硬度较高，塑性和韧性也较好。因此，常采用等温淬火来获得下贝氏体组织。

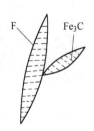

图 3-7 下贝氏体组织示意图和电子显微照片

（3）低温转变 奥氏体在 240℃以下时，碳原子移动极为困难，此时奥氏体只发生同素异构转变，由面心立方的 γ-Fe 转变为体心立方的 α-Fe （见图 3-8a）；

原奥氏体中所有的碳原子都保留在体心立方晶格内，形成过饱和的α-Fe。这种碳在α-Fe中的过饱和固溶体叫马氏体。碳原子在马氏体点阵中的位置是分布在α-Fe体心立方晶胞的各棱边中央和面心位置（图3-8b）。过饱和碳使α-Fe的晶格发生很大畸变，产生很强的固溶强化。

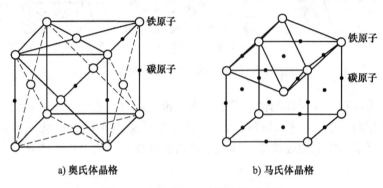

a) 奥氏体晶格　　　　　　　　　　　　b) 马氏体晶格

图3-8　奥氏体和马氏体晶格示意图

马氏体的形成速度很快。共析钢奥氏体过冷到240℃（$Ms$）时，瞬时开始转变为马氏体。随着温度下降，马氏体逐渐增加，过冷奥氏体不断减少，残留未转变的奥氏体称为残余奥氏体（$A_残$），直至-50℃（$Mf$）时，过冷奥氏体才全部转变为马氏体。所以$Ms$与$Mf$之间的组织为马氏体和残余奥氏体。

根据碳含量的不同，马氏体有两种形态，如图3-9所示。碳含量较高的马氏体组织呈针叶状，叫针状马氏体；碳含量较低的马氏体组织为板条状，叫板条马氏体。

图3-9　低碳、高碳马氏体组织形态

针状马氏体由于含有大量过饱和的碳，其晶格发生严重畸变，内应力高，位错移动困难，因此，针状马氏体的硬度很高，而塑性韧性极差。板条马氏体的晶格畸变较小，内应力较小，所以硬度比针状马氏体低，但其强度、塑性和韧性都较好，详细力学性能见表3-1。

表 3-1　马氏体的力学性能

| 组织 | $w(C)(\%)$ | 力学性能 | | | |
|---|---|---|---|---|---|
| | | 硬度 HRC | $R_m$/MPa | $a_K$/$(J/cm^2)$ | $Z$（%） |
| 板条马氏体 | 0.2 | 40~45 | 1500 | 60 | 20~30 |
| 针状马氏体 | 1.2 | 60~65 | 500 | 5 | 2~4 |

## 3.1.2　连续冷却转变图

连续冷却是指在冷却过程中，随着时间的延长，温度连续下降。在实际生产中，大多数的冷却过程是连续冷却。图 3-10 所示为几种连续冷却过程，图中 $Ps$ 线为珠光体转变开始线；$Pf$ 线为珠光体转变结束线；$K$ 线为珠光体转变中止线，"中止"指珠光体转变并未最终完成，但过冷奥氏体已停止向珠光体分解。

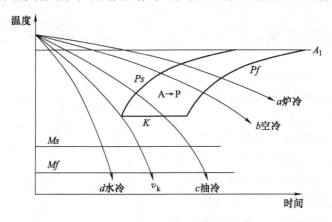

图 3-10　共析钢连续冷却转变图

$a$ 为随炉冷却。冷却曲线与珠光体转变开始线（$Ps$ 线）相交时，奥氏体开始向珠光体转变；冷却曲线与转变终了线（$Pf$ 线）相交后转变完成。由于转变是在珠光体区进行的，所以得到珠光体。

$b$ 为在空气中冷却。由于冷却速度较快，转变在索氏体区进行，所以转变产物为索氏体。

$c$ 为油冷。冷却曲线与 $Ps$ 线、$K$ 线相交，未与 $Pf$ 线相交，说明只有一部分奥氏体发生了珠光体转变，因该转变在屈氏体区进行，故产物为屈氏体；而另一部分奥氏体则在冷却到 $Ms$ 线后转变为马氏体。最终油中冷却得到的产物是马氏体和屈氏体的混合组织。

$d$ 为水冷。由于冷却速度快，冷却曲线未与 $Ps$ 线相交，待冷却到马氏体转变开始温度（$Ms$ 线）以下时，奥氏体转变为马氏体。

当冷却速度为 $v_k$ 时，冷却曲线与珠光体转变开始线相切，此时，奥氏体刚好不发生珠光体转变。这个冷却速度称为临界冷却速度，或称临界淬火速度，表示钢中奥氏体在连续冷却时不产生非马氏体转变所需的最小冷却速度。也就是说，实际冷却速度大于 $v_k$ 时，冷却后才能全部得到马氏体。

由于奥氏体连续冷却转变曲线的测定比较困难，而当前等温转变曲线的资料又比较多，故常以等温转变曲线作为依据去分析连续冷却的转变过程。需要注意的是，奥氏体的等温、连续冷却的转变过程和转变产物的类型基本相互对应，但由于二者冷却条件的不同，造成组织的差别主要有以下两点：

1）连续冷却时，过冷奥氏体是在一个温度范围内完成组织转变的，其组织的转变很不均匀，先转变的组织过冷度小、晶粒较粗；而后转变的组织过冷度大，晶粒较细。所以连续冷却转变图往往得到几种组织的混合物。

2）连续冷却时只有高温区 P 转变和低温区 M 转变，无中温区 B 转变。

# 3.2 普通热处理

一般来说，热处理工艺的基本过程包括加热、保温和冷却三个阶段。由于热处理时起作用的主要因素是温度和时间，所以各种热处理都可以用温度-时间曲线来表示，该曲线称为热处理工艺曲线。图 3-11 所示为热处理工艺曲线。

常用热处理工艺可分为普通热处理和表面热处理两大类。普通热处理包括退火、正火、淬火和回火。表面热处理包括表面淬火和化学热处理（渗碳、碳氮共渗）等。

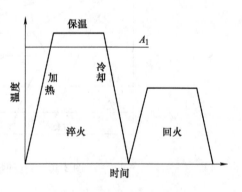

图 3-11　热处理工艺曲线

## 3.2.1　退火

退火是将钢件加热到高于或低于钢的临界温度，保温一定时间，随后以极缓慢的速度冷却（一般是切断热源随炉冷却到室温），以获得接近 Fe-Fe$_3$C 相图上组织的一种热处理工艺。

退火可以达到的目的主要有下列几项：降低硬度，以利于切削加工；细化晶粒，改善组织，提高力学性能；消除内应力，为下一项淬火工序做好准备；提高钢的塑性和韧性，便于进行冷冲压或冷拉拔加工。由于退火的目的不同，退火工艺也有多种，各种退火和正火的加热温度和工艺曲线如图 3-12 所示。

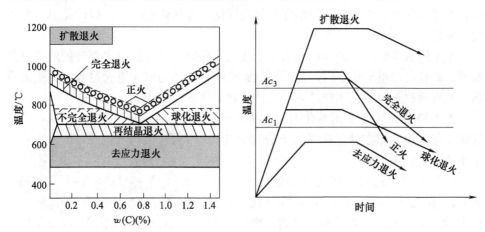

图 3-12　碳钢的各种退火和正火的加热温度和工艺曲线

（1）完全退火　将钢件加热到 $Ac_3$ 以上 30~50℃，保温后随炉缓慢冷却。此方法只适用于亚共析钢和共析钢。所谓"完全"，是指退火钢件被加热后完全获得奥氏体组织，也就是钢的组织全部进行了重结晶。

完全退火的目的是通过完全重结晶，使铸造、锻造或焊接所造成的粗大晶粒细化，并可改善组织以降低硬度，便于切削加工。由于退火冷却速度缓慢，还可以消除内应力。

完全退火不适用于过共析钢，因为过共析钢加热到 $Ac_{cm}$ 线以上后得到单相奥氏体组织，缓慢冷却时溶解在奥氏体内的碳又以渗碳体形式重新沿奥氏体晶界析出，形成沿其晶界分布的网状渗碳体组织。网状渗碳体的存在会大大削弱基体晶粒间的联系，使钢材的力学性能降低，尤其是冲击性能的降低。

完全退火主要用于亚共析钢和共析钢的铸件、锻件、热轧型材和焊接结构件，也可作为一些不重要钢件的最终热处理。

（2）球化退火（不完全退火）　球化退火主要用于过共析钢，它是将钢件加热到 $Ac_1$ 以上 20~30℃，保温后缓冷，使片状渗碳体和网状渗碳体成为颗粒状或球状的热处理工艺。在球化退火时奥氏化是"不完全"的，只是片状珠光体转变成奥氏体，组织中的另一部分铁素体（亚共析钢中）和渗碳体（过共析钢中）并不发生转变，因此球化退火又称为不完全退火。

球化退火的原理是依靠片状渗碳体的自发球化效果倾向和聚集长大。当片状珠光体加热到 $Ac_1$ 以上时，其中的渗碳体开始局部溶解，使片状渗碳体断开为若干点状渗碳体，弥散分布在奥氏体基体上。在随后的缓冷过程中，以原有的细碳化物质点为核心，或由奥氏体的富碳区产生新的碳化物核心，形成均匀而细小的颗粒状碳化物。这些碳化物在缓冷过程中或等温过程中聚集长大，并向能量最低的状态转化为球状渗碳体。球状珠光体硬度低于片状珠光体，所以球化退火后硬度会降低。

至于网状渗碳体，如果网状碳化物较轻，在球化退火过程中部分的网络可以断开，而且可以被球化。但严重的网状碳化物在随后的球化退火过程中无法被消除，只有通过正火工艺才能消除或改善网状碳化物的组织。

图 3-13 所示为 T12 钢球化退火后的球状珠光体显微组织，即在铁素体基体上分布着均匀细小的球状渗碳体。

（3）去应力退火　指将钢加热到约 500 ~ 600℃，保温后缓慢冷却。去应力退火后，钢件中的内应力大部分被消除，可防止变形和开裂。由于加热温度很低，一般称之为"低温退火"。低温退火一般用于消除铸件、锻件和焊接件等的残余内应力，在低温退火过程中无组织变化。

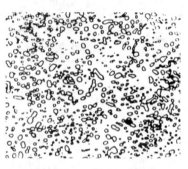

图 3-13　球状珠光体

（4）再结晶退火　它也是一种低温退火，用于处理冷拉、冷轧、冷压等发生加工硬化的钢材。其过程是把这类钢材加热到再结晶温度以上（650 ~ 720℃），保温后空冷。通过再结晶退火可使钢材的塑性恢复到冷变形以前的状况。

（5）扩散退火　将钢加热到略低于固相线温度，保温很长时间（6 ~ 12h），然后随炉缓慢冷却。扩散退火主要用来消除钢件的化学成分不均匀现象。

（6）等温退火　将钢件加热到高于 $Ac_3$（亚共析钢）或 $Ac_1 ~ Ac_{cm}$ 之间（过共析钢）的温度，保温后即较快地冷却到稍低于 $Ar_1$ 的温度，再进行等温，当奥氏体转变结束后，取出在空气中冷却。

等温退火主要用于那些奥氏体比较稳定的合金工具钢和高合金钢等。与完全退火相比，该工艺可以大大缩短整个退火时间，此外，由于奥氏体分解是在恒温下进行的，所以工件截面上的组织和性能也较均匀一致。

## 3.2.2　正火

正火是将钢件加热到 $Ac_3$（对于亚共析钢）或 $Ac_{cm}$（对于过共析钢）以上 30 ~ 50℃，保温后在空气中冷却的热处理工艺（见图 3-12）。正火后的组织：亚共析钢为 F+S，共析钢为 S，过共析钢为 S+Fe$_3$C$_{II}$。

正火的作用与完全退火相似，两者的主要差别是冷却速度。退火冷却速度慢，获得珠光体组织；正火冷却速度较快，得到的是索氏体组织。因此，同样钢件在正火后的强度、硬度比退火后高；而且钢的碳含量越高，用这两种方法处理后的强度、硬度差别也越大。

虽然低碳钢经过正火处理后的强度和硬度与退火处理差不多，但正火是在炉外空冷的，不占用设备，生产率也高，所以低碳钢多采用正火来代替退火。而高碳钢正火后的硬度过高，不利于切削加工，为了降低硬度，便于加工，则应采用退火（球化退火）处理。

正火的主要目的如下：

1）改善组织。由于正火冷却速度较快，所以铸件的粗大组织和锻件的粗细不均匀的组织，都可以通过正火得到细化。正火还可以抑制先共析相的析出，对于过共析钢，可消除网状渗碳体，并使其避免形成连续网状，为球化退火做组织准备；对于亚共析钢，可减少铁素体含量、使珠光体含量增多，从而提高钢的强度和硬度。

2）提高性能。正火得到的索氏体具有一定的强度，又有较高的韧性。一般对性能要求不高的结构零件，可正火后直接使用，不必淬火、回火。正火处理还可改善切削加工性能，如低碳钢退火后塑性、韧性太高，切削时不易断屑，不宜加工，对低碳钢进行正火处理可使其硬度提高、切削加工性能得到改善。

### 3.2.3　淬火

将钢加热至 $Ac_3$ 线或 $Ac_1$ 线以上的某一温度，保温一定时间使之奥氏体化后，迅速冷却至室温，从而获得马氏体组织的工艺叫淬火。淬火是钢最重要的强化方法。

（1）淬火加热温度　不同碳含量的钢淬火加热温度范围如图 3-14 所示。对于亚共析钢，加热温度在 $Ac_3$ 以上 30~50℃，共析钢和过共析钢在 $Ac_1$ 以上 30~50℃。

对于亚共析钢，采用适宜的淬火加热温度后，淬火所得到的组织为均匀而细小的马氏体。如果加热温度低于 $Ac_3$，淬火组织中仍保留一部分原始组织的铁素体，会造成淬火硬度不足。

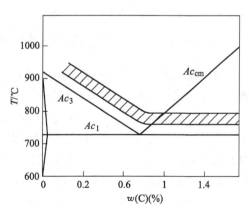

图 3-14　碳钢的淬火加热温度范围

对于过共析钢，将其加热到 $Ac_1$ 以上时，淬火后的组织为马氏体和二次渗碳体（分布在马氏体基体内呈颗粒状）。少量的二次渗碳体颗粒存在，会明显增高钢的耐磨性。若把淬火加热温度提高到 $Ac_{cm}$ 以上，由于奥氏体的碳含量较高，使奥氏体向马氏体的转变更加困难；淬火后的组织中有大量残余奥氏体，使钢的硬度下降；同时由于温度高，奥氏体晶粒长大，淬火得到的马氏体也较粗大，使韧性下降。

（2）淬透性　钢的淬透性是指钢在淬火时能获得淬硬层的深度的能力，它是钢材本身固有的属性。

淬火时，工件截面上各处冷却速度是不同的。若以某圆棒试样为例，淬火冷却时，其表面冷却速度最大，越到中心冷却速度越小，如图 3-15a 所示。表层部分冷却速度大于该钢的马氏体临界冷却速度 $v_k$，淬火后获得马氏体组织；在距表面 $a_0$ 处区域的冷却速度小于 $v_k$，则淬火后将有非马氏体组织出现，如图 3-15b 所示。因此，这时工件未被淬透。

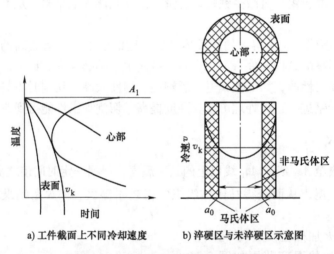

a) 工件截面上不同冷却速度　　b) 淬硬区与未淬硬区示意图

图 3-15　冷却速度与淬硬深度的关系

用不同钢种制成的相同形状和尺寸的工件，在同样条件下淬火，淬透性好的钢，其淬硬深度较深；淬透性差的钢，其淬硬深度较浅。

从理论上讲，淬硬深度应该是全部淬成马氏体的深度，但实际上马氏体中混入少量非马氏体组织时，无论从显微组织或硬度测量上都难以辨别出来。因此，为了测试方便，通常是把工件表面测量至半马氏体区（50%马氏体和50%非马氏体）的垂直距离作为淬硬深度（也称有效淬硬深度）。

必须注意，钢的淬透性和钢的淬硬性是两个完全不同的概念，切勿混淆。钢的淬硬性也叫可硬性，是指钢在淬火后能达到最高硬度的能力，主要取决于钢中碳的质量分数，碳的质量分数越高，淬火后的硬度就越高。淬透性好的钢，它的淬硬性不一定高。如低碳合金钢的淬透性相当好，但它的淬硬性却不高；再如高碳工具钢的淬透性较差，但它的淬硬性很高。

（3）淬透性对钢热处理后力学性能的影响　淬透性对钢的力学性能影响很

大。例如，用淬透性不同的三种钢材（40CrNiMo、40Cr、40 钢）制成直径相同的轴，然后进行淬火加高温回火（调质）处理，其中 40CrNiMo 钢材的淬透性最好，使轴的整个截面都能淬透；而 40 钢的淬透性最差，轴未能淬透。三根轴经调质处理后，其力学性能比较如图 3-16 所示。由图 3-16 可见，三者硬度虽然几乎相同，但力学性能却有明显差别。淬透性好的钢，其力学性能沿截面是基本相同的；而淬透性差的钢，其力学性能沿截面是不同的，越靠近心部的力学性能越低，特别是韧性值更为明显。但在选材时，不能因此而都选用淬透性好的钢材，而是应该根据具体工件的受力情况、工作条件及其失效原因，来确定其对钢材淬透性的要求，然后再进行合理选材。这将在 9.2 节中进一步研究。

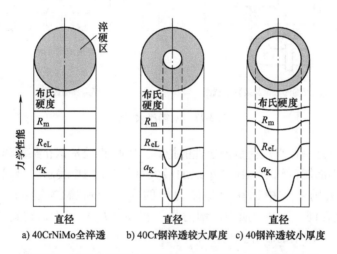

图 3-16　淬透性不同的钢调质处理后截面力学性能的比较

（4）淬透性的测定与表示方法　淬透性的测定方法很多，根据 GB/T 225—2006 规定，结构钢末端淬火试验（Jominy 试验）是最常用的方法。如图 3-17a 所示，该试验设备为一组能喷射水流至试样淬火端面的装置。试验步骤为将一圆柱试样加热至奥氏体区内某一温度，并按规定保温一定时间；之后在规定的条件下对其端面喷水淬火。

由于试样末端冷却最快，越往上冷却得越慢，因此，沿试样长度方向便能测出各种冷却速度下的不同组织与硬度。若从喷水冷却的末端起，每隔一定距离测一硬度点，则最后可绘成如图 3-17b 所示的淬透性曲线。由此图可见，45 钢比 40Cr 钢硬度下降得快，说明 40Cr 比 45 钢的淬透性好。

根据 GB/T 225—2006 的规定，钢的淬透性值用 "J××-$d$" 来表示。其中，××表示硬度值，或为 HRC 值，或为 HV30 值；$d$ 表示从测量点至淬火端面的距离，单位为 mm。如 J35-15 表示距淬火端 15mm 处硬度值为 35HRC，

JHV450-10 表示距淬火端 10mm 处硬度值为 450HV30。

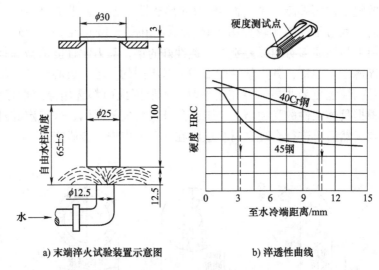

a) 末端淬火试验装置示意图          b) 淬透性曲线

图 3-17   末端淬火试验

　　临界直径是一种直观衡量淬透性的指标。临界直径指钢在某种淬火冷却介质中冷却后，心部能得到半马氏体组织的最大直径，用 $D_0$ 表示。显然，同一钢种在冷却能力大的介质中比在冷却能力小的介质中所得的临界直径要大（见图 3-18）。但在同一冷却介质中，钢的临界直径（$D_0$）越大，则其淬透性越好。表 3-2 列出了常用钢的临界直径。

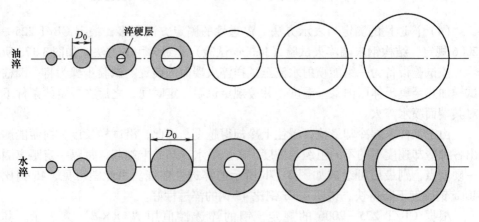

图 3-18   不同截面直径的钢淬火时淬硬层深度的变化

表 3-2　几种常用钢的临界直径

| 牌号 | $D_0/mm$ | | 牌号 | $D_0/mm$ | |
| --- | --- | --- | --- | --- | --- |
| | 水淬 | 油淬 | | 水淬 | 油淬 |
| 45 | 13~16.5 | 5~9.5 | 35CrMo | 36~42 | 20~28 |
| 60 | 11~17 | 6~12 | 60Si2Mn | 55~62 | 32~46 |
| T10 | 10~15 | <8 | 50CrV | 55~62 | 32~40 |
| 65Mn | 25~30 | 17~25 | 38CrMoAl | 100 | 80 |
| 20Cr | 12~19 | 6~12 | 20CrMoTi | 22~35 | 15~24 |
| 40Cr | 30~38 | 19~28 | 30CrMnSi | 40~50 | 32~40 |
| 35SiMn | 40~46 | 25~34 | 40MnB | 50~55 | 28~40 |

（5）淬火变形及零件的结构工艺性　由于淬火时的温度变化剧烈，工件各部分的冷却速度不同，淬火后工件不可避免地会产生变形，工件内部也会有残余内应力。特别是当淬火零件结构不对称、壁厚不均匀或操作不当时，工件会产生很大的内应力、变形甚至开裂。

较小的变形影响不大，精度要求高的零件可用后续加工解决。较大的变形需要先矫正，然后再进行后续加工。残余内应力会在后续加工或以后的使用过程中释放出来，引起工件变形甚至开裂，可通过淬火后的回火或时效消除应力。

在设计零件时，也应考虑到零件结构对淬火应力的影响。在满足使用要求的前提下，零件的结构形状应尽量对称、壁厚均匀，必要时可增加工艺孔或采用组合结构；避免出现尖角、盲孔；在截面变化时应有过渡；孔与边缘和尖角的距离不能太近；对某些易变形的零件，还可在淬火前留筋，淬火后切除（见图 3-19）。

## 3.2.4　回火

淬火后的钢加热到 $Ac_1$ 以下的某一温度保温一定时间，然后取出空冷或油冷的热处理工艺称为回火。

淬火钢一般不直接使用，必须进行回火。主要原因如下：

第一，钢淬火后的组织是由淬火马氏体和残余奥氏体组成的。马氏体转变伴随着较大的内应力。刚淬过火的钢硬度虽然很高，但脆性过大，容易产生变形和开裂。

第二，淬火马氏体和残余奥氏体都是不稳定组织，在工作中会发生分解，导致零件尺寸的变化，这是精密零件所不允许的。回火可使淬火得到的不稳定组织变为较稳定的组织，从而稳定了零件的尺寸和性能。

第三，为了获得合格的强度、硬度、塑性和韧性，以满足零件的使用要求。

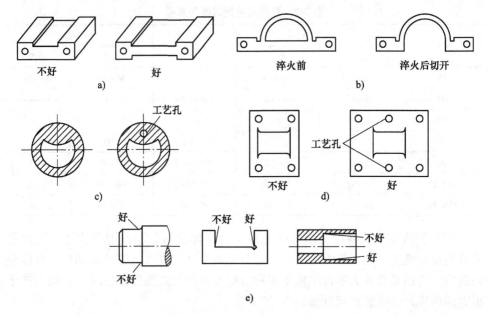

图 3-19  淬火零件的结构工艺性

综上，淬火与回火必须结合起来才能发挥良好的作用。

据加热温度的不同，回火可分为低温回火、中温回火和高温回火。

（1）低温回火  加热温度在 150~250℃ 之间，回火组织为回火马氏体。低温回火主要是为了降低钢中的残余应力和脆性，而保持淬火后得到的高硬度（硬度一般为 58~64HRC）和耐磨性。它主要用于各种工具、滚珠轴承及渗碳件等。

（2）中温回火  加热温度在 350~500℃ 之间，回火组织为回火屈氏体。中温回火后钢的内应力大大降低，同时具有较高的弹性极限和屈服极限，硬度为 35~45HRC。它主要用于弹簧元件、锻模等。

（3）高温回火  加热温度在 500~600℃ 之间，回火组织为回火索氏体。淬火加高温回火又称为调质处理。它可以消除钢的内应力，获得较高的韧性，使钢具有良好的综合力学性能。因此，调质处理被广泛用于要求具有一定强度和较高塑性、韧性的各类机械零件，特别是承受交变载荷和冲击载荷的重要零件。齿轮、连杆、轴等受力复杂的结构件，常采用调质处理，处理后零件硬度一般为 25~35HRC。

需要注意的是，正火得到的索氏体组织是片层间距较小的珠光体（渗碳体成片状），高温回火得到的回火索氏体组织是铁素体和细粒状渗碳体的混合物（见图 3-20），均匀分布的细粒状渗碳体起到了强化作用。因此，在硬度相同的情况下，调质钢的各项力学性能明显高于正火处理后的钢。

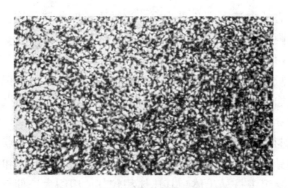

图 3-20 回火索氏体金相组织照片

# 3.3 表面热处理

机械制造业中，很多机器零件要求表面耐磨损，不易产生疲劳破坏，而心部则要求有足够的韧性，如齿轮、轴、凸轮等。进行表面热处理是满足这类性能要求的最有效的方法。表面热处理可以归纳为两类：一类是表面淬火法、另一类是化学热处理法。

## 3.3.1 表面淬火

表面淬火是将钢件表面进行快速加热，使其表面组织转变为奥氏体，然后快速冷却使表面层转变为马氏体的一种局部淬火的方法。

表面淬火的目的在于获得高硬度的表面层和有利的残余应力分布，以提高工件的耐磨性和疲劳强度。表面淬火的加热有电感应、火焰、电接触、浴炉、激光等方法。

（1）感应淬火法 将欲淬火的零件放入一个通有高频交流电的感应线圈内，如图 3-21 所示。接入高频电流时，感应线圈会产生交变的磁场，于是零件中便产生高频感应电流，此时零件相当于电阻而被加热。这种感应电流在零件中分布是不均匀的，主要集中在表面层，越靠近导体的表面，电流密度越大；而且频率越

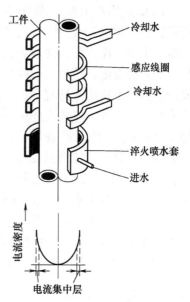

图 3-21 感应淬火法示意图

高，这种现象越严重。在频率很高的情况下，电流全部集中在导体的最表层"皮

肤"部分,而中心的电流密度几乎为零,这种现象叫集肤效应。通过改变交流电的频率,还可以调整加热层厚度。频率越高,加热层越薄。

与普通淬火相比,感应淬火具有以下特点:

1)感应加热速度极快,只要几秒到几十秒的时间就可以把工件加热至淬火温度,而且淬火加热温度高($Ac_3$以上 80 ~150℃),比普通淬火加热温度高几十摄氏度。

2)加热时间很短,奥氏体晶粒细小均匀,淬火后表层能获得细小针状马氏体,使钢件表层具有比普通淬火稍高的硬度(高 2 ~3HRC)和较低的脆性。同时,由于只有表层组织是马氏体,其比体积较其他组织大,使钢件表层产生残余压应力,部分抵消在循环负荷作用下产生的拉应力,从而提高疲劳强度。

3)由于加热速度快,钢件表面不易氧化、脱碳,且钢件心部无组织变化,因而钢件变形比普通淬火要小。

4)生产率高,易实现机械化和自动化,适宜大批量生产。

虽然感应淬火具有上述优势,但感应加热设备较贵,维修调整困难,形状复杂的感应器不易制造,故不适用于单件生产。目前该工艺主要用于中碳钢和中碳合金钢(45、40Cr、40MnB 等)等要求淬火硬层较薄的中小型零件,如齿轮、轴类件等。淬硬层厚度一般为 0.5~2mm。

(2)火焰淬火法 如图 3-22 所示,火焰加热法是用氧-乙炔火焰喷向工件表面,使工件表面迅速加热到淬火温度,然后进行喷冷或浸冷。这种方法用于处理大型、异型或特大型工件,淬透层厚度一般为 3~6mm,其所用设备简单,操作方便;但缺点是加热温度不易控制,容易过热,故淬火效果不稳定,对工人的技术水平要求较高。

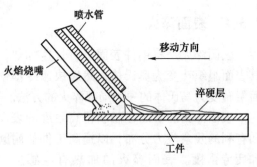

图 3-22　火焰淬火法示意图

需要注意的是,表面淬火只改变工件的表面组织和性能,不改变工件内部的组织和性能。因此,在表面淬火前都要先进行调质或正火,以保证工件内部的力学性能。表面淬火后还要进行低温回火,以降低表面的残余应力,提高韧性。

### 3.3.2　化学热处理

对于表面和心部的力学性能要求不同的零件,除了进行表面淬火外,还可以进行化学热处理。化学热处理是将钢件放入一定的化学介质中加热和保温,使介质中的活性原子渗入工件表层,使表面化学成分发生变化,从而改变金属的表面组织和性能的工艺过程。

化学热处理的目的是使工件心部有足够的强度和韧性，而表面具有高的硬度和耐磨性；增加工件的疲劳强度；提高工件表面耐蚀性、耐热性等性能。

根据渗入的元素不同，化学热处理分为渗碳、渗氮和碳氮共渗等。

（1）渗碳　渗碳是向钢的表面渗入碳原子，使其表面达到高碳钢的碳含量，应用广泛的是气体渗碳法，如图 3-23 所示。该法是将工件放入密封的加热炉中，加热到 900～950℃，然后滴入煤油、苯等碳氢化合物，它们在炉膛内分解出活性碳原子，被工件表面吸收，并逐渐溶入奥氏体，向内扩散形成渗碳层。渗碳层的厚度取决于渗碳时间。气体渗碳速度可按 0.2mm/h 计算，一般渗碳层的厚度为 0.5～2mm。渗碳时，工件上不允许渗碳的部分（如装配孔或螺纹），应采用镀铜保护。

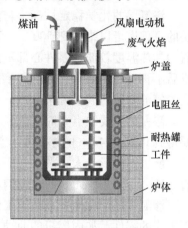

图 3-23　气体渗碳示意图

渗碳后零件表面碳的质量分量约为 0.8%～1.1%，由表面到心部碳浓度逐渐降低，直至渗碳钢的原始成分（见图 3-24）。渗碳后的表面组织（$P+Fe_3C_{II}$）显然不能满足要求，为了达到外硬内韧的效果，必须进行淬火与低温回火处理，处理后表面硬度为 60～65HRC。

与表面淬火相比，渗碳主要用于那些对表面有较高耐磨性要求，并承受较大冲击载荷的零件，如低碳钢或低碳合金钢（20 钢、20Cr、20CrMnTi 等）制成的齿轮、活塞销、轴类件等重要零件。

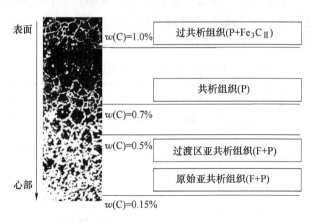

图 3-24　低碳钢渗碳缓冷后的显微组织

（2）渗氮　渗氮是将氮原子渗入钢件表面，形成以氮化物为主的渗氮层，以提高渗层的硬度、耐磨性、耐蚀性、疲劳强度等多种性能。气体渗氮法应用较广泛，这种方法是利用氨气在 500~560℃加热时分解出活性氮原子，被零件表面吸收并向内部扩散形成渗氮层。

渗氮层的化学稳定性高，与渗碳层相比其硬度、耐磨性、耐蚀性较高。渗氮层的高硬度可以维持到 500℃，而渗碳层硬度在 200℃以上就明显下降。由于渗氮的加热温度较低，零件心部不发生相变，所以渗氮引起的变形很小。零件渗氮以后不再进行热处理，只进行磨削和抛光。因此，为保证零件内部的力学性能，在渗氮前要进行调质处理。

渗氮的主要缺点是时间太长，一般要经过几十小时，有的要经过上百小时。要得到 0.2~0.4mm 的渗氮层，渗氮时间约需 30~50h。另外，渗氮层较脆、较薄，所以不能承受太大的接触压力。渗氮所用的钢材也受到限制，需使用含 Al、Cr、Mo、Ti、V 等元素的合金钢。有些钢种是专门为渗氮设计的，如 38CrMoAl。

渗氮常用于在交变载荷下工作的各种结构零件，尤其是要求耐磨性及在高温下工作的零件，如内燃机的曲轴、齿轮、量规、铸模、阀门等。

（3）碳氮共渗　钢件表面同时渗入碳和氮原子，形成碳氮共渗层，以提高工件的硬度、耐磨性和疲劳强度的处理方法叫碳氮共渗。

高温碳氮共渗（820~920℃）以渗碳为主，渗后直接淬火加低温回火。气氛中含有一定氮时，碳的渗入速度比相同的温度下单独渗碳的速度高，而且在处理温度和时间相同时，碳氮共渗层要厚于渗碳层。

氮碳共渗（520~580℃）以渗氮为主，主要用于硬化层要求薄、载荷小，但变形要求严的各种耐磨件以及刃具、量具、模具等。

表 3-3 列出了表面淬火、渗碳、渗氮、碳氮共渗等四种热处理工艺的特点和性能。在实际生产中，可以根据零件的工作条件、几何形状、尺寸大小等选用适当的热处理工艺。

表 3-3　几种表面热处理和化学热处理的比较

| 处理方法 | 表面淬火 | 渗碳 | 渗氮 | 碳氮共渗 |
|---|---|---|---|---|
| 处理工艺 | 表面淬火，低温回火 | 渗碳，淬火，低温回火 | 渗氮 | 碳氮共渗，淬火，低温回火 |
| 生产周期 | 很短，几秒到几分钟 | 长，3~9h | 很长，30~50h | 短，1~2h |
| 表层深度/mm | 0.5~7 | 0.5~2 | 0.3~0.5 | 0.2~0.5 |
| 硬度　HRC | 55~58 | 60~65 | 65~70（1000~1100HV） | 58~63 |
| 耐磨性 | 较好 | 良好 | 最好 | 良好 |

（续）

| 处理方法 | 表面淬火 | 渗碳 | 渗氮 | 碳氮共渗 |
|---|---|---|---|---|
| 疲劳强度 | 良好 | 较好 | 最好 | 良好 |
| 耐蚀性 | 一般 | 一般 | 最好 | 较好 |
| 热处理后变形 | 较小 | 较大 | 最小 | 较小 |
| 应用举例 | 机床齿轮，曲轴 | 汽车齿轮爪形离合器 | 油泵齿轮制动器凸轮 | 精密机床主轴丝杠 |

# 3.4　其他热处理技术

**1. 等温淬火**

等温淬火是将钢加热保温后快速冷却到下贝氏体转变温区保温，使奥氏体转变为下贝氏体的热处理工艺。

等温淬火能大大减小工件淬火变形，并可提高工件的力学性能。工具钢等温淬火可提高其塑性和韧性。具有回火脆性的钢可用等温淬火代替淬火与回火，在得到相同硬度的同时，大大提高其冲击韧性。但等温淬火生产作业面积大，占用设备多，时间较长，而且要求钢有较高的淬透性，所以应用受到限制。

**2. 无氧化热处理**

通常热处理时钢往往是在空气中加热的，空气中的氧在高温下使钢表面氧化，并与钢表层的碳发生反应，使钢表层碳含量降低（脱碳），从而影响零件的外观，降低表层力学性能。为了防止氧化脱碳，可将工件置于中性介质（氮气、氩气）或还原性介质（氢气、一氧化碳等）中加热，还可将工件置于真空中进行热处理。

**3. 强韧化处理**

同时提高强度和韧性的工艺叫强韧化处理。

（1）获得板条马氏体　板条马氏体具有很高的强度和韧性，因此设法获得板条马氏体可以提高钢的强韧性。

除了选用碳含量低的钢种外，还可以通过以下方法获得板条马氏体：①提高中碳钢的淬火加热温度。中碳钢正常淬火时由于温度低，碳原子不能充分扩散，奥氏体的碳含量不均匀。若把淬火加热温度提高到 $Ac_3+(30\sim50)$℃以上，可使奥氏体成分均匀，达到钢的平均碳含量而不出现高碳区，从而避免针状马氏体的形成。②对于高碳钢，采用快速低温短时加热淬火，使渗碳体来不及溶入奥氏体，尽量使高碳钢中的奥氏体获得亚共析成分，这样淬火后也可得到板条马氏体；同时，因为温度降低，奥氏体晶粒细化，对钢的韧性也有利。

（2）超细化处理　超细化处理是把钢件快速加热到临界温度以上，再迅速冷却，反复数次可使钢获得超细晶粒（平均直径小于 $3\mu m$），从而提高钢的强度和韧性。

（3）获得复合组织　指通过调整热处理工艺，使淬火马氏体组织中同时存在一定量的细小铁素体、下贝氏体或残留奥氏体晶粒。这种复合组织可在不明显降低强度的情况下显著提高钢的韧性。主要措施有：①在两相区加热淬火（$Ac_1 \sim Ac_3$），得到马氏体和铁素体的复合组织。这样一方面可使马氏体细化，另一方面因铁素体的存在（对杂质有较大的溶解度），减少了回火时杂质元素析出，从而减小脆性倾向。②淬火时控制冷却速度。特别是在一些低合金结构钢中，淬火时根据等温转变图控制冷却速度，使奥氏体首先形成一定量的低碳下贝氏体（将奥氏体细化），从而使随后形成的马氏体晶粒细化。低碳下贝氏体和细小马氏体都能提高钢的强度和韧性。

（4）形变热处理　形变热处理指将压力加工和热处理工艺有效结合起来，同时发挥变形强化和热处理强化的双重作用，以获得单一强化方法所不能达到的综合力学性能。

形变热处理分为高温形变热处理和低温形变热处理。

高温形变热处理指将钢加热到稳定的奥氏体区域，在此状态下进行塑性变形，随即立即淬火和回火。和一般热处理相比，它能在提高钢的抗拉强度和屈服强度的同时，改善钢的塑性和韧性；另外，由于钢件表面有较大的残余应力，还可使疲劳强度显著提高。高温形变热处理适用于一般碳素钢、低合金钢结构零件以及机械加工量不大的锻件或轧材，如连杆、曲轴、弹簧、叶片及各种农机具零件。锻轧余热淬火是应用较成功的高温形变热处理工艺，我国的柴油机连杆等调质件已在生产上采用此种工艺。

低温形变热处理指在钢的过冷奥氏体稳定区（$500 \sim 600℃$）进行变形，然后立即淬火、回火。相对普通淬火，低温形变淬火可在保持塑性基本不变的情况下，将抗拉强度提高 $30 \sim 70MPa$。它适用于强度要求极高的零件，如飞机起落架、固体火箭蒙皮等。

4. 冷处理

将淬火冷却到室温的工件继续冷却至 0℃ 以下，这种低于室温的处理叫冷处理工艺。

高碳钢和合金工具钢的淬火组织中往往含有残余奥氏体，使淬火钢的硬度下降。残余奥氏体在使用过程中会发生转变，从而会改变零件的尺寸。这会对要求高硬度、高精度的零件产生有害影响。为防止这些影响，把淬火后的钢置于低温环境（如液氮、干冰）中，使残余奥氏体转变为马氏体。冷处理使过冷奥氏体转变完全，适用于工具钢、渗碳零件及具有特殊性能的高合金钢。

# 3.5 材料表面技术

材料表面技术指在不改变基体材料成分和性能的条件下，通过某些物理手段或化学手段来赋予材料表面特殊性能，以满足产品或零件使用需要的技术或工艺。

材料表面技术可以有效且最经济地改善表面性能或赋予基体材料所没有的表面特性，因而其应用极其广泛。既可满足表面耐磨、耐蚀、强化、加工与装饰的需要，又可开辟光、电、磁、声、热、化学与生物等方面的特殊功能领域。所涉及的基体材料包括金属材料、高分子材料、陶瓷材料和复合材料，其中主要是金属材料。

材料表面技术按工艺过程特点可以分为以下几类：表面化学热处理、电镀和化学镀、转化膜技术、堆焊及热喷涂、气相沉积技术、高能密度处理（激光、电子束处理）等。

## 3.5.1 转化膜技术

通过化学或电化学手段，使金属表面形成稳定的化合物膜层的方法即称为化学转化膜技术。其成膜机理是金属与特定腐蚀液（化学介质）接触而在一定的条件下发生（电）化学反应，由于浓差极化和阴极极化作用，在金属表面转化产生一层坚固、稳定的化合物膜。

与电镀等覆层技术相比，化学转化膜的生成必须有基体金属的直接参与，因而膜与基体金属的结合强度较高。最常见的转化膜工艺有黑色金属的氧化和磷化以及铝合金的阳极化。

### 1. 钢的氧化处理

钢经氧化处理后零件表面能生成保护性的氧化膜。膜的组成物主要是磁性氧化铁（$Fe_3O_4$），膜的颜色一般呈黑色和蓝黑色，故又称发蓝或发黑。膜层的厚度约为 $0.6 \sim 1.5 \mu m$，因此氧化处理不影响零件的精度。发蓝后的零件再进行浸油和其他填充处理，能进一步提高膜层的耐蚀性和润滑能力。

钢的氧化处理一般采用碱性氧化法。在一定温度条件下，在含有氧化剂（硝酸钠或亚硝酸钠）的氢氧化钠溶液中进行。氧化剂和氢氧化钠与金属铁作用，生成亚铁酸钠（$Na_2FeO_2$）和铁酸钠（$Na_2Fe_2O_4$），再互相反应，生成磁性氧化铁。反应式如下：

$$3Fe + NaNO_2 + 5NaOH = 3Na_2FeO_2 + H_2O + NH_3$$

$$Fe + NaNO_3 + 2NaOH = Na_2FeO_2 + NaNO_2 + NH_3$$

$$6Na_2FeO_2 + NaNO_2 + 5H_2O = 3Na_2Fe_2O_4 + 7NaOH + NH_3$$

$$8Na_2FeO_2 + NaNO_3 + 6H_2O = 4Na_2Fe_2O_4 + 9NaOH + NH_3$$

$$Na_2FeO_2 + Na_2Fe_2O_4 + 2H_2O = Fe_3O_4 + 4NaOH$$

钢铁氧化处理可广泛用于机械零件、电子设备、精密光学仪器及武器装备等防护装饰方面，使用过程中若定期擦油可提高其防护效果和寿命。

2. 钢的磷化处理

钢铁零件在含有锰、铁、锌的磷酸盐溶液中进行化学处理，使其表面生成一层难溶于水的磷酸盐保护膜的方法，称为磷化处理。磷化膜的外观依基体材料及磷化工艺的不同可由暗灰到黑灰色。磷化膜主要由磷酸盐 $Me_3(PO_4)_2$ 或磷酸氢盐（$MeHPO_4$）的晶体组成。

反应式如下：

首先是金属在酸溶液中的溶解：

$$Me + 2H_3PO_4 = Me(H_2PO_4)_2 + H_2\uparrow$$

由于析氢反应使金属/溶液界面处的液层 pH 值升高，有利于二氢盐的水解反应：

$$Me(H_2PO_4)_2 = MeHPO_4\downarrow + H_3PO_4$$

$$3Me(H_2PO_4)_2 = M_3(PO_4)_2\downarrow + 4H_3PO_4$$

磷化膜的厚度一般为 $5\sim20\mu m$，因为磷化膜在形成过程中相应地伴随有铁的溶解，所以对零件尺寸改变较小。

磷化膜的耐蚀性较好，与钢的氧化处理相比，在大气条件下，其耐蚀性约高 $2\sim10$ 倍。磷化后进行重铬酸盐填充、浸油或涂漆处理，能进一步提高其耐蚀性。

磷化膜具有显微孔隙结构，因此对油类、漆类有良好的吸附能力，被广泛用作油漆的底层。

磷化膜对熔融金属无附着力，可用来防止零件黏附低熔点的熔融金属。

磷化膜有较高的电绝缘性能，一般变压器与电动机的转子、定子及其他电磁装置的硅钢片均采用磷化处理，而原金属的力学性能、强度、磁性等基本保持不变。

钢铁的磷化处理所需设备简单、操作方便、成本低、生产效率高，因此在汽车、船舶、机器制造以及航空工业中都得到广泛的应用。

3. 阳极化

阳极化是指用电化学的方法在铝及铝合金表面获得一层氧化膜的方法，由于在处理时零件为阳极，所以称为阳极氧化处理（阳极化）。阳极化是在特定的工作条件和相应的电解液中，在阳极上通过一定外加电流作用而形成氧化膜的工艺。

氧化膜的性质如下：

1）多孔：具有较高的吸附能力，对石蜡、干性油、树脂等都能吸附，经过阳极化处理的零件，可以染成各种颜色作为装饰及区别不同用途的标记。氧化膜用润滑剂填充时可增加其耐磨能力和降低摩擦系数。用石蜡、干性油和树脂填充，可提高其防锈能力和绝缘性能。

2）硬度高：经阳极氧化所得的氧化膜层，具有较高的硬度。其硬度的大小，与铝合金的成分、氧化方法、工艺条件等有关。例如纯铝在硫酸中通以直流电所获得的氧化膜，硬度比其他铝合金的硬度都高。若用交流电在草酸中进行阳极化，则不论铝合金的成分如何，硬度都很低。阳极氧化所获得的氧化膜，接近于天然的石英和刚玉的硬度。当松孔吸附润滑剂后，能进一步提高其耐磨性。

3）化学稳定性好：阳极氧化膜有较高的化学稳定性。用普通阳极化法所获得的氧化膜层，主要用于铝及铝合金制件表面防护。氧化膜的防护能力取决于膜层厚度、松孔程度及基体金属的合金成分。所以，纯铝或包有纯铝材料的氧化膜，其耐蚀能力比铝合金高。

4）绝缘性好：氧化膜不导电，是一种良好的绝缘层，氧化膜的电阻随着温度增高而增高，在 $15 \sim 25℃$ 时，纯铝氧化膜的电阻系数为 $10^9 \Omega/cm^2$；在 $250℃$ 时，电阻系数则为 $10^{13} \Omega/cm^2$。高温时氧化膜的电阻提高，主要是由于高温下膜中的水分被排除。

5）结合能力好：氧化膜是由基体金属直接生成，与基体的结合能力好，但膜层的塑性小、脆性大。因此，经氧化过的零件，不允许重复进行压力加工和承受较大的形变。

6）耐高温氧化膜是一种很好的绝热和抗热的保护层。试验证明，由于氧化膜的传热系数低，特别是厚的氧化膜更为明显，故可耐 $1500℃$ 高温，所以某些发动机零件常进行阳极化处理。

按其溶液性质及膜层性质不同，阳极化可分为硫酸、铬酸、草酸、硬质和瓷质阳极化等五类。其中最常用的为硫酸阳极化工艺。

在体积分数为 $18\% \sim 20\%$ 的硫酸电解液中，通以直流或交流电来进行铝合金的阳极氧化，称为硫酸阳极氧化处理（简称硫酸阳极化）。用这种方法获得氧化膜的厚度一般为 $5 \sim 20\mu m$，膜层硬度高，吸附能力强，易于封闭染色。氧化膜经过热水和重铬酸钾溶液封闭处理之后，有较高的防锈能力。这种阳极化法主要用于防护和装饰膜层，还可以用来检查锻造毛坯的表面缺陷，所用的电解液成分单纯，溶液稳定，允许杂质含量范围较高。该阳极化工艺过程简单，时间短，生产操作易掌握，因而制取氧化膜的成本低。几乎所有的铝合金零件，如机械加工、钣金、部分铸造和焊接的铝制零件都能使用该工艺。因此，它在航空工业、电气工业、机械制造业、日用品工业中都获得了广泛的应用。

但是硫酸阳极化不适合氧化孔隙度大的铸件、点焊件或铆接的组合件，这是因为零件缝隙内的藏酸很难排除，会引起零件的腐蚀。在阳极氧化过程中，由于产生大量的热，使电解液的温度很快升高，有损于氧化膜的成长，影响氧化膜的质量，所以在生产过程中必须采取强制冷却措施。

### 3.5.2　热喷涂技术

热喷涂技术是利用各种热源，使各种固体喷涂材料加热到熔化或软化状态，通过高速气流使其雾化，然后喷射、沉积到经过预处理的工件表面而形成具有各种不同性能的涂层。

热喷涂材料可以是金属，也可以是非金属；可以是粉状，也可以是线状或棒状。一般金属喷涂层与工件（基体）之间以及喷涂层微粒之间的结合，是机械结合或微冶金结合。通过重熔或采用喷熔方法，可以得到冶金结合的涂层。

1. 热喷涂的分类

根据热喷涂热源及热喷涂材料的不同，可将热喷涂技术分为火焰加热法及电加热法两种。根据具体情况，可细分为下述几种。

（1）火焰线材（或棒材）及粉末喷涂　以氧-乙炔为热源，用氧、空气或其他气体作为喷射气流。这种喷涂方法设备简单、操作容易、机动灵活。一般有气焊设备的地方，只要添加喷枪即可。这种喷涂方法在机械、化工、交通等许多部门已得到广泛应用。

（2）火焰爆炸喷涂　由氧和乙炔以一定比例在喷枪中混合，并周期性地点燃，以便加热由氮气气流送入的浮游状粉末，形成超音速压力波式的气流来喷涂。该方法在航空、航天部门已得到较多应用。

（3）火焰超音速喷涂　由氧和可燃气（如氢、甲烷等）混合，在较高压力下于燃烧室中燃烧。喷涂粉末由氮气流从燃烧室中心送入。此高温气体加粉末经拉瓦尔喷管，或混合气体点燃后产生爆震，均可在喷嘴处以超音速（2～4倍音速）喷出。这种喷涂方法在国内外已成功应用于航空航天、石油化工、冶金等多个部门。

（4）火焰粉末喷涂　热喷涂粉（一般为自熔性合金粉末）经氧-乙炔火焰加热后喷涂于工件上。在工件不熔化的情况下，加热涂层并令其与工件表面熔合，从而形成冶金结合涂层。其实质是固态金属被液态金属熔解而互相结合的过程。这种工艺在油田、造纸、模具、轴类等方面得到广泛应用。

（5）电弧喷涂　以电弧为热源，用空气或其他气体为喷射气流的喷涂。即以两根金属线，用电动机驱动到喷嘴口相交，产生短路电弧，端部熔化；再用喷射气流使其雾化吹出并沉积于工件表面。这种方法在国外已广泛用于大型钢结构的防腐及轴类修复。近几年在国内已开始应用于工程。

（6）线爆喷涂 当储存在电容器上的电能通过待喷金属材料瞬间放电时，线材（待喷材料）一部分立即被气化爆炸，其余部分则熔化并被放电爆炸波吹出，沉积于工件表面。这种喷涂方法在内燃机气缸、某些纺织机械零件，尤其是内孔喷涂中得到成功应用。

（7）等离子喷涂 以电弧放电（非转移型等离子弧）产生的等离子（热离子化的气体）作为热源，使喷涂粉末熔化，并在等离子焰流加速下吹向工件形成涂层。这种方法可喷涂金属、非金属，尤其是高熔点材料（如金属、陶瓷、碳化物等）。在零件耐磨损、抗腐蚀及特殊功能层（如远红外涂层）涂覆等方面用途很广。

（8）等离子弧粉末堆焊 用转移型等离子弧加热工件表面并形成熔池。喷涂粉末经喷枪进入电弧区并经弧柱加热喷射进熔池，从而形成合金喷熔层。这种工艺在防腐耐磨层（如某些耐酸密封面、耐磨密封面）、磨粒磨损件等制备及修复中得到成功应用。

**2. 热喷涂特点**

热喷涂技术具有下述特点：

1）工艺灵活，适应范围广。热喷涂施工对象可小可大。小的可到 10mm 内孔（线爆喷涂），大的可到桥梁、铁塔（火焰线材喷涂、电弧喷涂）。可在实验室、车间内进行真空气氛中喷涂，也可在野外现场作业。可整体喷涂，也可局部喷涂。

2）基体及喷涂材料广泛。基体可以是金属、非金属（包括陶瓷、塑料、石膏、水泥、木材，甚至纸张）。喷涂材料可以是金属及其合金、塑料、陶瓷等。这样，就有可能通过热喷涂方法制备金属/非金属复合涂层，从而获得用其他方法难以得到的综合性能。

3）除去火焰喷涂及等离子弧粉末堆焊外，用热喷涂工艺加工的工件受热较少，工件产生的应力变形很小。

4）生产效率高。热喷涂工艺生产效率高，每小时喷涂材料的质量可以达到几千克到数十千克，沉积效率也很高。

## 3.5.3 气相沉积技术

气相沉积是将含有形成沉积元素的气相物质，通过各种手段和反应，在工件表面形成沉积层（薄膜）的工艺方法。它可赋予基体材料表面各种优良性能（如强化、保护、装饰和电、磁、光等特殊功能），也可用来制备具有更加优异性能的新型材料（如晶须、单晶、多晶、纳米晶或非晶薄膜）。这种新技术的应用有着十分广阔的前景，尤其是在高新科技领域潜力巨大。

按沉积过程的反应性质不同，气相沉积技术可分为物理气相沉积和化学气相沉积两大类。

1. 物理气相沉积

物理气相沉积（Physical Vapor Deposition，PVD）是在真空条件下，利用各种物理方法，将沉积材料汽化成原子、分子、离子并直接沉积到基体材料表面的方法。按汽化机理不同，PVD 法包括真空蒸镀、溅射镀和离子镀等三种基本方法。

（1）真空蒸镀　真空蒸镀通常是在真空中进行，图 3-25 所示为真空蒸镀原理。将零件和涂层材料同时放在钟罩形的真空室内，涂层材料受热蒸发，蒸发出的分子或原子在自由行程内与受镀零件表面相遇，不断凝结成膜。

真空室内的真空度一般高于 $1.333 \times (10^{-5} \sim 10^{-6})$ MPa，高真空度便于材料快速蒸发。因为材料的蒸气压在一定温度下是一定的，且随温度上升而增加，同时只有在材料的蒸气压大于环境的压力时才会快速蒸发，因此降低环境压力，即造成高

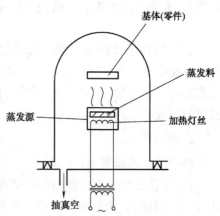

图 3-25　电阻加热真空蒸镀

真空，可以使材料的蒸发温度低于其在标准大气压下的蒸发温度。设置在真空室内的蒸发源由涂镀料和加热器组成。目前多采用钨丝电阻加热的方式，通电后，材料受热蒸发，可在基体上镀覆膜层；与传统电镀工艺相比，蒸镀的沉积速度快，孔隙度较低，镀层的耐蚀性可提高两倍。

真空蒸镀物理气相沉积技术的镀膜致密度低，与基体的结合差，故很少用于材料表面强化（如耐磨）方面，目前主要用于表面功能与装饰用途。具有代表性的应用是各种光学膜（如透镜反射膜、电致发光膜等）、电学膜（导电、绝缘、半导体等）、磁性能膜（如磁带）、耐蚀膜、耐热膜、润滑膜、各种装饰膜（如固体材料表面的金、银膜）、太阳能电池等，国外也用于连续镀覆厚度为 $3 \times 10^{-3}$ mm 的钢箔。

（2）溅射镀　这种方法是以离子轰击靶材料，使其溅射并沉积在基体材料上。图 3-26 所示为阴极溅射镀原理。在真空度不太高的环境中，在强电场的作用下，充入的惰性气体（通常是氩气）产生辉光放电，并部分电离，在阴极负高压的吸引下，Ar$^+$ 离子被加速，以极高的速度轰击材料靶，靶表面的原子获得

能量后逸出，溅射出来的原子（或分子）以足够高的速度飞向放在周围的基体（被镀零件）上，形成镀覆层。

溅射镀层强度大，针孔极少，即使镀层厚度仅为电镀层的 1/10，也有相同的性能。总的说来，溅射镀的速度不如真空蒸镀快。

溅射镀用于镀覆耐磨损层、超硬合金层、耐蚀层和抗高温腐蚀合金层等，厚度可达几十 μm。例如，在切削刀具的刃部镀覆 TiN、WC、TiC 超硬镀层，在火箭喷嘴内壁镀覆 WC 层以提高高温下的使用寿命等。

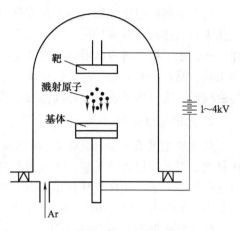

图 3-26　阴极溅射镀原理

（3）离子镀　离子镀是在真空蒸镀和溅射镀膜的基础上发展起来的一种新技术。离子镀的原理如图 3-27 所示，也是在真空室中进行。真空度一般为 $1.333 \times (10^{-4} \sim 10^{-3})$ MPa。阳极为镀覆材料，阴极为基体（被镀零件）。在合适的电压下（一般为 3~5kV），基体和蒸发源之间产生辉光放电，一部分电离生成的 $Ar^+$ 离子受负高压基体的吸引轰击基体，使基体受到离子的刻蚀清洗而除去上面的污染层。当清洗完毕后再使蒸发源中的涂覆料蒸发，蒸发出的粒子进入辉光放电区，其中一部分电离为正离子，受负高压作用沉积在基体上。

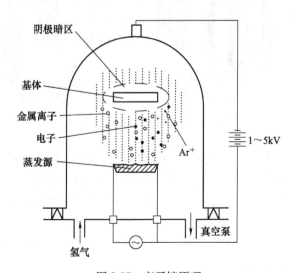

图 3-27　离子镀原理

与真空蒸镀相比，溅射镀和离子镀沉积技术的镀膜质量较高（如致密度高、气孔少）且膜层有较高的附着力（尤其是离子镀），故除可起到真空蒸镀相同的作用外，还可在材料表面形成耐磨强化膜，这便拓宽了气相沉积技术在结构零件和工具、模具上的应用。与普通化学气相沉积相比，溅射镀和离子镀所需的沉积温度较低，这对难于或不允许高温加热的工件与材料意义重大。

2. 化学气相沉积

化学气相沉积（Chemical Vapor Deposition，简写 CVD）是利用气态物质在固体材料表面上进行化学反应，生成固态沉积物的过程。利用化学气相沉积法，可以在中等温度下利用高气压反应剂气体源来沉积高熔点的相。如 $TiB_2$ 的熔点为3225℃，可以由 $TiCl_4$、$BCl_3$ 和 $H_2$ 在 900℃ 下以化学气相沉积方法获得。

化学气相沉积装置如图 3-28 所示，装置的主要部分是进行沉积的反应器，其中包括试样的加热系统（图中未画出），另一部分是反应物的储存、气化、净化和向反应器输入的装置以及通入惰性气体的系统。这一部分都设置在反应器前，在反应器后的部分则设有反应后气体的收集器、真空系统以及处理副产品的设备。

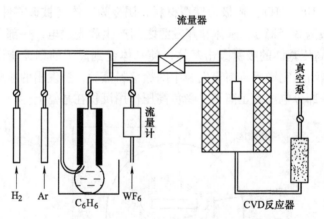

图 3-28　化学气相沉积碳化钨装置

以沉积碳化钨为例，可以说明一般化学气相沉积的进行过程。开始时，首先应彻底排除反应室中的空气，充入惰性气体，以保证分解反应在惰性环境下进行。然后将试样加热到所需要的温度，并以适当的压力和流量通入反应物气体。其反应式为：

$$2WF_6(气) + 1/6C_6H_6(气) + 11\ 1/2H_2(气) = W_2C(固) + 12HF(气)$$

反应的副产品为 HF。

化学气相沉积装置简单，操作方便，工艺上具有重现性，适于批量生产，成本低廉。

以化学气相沉积方法获得的 TiC、TiN 涂层硬质合金刀具已进入国际市场，钢铁 TiC 涂层复合材料已广泛应用于钣金压力加工、粉末冶金、陶瓷等各种工业部门。

### 3. 等离子体增强化学气相沉积

等离子体增强化学气相沉积（Plasma Enhanced Chemical Vapour Deposition，PECVD）是利用强电场或磁场使低压气体放电产生等离子体，等离子体中含有很多活性很高的化学基团，可促进气相化学反应，在样品表面形成固态薄膜。

PECVD 方法区别于其他 CVD 方法的特点在于等离子体中含有大量高能量的电子，它们可以提供化学气相沉积过程所需的激活能。电子与气相分子的碰撞可以促进气体分子的分解、化合、激发和电离过程，生成活性很高的各种化学基团，因而显著降低 CVD 薄膜沉积的温度范围，使得原来需要在高温下才能进行的 CVD 过程得以在低温下实现。例如采用低压气相生长法获得高硬度的金刚石膜，可用于刃具表面强化。

## 3.5.4 激光表面改性

激光表面处理是采用大功率密度的激光束，以非接触性的方式加热材料表面（可供给被照射材料 $10^4 \sim 10^8 \text{W}/\text{m}^2$ 的高功率密度能量），使材料表面的温度瞬时上升至相变点、熔点甚至沸点以上，并产生一系列物理或化学变化。由此可以对材料施行表面改性，甚至进行机械零件的再制造。激光表面改性技术广泛应用于航空航天、机械、电器、兵器和汽车制造行业。

激光与普通光相比，除了功率密度高之外，还具有方向性强、单色性好的优点。方向性强是指激光光束的发射角小，可以认为光束基本上是平行的；单色性好即激光具有几乎单一的波长，或称为单色光。由于激光的单色性和好的方向性，必然导致其极好的相干性。

激光表面改性技术包括激光相变硬化、激光表面熔覆、激光表面合金化、激光表面非晶化等。

### 1. 激光相变硬化

激光相变硬化又称激光淬火，指用激光快速扫描工件表面，使表面薄层急剧升温到相变点以上，并依靠金属基体自身冷却达到淬火的目的。

就碳钢而言，组织经历从珠光体加热转变为马氏体的过程，细晶、高位错、高碳马氏体组织是硬化的原因。与常规热处理淬火相比较，激光相变后材料硬度要提高，低碳钢也能提高一定的硬度。

激光相变硬化的特点：

1) 加热速度快（$10^4 \sim 10^6 ℃/s$），热影响区小，淬火应力及变形小。

2) 工艺周期短，生产效率高，易实现自动化。

3) 激光淬火仅对零件局部表面进行，淬火硬化层可精确控制，适用于对形状复杂的零件或不能用其他方法处理的零件进行局部硬化。

4) 激光淬火的硬度可比常规淬火提高 $15\% \sim 20\%$，耐磨性可大幅度提高。

5) 激光淬火靠热量由表及里的传导自冷，无须冷却介质，对环境污染小。

激光淬火技术可对各种导轨、大型齿轮、轴颈、汽缸内壁、模具、减振器、摩擦轮、轧辊、滚轮零件进行表面强化，如对汽车缸套内壁进行激光表面淬火，内壁可获得 $4.1 \sim 4.5mm$ 宽、$0.3 \sim 0.4mm$ 深、表面硬度为 $644 \sim 825HV$ 的螺纹状淬火带，使用寿命比电火花强化缸套提高一倍。

**2. 激光表面熔覆**

激光熔覆技术是指以不同的添加方法在被熔覆的基体上放置选择的涂层材料，经激光辐照后使之和基体表面熔化，并经快速凝固形成低稀释度的、与基体呈冶金结合的表面涂层。

激光熔覆技术的原理是在需处理的零部件表面预置一层能满足使用要求的特制粉末材料，然后用高能激光束对涂层进行快速扫描处理，预置粉末在瞬间熔化并凝固，涂层下基体金属随之熔化一薄层，二者之间的界面在很窄的区域内迅速产生分子或原子级的交互扩散，同时形成牢固的冶金结合（见图 3-29）。在快速热作用下，基体受热影响极小，无变形。熔层合金自成体系，其组织致密，晶粒细化，硬度和强韧性提高，表面性能大大改善。

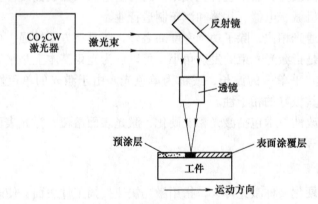

图 3-29　激光熔覆示意图

激光熔覆具有下述优点：

1) 熔覆层晶粒细小，结构致密，因而硬度一般较高，耐磨、耐蚀等性能更为优异。

2）熔覆层稀释率低，由于激光作用时间短，基材的熔化量小，对熔覆层的冲淡率低（一般仅为5%~8%），因此可在熔覆层较薄的情况下获得所要求的成分与性能，节约昂贵的覆层材料。

3）激光熔覆热影响区小，工件变形小，熔覆成品率高。

4）激光熔覆过程易实现自动化生产，覆层质量稳定，如在熔覆过程中熔覆厚度可实现连续调节，这在其他工艺中是难以实现的。

激光熔覆除了能提高材料耐蚀性和形成抗磨损表面外，还适合工件局部表面的增性和修复。例如，激光熔覆镍合金修复汽轮机叶片工作刃，在工业生产中具有重要的经济意义。

### 3. 激光表面合金化

使用激光束将基材和所加入的合金化粉末一起熔化后迅速冷却凝固，在表面获得新的合金结构涂层称为激光表面合金化。

激光表面合金化工艺的最大特点是只在熔化区和很小的影响区内发生了成分、组织和性能的变化，对基体的热效应可降低到最低限度，引起的变形也极小。它既可满足表面的使用需要，同时又不牺牲结构的整体特性。由于合金元素是完全溶解于表层内，因此所获得的薄层成分是很均匀的，对开裂和剥落等倾向也不敏感。其另一显著特点是所用的激光功率密度很高（$10^4 \sim 10^8 \mathrm{W/cm^2}$），熔化深度由激光功率和照射时间来控制，在基体金属表面可形成深度为 $0.01 \sim 2\mathrm{mm}$ 的合金层。由于冷却速度高，所以偏析极小，并且细化晶粒效果显著。

利用激光合金化技术可使廉价的普通材料表面获得有益的耐磨、耐腐蚀、耐热等性能，从而可以取代昂贵的整体合金；并可改善不锈钢、铝合金和钛合金的耐磨性能。如用 Ni-Cr-Mo-Si-B 合金粉末，在 20 钢基材上进行激光表面合金化处理，表面层的硬度达到 1600HV，既保持了较好的韧性，又提高了耐磨性。此法亦可制备传统冶金方法无法得到的某些特殊材料，如超导合金、表面金属玻璃等，所以对节能、节材，提高产品零件的使用寿命具有重大的意义。

### 4. 激光表面非晶化

激光表面非晶化是利用激光束在极短时间内辐照材料表面，使表面材料发生相应物理化学变化后快速冷却而制备出非晶态组织的工艺过程。非晶化的金属又称金属玻璃，是指其原子排列长程无序，但在几个晶格常数范围内保持短程有序。

激光表面非晶化的特性：

1）激光非晶层具有优异的力学、化学和物理性能。

2）激光非晶层的厚度仅为几微米到几十微米。

3）激光非晶层的结构呈非平衡的亚稳态。

如纺纱机钢令跑道表面硬度低，易生锈，造成钢令使用寿命低，纺纱断头率高，用激光非晶化处理后，钢令跑道表面的硬度提高至 1000HV 以上，耐磨性提高 1~3 倍，纺纱断头率下降 75%，经济效益显著。再如汽车凸轮轴和铸钢套外壁经激光表面非晶化处理后，强度、耐磨性和耐蚀性均明显提高。

## 习题与思考题

1. 何谓钢的热处理？常用的热处理工艺有哪些？

2. 简述共析钢加热时奥氏体形成的过程。

3. 退火与正火有何相似点与不同点？

4. 连续冷却转变图（或等温转变图）与铁碳合金相图分别是哪两个因素的图解？在制定热处理工艺时上述两种图形各有何用？为什么缺一不可？

5. 用 T12 钢制成一把钢板尺，淬火后与淬火再经 200℃ 回火后的硬度值相差无几，请问这种回火是否可以取消？

6. 甲、乙两厂生产同一种零件，均选用 45 钢，硬度要求 20~250HBW，甲厂采用正火，乙厂采用调质处理，均能达到硬度要求，试分析甲、乙两厂产品的组织和性能差别。

7. 试说明表面淬火、渗碳、渗氮处理工艺在选用钢种、性能、应用范围等方面的差别。

8. 将直径 5mm 的 T8 钢棒材加热至 760℃ 并保温足够时间，采用何种冷却方式可得到如下组织：珠光体、索氏体、下贝氏体、屈氏体+马氏体、马氏体，请绘制正确的冷却曲线示意图。

9. 钢的淬透性、淬透深度和淬硬性三者之间的区别何在？

10. 淬火后的 45 钢经 150℃、450℃、550℃ 回火，试问其最终组织和性能有何区别？

11. 淬火钢的三大特性指什么？各自的影响因素有哪些？

12. 简述回火工艺的分类、目的、组织与应用。

13. 试列表分析比较表面淬火、渗碳、渗氮在用钢、热处理工艺及应用方面的异同。

14. 用碳的质量分数为 0.50%的钢制成 5 个零件完全奥氏体化后，分别按图 3-30 中 I、II、III、IV、和 V 线冷却可以得到什么组织？为什么？

15. 一块厚度为 5mm 的 45 钢钢板，先经 840℃ 加热淬火，硬度为 55HRC，随后从一端加热，依靠热传导，使钢板上各点达到如图 3-31 所示温度。试问：

1) 各点部位的组织是什么？

2) 整个钢板自图示各温度缓冷到室温后，各点部位的组织是什么？

3) 整个钢板自图示各温度水淬快冷到室温后，各点部位的组织是什么？

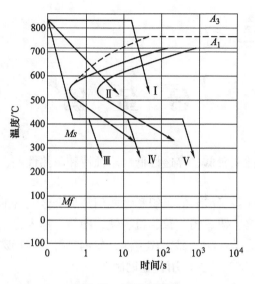

图 3-30　冷却曲线图

16. 调质处理后的 40 钢齿轮，经高频感应加热后的温度分布如图 3-32 所示。试分析高频感应加热水淬后，轮齿由表面到中心各区（Ⅰ、Ⅱ、Ⅲ）的组织。

17. 简述化学气相沉积的工作原理，与电镀相比，它的优点是什么？

18. 物理气相沉积主要有几种方法？用途有何区别？

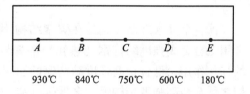

图 3-31　45 钢钢板加热温度示意图

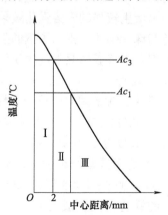

图 3-32　高频感应加热后的温度分布

# 第4章

# 合　金　钢

由于碳钢力学性能较低、淬透性低、耐蚀性和耐热性差，在现代飞机上很少应用。

合金钢是为了获得所需要的组织和性能而添加合金元素的钢。通常添加的合金元素有硅、锰、铬、镍、钼、钨、钒、钛、硼等。加入合金元素后，可显著改善组织、提高钢的力学性能、提高淬透性，使钢获得某些特殊性能（不生锈、耐高温等）。因此，航空产品多采用合金钢制造。

## 4.1　低合金高强度结构钢

低合金高强度结构钢是在碳素结构钢的基础上加入少量合金元素而制成的，常用低合金高强度结构钢（热轧）的牌号、成分、性能见表4-1。由于合金元素的强化作用，低合金高强度结构钢的屈服强度比普通碳素结构钢高25%～150%。加之低合金高强度结构钢大多低碳（碳质量分数一般不超过0.20%），具有良好的塑性、韧性和焊接性，有的还具有耐腐蚀、耐低温等特性；因此，低合金高强度结构钢是一类很有发展前途的钢，在各类钢的生产中所占比例越来越大。

我国的低合金高强度结构钢基本上不用贵重的镍、铬等元素，而以资源丰富的锰为主要合金元素。锰除了产生较强的固溶强化效果外，还可大大降低奥氏体分解温度，细化铁素体晶粒和珠光体片，提高了钢的强度和韧性。

低合金高强度结构钢的牌号由代表屈服强度的汉语拼音字母 Q、上屈服强度数值、交货状态代号、质量等级符号（B、C、D、E、F）四个部分按照顺序排列，如 Q355、Q355ND 等。常用钢种的牌号、成分、性能见表4-1。

低合金高强度结构钢的工艺性能较好，生产成本低，大多直接使用，常用作焊接结构件和机械构件等，在铁路、桥梁、船舶、汽车、压力容器领域被大量使用。例如，武汉长江大桥使用碳素结构钢 Q235 制造，而九江长江大桥则用强度更高的合金结构钢 Q420 制造；2008 年，400t 具有自主知识产权的国产 Q460 钢材撑起了"鸟巢"的铁骨钢筋，成为北京奥运会主体育场钢结构的主要用材。

表4-1　常用低合金高强度结构钢（热轧）的牌号、成分、性能（摘自GB/T 1591—2018）

| 牌号 |  | 化学成分（质量分数，%） |  |  |  |  |  |  |  |  |  | 力学性能 |  |  |
|---|---|---|---|---|---|---|---|---|---|---|---|---|---|---|
| 钢材 | 质量等级 | C |  | Si | Mn | P | S | Nb | V | Ti | Cr | 厚度或直径≤16mm时的屈服强度/MPa | 厚度或直径≤100mm时的抗拉强度/MPa | 厚度或直径≤40mm时的断后伸长率（%） |
|  |  | 以下公称厚度或直径/mm |  |  |  |  |  |  |  |  |  |  |  |  |
|  |  | ≤40 | >40 | ≤ |  |  |  |  |  |  |  | ≥ |  |  |
| Q355 | B | ≤0.24 |  | 0.55 | 1.60 | 0.035 | 0.035 | — | — | — |  | 355 | 470~630 | 22（纵向） |
|  | C | ≤0.20 | ≤0.22 |  |  | 0.030 | 0.030 |  |  |  | 0.30 |  |  |  |
|  | D | ≤0.20 | ≤0.22 |  |  | 0.025 | 0.025 |  |  |  |  |  |  |  |
| Q390 | B | ≤0.20 |  | 0.55 | 1.70 | 0.035 | 0.035 | 0.05 | 0.13 | 0.05 |  | 390 | 490~650 | 21（纵向） |
|  | C |  |  |  |  | 0.030 | 0.030 |  |  |  | 0.30 |  |  |  |
|  | D |  |  |  |  | 0.025 | 0.025 |  |  |  |  |  |  |  |
| Q420 | B | ≤0.20 |  | 0.55 | 1.70 | 0.035 | 0.035 | 0.05 | 0.13 | 0.05 |  | 420 | 520~680 | 20（纵向） |
|  | C |  |  |  |  | 0.030 | 0.030 |  |  |  | 0.30 |  |  |  |
| Q460 | C | ≤0.20 |  | 0.55 | 1.80 | 0.030 | 0.030 | 0.05 | 0.13 | 0.05 | 0.30 | 460 | 550~720 | 18（纵向） |

# 4.2 合金钢

由于碳钢成本低，通常作为制造各种构件的基本材料。但是，碳钢有以下局限性：

1）碳钢的强度很难超过 690MPa，除非塑性和韧性有明显的下降。

2）厚截面碳钢零件淬火时，无法全部得到马氏体组织，即不能淬透。

3）碳钢的耐蚀性和抗氢化性较差。

合金钢克服了碳钢的上述缺点，虽然其成本高于碳钢，但是在许多应用中，合金钢是能够满足工程要求的重要材料。合金元素对钢基本相的影响如下：

1）强化铁素体。大多数合金元素都能溶于铁素体，引起铁素体的晶格畸变，产生固溶强化，使铁素体的强度、硬度升高，塑性、韧性下降。

2）形成碳化物。在钢中能形成碳化物的元素称为碳化物形成元素，有铁、锰、铬、钼、钨、钒等。这些元素与碳结合力较强，生成碳化物（包括合金碳化物、合金渗碳体和特殊碳化物）。合金元素与碳的结合力越强，形成的碳化物越稳定，硬度就越高。碳化物的稳定性越高，就越难溶于奥氏体，也越不易聚集长大。随着碳化物数量的增加，钢的硬度、强度提高，塑性、韧性下降。

## 4.2.1 合金钢的分类及牌号

### 1. 合金钢的分类

按主要用途分类：

1）合金结构钢：包括渗碳钢、调质钢、弹簧钢、轴承钢。

2）合金工具钢：包括刃具钢、模具钢、量具钢。

3）特殊性能钢：包括不锈钢、耐热钢、耐磨钢、磁钢等。

### 2. 合金钢的牌号

我国使用的合金钢牌号是按照"碳质量分数"＋"合金元素符号"＋"合金元素质量分数"＋"质量级别"来编号。

1）对于"碳质量分数"，若是结构钢，则以碳质量分数的万分数为单位的数字（两位数）表示；若是工具钢和不锈钢，则以碳质量分数的千分数为单位的数字（一位数）来表示。但当工具钢的碳质量分数超过1%时，碳质量分数不标。如20Cr为结构钢，"20"表示其平均碳质量分数为0.20%；5CrNiMo为工具钢，"5"表示其碳的名义质量分数为0.5%；CrWMn钢也是工具钢，合金元素前未标注数字表示碳的名义质量分数大于1.0%。

2）对于"合金元素质量分数"，当合金元素名义质量分数<1.5%时，牌号

中仅标注元素，一般不标注含量；若名义质量分数为 1.5%~2.49%、2.5%~
3.49%……时，在合金元素后相应写成2、3……即可。例如碳、铬、镍的名义质
量分数为 0.2%、0.75%、2.95%的合金结构钢，其牌号表示为"20CrNi3"。

3）高级优质钢在编号的尾部加"A"字。例如30CrMnSiA等。

4）专用钢用其用途的汉语拼音字首来标明。例如，滚珠轴承钢在钢号前标
以"G"。GCr15 表示碳质量分数约 1.0%、铬质量分数约 1.5%（注意，这是一
个特例，铬后数字表示的含量与一般合金钢不同，其质量分数以千分数计）。

5）高速工具钢牌号中不标出碳的质量分数。

## 4.2.2 合金结构钢

合金结构钢主要用于制造各种机械零件，是用途广、产量大、钢号多的一类
钢，大多数须经热处理后才能使用。航空用的合金结构钢具有较高的比强度，性
能稳定，成本较低，是制造飞机起落架、发动机架、压气机轴、齿轮、主梁和重
要接头、螺栓及发动机涡轮轴等承力构件的重要材料。合金结构钢按用途及热处
理特点可分为合金渗碳钢、合金调质钢、弹簧钢等。

1. 合金渗碳钢

（1）成分特点　用于制造渗碳零件的钢称为渗碳钢。渗碳钢中 $w(C)=$
$0.12%~0.25%$，较低的含碳量保证了淬火后零件心部有足够的塑性、韧性。主
要合金元素是 Cr，还可加入 Ni、Mn、B 等元素，主要作用是增加淬透性，以使
大尺寸渗碳零件在淬火时心部获得马氏体组织。有的渗碳钢为了细化晶粒，进一
步提高其强度和韧性，还会加入 W、Mo、V、Ti 等元素。

常用渗碳钢的牌号、热处理、力学性能及用途见表4-2。

表4-2　常用渗碳钢的牌号、热处理、力学性能及用途（摘自 GB/T 3077—2015）

| 牌号 | 热处理/℃ | | 力学性能 | | | | 应用举例 |
|---|---|---|---|---|---|---|---|
| | 渗碳，930 | | $R_m$/MPa | $R_{eL}$/MPa | A (%) | $KU_2$/J | |
| | 淬火 | 回火 | ≥ | | | | |
| 15Cr | 770~820 水，油 | 200 | 685 | 490 | 12 | 55 | 活塞销等 |
| 20Cr | 780~820 水，油 | 200 | 835 | 540 | 10 | 47 | 齿轮、小轴、活塞销等 |
| 20Mn2 | 880 水，油 | 200 | 785 | 590 | 10 | 47 | |
| 20MnV | 880 水，油 | 200 | 785 | 590 | 10 | 55 | 齿轮、小轴、活塞销等，也用作锅炉、高压容器管道等 |
| 20CrMn | 850 油 | 200 | 930 | 735 | 10 | 47 | 齿轮、轴、蜗杆、活塞销、摩擦轮 |

（续）

| 牌号 | 热处理/℃ 渗碳，930 | | 力学性能 | | | | 应用举例 |
|------|------|------|------|------|------|------|------|
| | 淬火 | 回火 | $R_m$/MPa | $R_{eL}$/MPa | A（%） | $KU_2$/J | |
| | | | ≥ | | | | |
| 20CrMnTi | 880 油 | 200 | 1080 | 850 | 10 | 55 | 汽车、拖拉机上的变速箱齿轮 |
| 20MnTiB | 880 油 | 200 | 1130 | 930 | 10 | 55 | 代 20CrMnTi |
| 18Cr2Ni4W | 950 空 | 200 | 1180 | 835 | 10 | 78 | 大型渗碳齿轮和轴类件 |
| 20Cr2Ni4 | 880 油 | 200 | 1180 | 1080 | 10 | 63 | |

（2）**热处理与性能特点** 航空发动机中的齿轮、活塞销和凸轮等，在工作中既受到强烈的摩擦，又受到很大的交变应力和冲击载荷的作用。因此，这类零件表面应具有高的硬度和耐磨性，而心部则应有足够的强度和韧性。选用渗碳钢，进行渗碳，再经适当的热处理即可满足要求。

渗碳钢的预备热处理为正火，最终热处理一般采用渗碳以后淬火和低温回火，这样零件表面层可得到高碳回火马氏体和均匀分布的细小碳化物，硬度一般为 58~64HRC，具备高硬度和高耐磨性；心部在完全淬透的情况下可得到低碳回火马氏体（硬度为 40~48HRC），具有足够的强度和良好的韧性。同时渗碳、淬火低温回火还可提高零件的疲劳强度。

2. **合金调质钢**

优质碳素结构钢中的 40 钢、45 钢虽然常用而价廉，但存在着淬透性差、综合力学性能不够理想等缺点。表 4-3 列出了 45 钢与 40Cr 钢调质处理后的性能对比，可见 40Cr 钢的性能比 45 钢有明显提高。所以，对于受力复杂的重载零件须选用合金调质钢。

表 4-3　45 钢与 40Cr 钢调质处理后的性能对比

| 钢号及热处理状态 | 截面直径/mm | $R_m$/MPa | $R_{eL}$/MPa | A（%） | Z（%） | $a_K$/（kJ/m$^2$） |
|------|------|------|------|------|------|------|
| 45 钢（850℃水淬，550℃回火） | 50 | 700 | 500 | 15 | 45 | 700 |
| 40Cr 钢（850℃油淬，570℃回火） | | 850 | 670 | 16 | 58 | 1000 |

（1）**成分特点** 调质钢中碳的质量分数一般在 0.25%~0.5% 之间，以 0.4% 居多。当碳的质量分数过低时，不易淬硬，回火后强度较低；碳的质量分数过高则韧性不够。调质钢的主要合金元素是 Mn、Si、Cr、Ni 等，主要作用是提高钢的淬透性。

40Cr 是最常用的一种调质钢，有很好的强化效果。

常用调质钢的牌号、热处理、力学性能及用途见表 4-4。

**表 4-4 常用调质钢的牌号、热处理、力学性能及用途**（摘自 GB/T 3077—2015）

| 牌号 | 热处理/℃ | | 力学性能 | | | | 退火状态硬度 HBW | 应用举例 |
|---|---|---|---|---|---|---|---|---|
| | 淬火 | 回火 | $R_m$ /MPa | $R_{eL}$ /MPa | $A$ (%) | $KU_2$ /J | | |
| | | | ≥ | | | | | |
| 40MnB | 850，油 | 500 水，油 | 980 | 785 | 10 | 47 | 207 | 主轴、曲轴、齿轮、柱塞等 |
| 40Cr | 850，油 | 520 水，油 | 980 | 785 | 9 | 47 | 207 | 作重要调质件，如轴类件、连杆螺栓、进气阀和重要齿轮等 |
| 30CrMnSi | 880，油 | 520 水，油 | 1080 | 885 | 10 | 39 | 229 | 高强度钢，作高速载荷砂轮轴、车辆上内外摩擦片等 |
| 35CrMo | 850，油 | 550 水，油 | 980 | 835 | 12 | 63 | 229 | 重要调质件，如曲轴、连杆及替代 40CrNi 作大截面轴类件 |
| 38CrMoAl | 940 水，油 | 640 水，油 | 980 | 835 | 14 | 71 | 229 | 作氮化零件，如高压阀门、缸套等 |
| 40CrMnMo | 850，油 | 600 水，油 | 980 | 785 | 10 | 63 | 217 | 相当于 40CrNiMo 的高级调质钢 |
| 40CrNiMo | 850，油 | 600 水，油 | 980 | 835 | 12 | 78 | 269 | 作高强度零件，如航空发动机轴，在 500℃ 以下工作的喷气发动机承载零件 |

（2）热处理及性能特点　调质钢主要用来制造承受多种工作载荷，受力情况比较复杂，要求高的综合力学性能（高的强度和良好的塑性、韧性相配合）的零件。航空发动机的涡轮轴等重要结构件，工作时受到复杂、巨大的交变载荷作用，而且零件形状又很复杂，容易造成应力集中。选用调质钢加工成形，然后进行调质处理，就能满足上述性能要求。

调质钢锻造毛坯应先进行正火或退火的预备热处理，以调整硬度，便于切削加工。调质钢的最终热处理为淬火后高温回火，以获得回火索氏体组织，使钢件具有高强度、高韧性相结合的良好综合力学性能。某些零件（如齿轮、轴等）除了要求有良好的综合力学性能外，还要求工件表面有较好的耐磨性，可在调质后进行表面淬火或渗氮处理。

### 3. 合金弹簧钢

弹簧钢主要用于制造弹簧等弹性元件,例如汽车、拖拉机、坦克、机车车辆的减振板簧和螺旋弹簧,钟表发条等。

(1)成分特点 为了保证高的弹性极限和疲劳强度,合金弹簧钢的碳质量分数比合金调质钢高,一般为 0.50% ~ 0.70%。碳质量分数过高时,塑性、韧性降低,疲劳强度也下降。弹簧钢中常加入 Si、Mn、Cr、V 等合金元素。Si 和 Mn 的作用主要是提高淬透性,同时也提高屈强比,其中 Si 的作用更突出,但它热处理时易促进表面脱碳,Mn 则使钢易于过热,造成晶粒粗大。因此,重要用途的合金弹簧钢必须加入 Cr、V、W 等元素,例如 SiCr 弹簧钢表面不易脱碳;CrV 弹簧钢晶粒细小,不易过热,耐冲击性能好,高温强度也较高。

(2)热处理及性能特点 对于热成形弹簧,热处理一般是淬火加中温回火,获得回火屈氏体组织,具有高的弹性极限和屈服强度,并有一定的塑性和韧性,一般用来制作大型弹簧零件。

(3)钢种和牌号 60Si2Mn 是典型的弹簧钢,广泛用于汽车、拖拉机上的板簧、螺旋弹簧等。对于在高温下(350~400℃)承受重载的较大弹簧,如阀门弹簧、高速柴油机的节气门弹簧等,可选用 50CrV。Cr、V 不仅大大提高钢的淬透性,而且还提高钢的高温强度、韧性和热处理工艺性能。

常用弹簧钢的牌号、热处理、力学性能及用途见表 4-5。

表 4-5  常用弹簧钢的牌号、热处理、力学性能及用途(摘自 GB/T 1222—2016)

| 牌号 | 热处理/℃ | | 力学性能 (≥) | | | | 应用举例 |
|------|------|------|------|------|------|------|------|
| | 淬火 | 回火 | $R_m$ /MPa | $R_{eL}$ /MPa | $A(A_{11.3})$ (%) | $Z$ (%) | |
| 65[①] | 840 油 | 500 | 980 | 785 | (9.0) | 35 | 厚度或截面直径<15mm 的小弹簧 |
| 70[①] | 830 油 | 480 | 1030 | 835 | (8.0) | 30 | |
| 85[①] | 820 油 | 480 | 1130 | 980 | (6.0) | 30 | |
| 65Mn[①] | 830 油 | 540 | 980 | 785 | (8.0) | 30 | 厚度或截面直径≤25mm 的弹簧,例如车厢缓冲卷簧 |
| 60Si2Mn | 870 油 | 440 | 1570 | 1375 | (5.0) | 20 | |
| 55SiMnVB | 860 油 | 460 | 1375 | 1225 | (5.0) | 30 | |
| 60Si2Cr | 870 油 | 420 | 1765 | 1570 | 6.0 | 20 | 厚度或截面直径≤30mm 的重要弹簧,例如小型汽车、载重车板簧,扭杆簧,低于 35℃ 的耐热弹簧 |
| 60Si2MnCrV | 860 油 | 400 | 1700 | 1650 | 5.0 | 30 | |
| 50CrV | 850 油 | 500 | 1275 | 1130 | 10.0 | 40 | |
| 55SiCrV | 860 油 | 400 | 1650 | 1600 | 5.0 | 35 | |

① 均为碳素结构钢。

4. 滚动轴承钢

滚动轴承钢主要用来制造各种滚动轴承元件，如轴承内外圈、滚动体等，属于专用结构钢。从化学成分上看它属于工具钢，因此还可以用来制造某些工具，例如模具、量具等。

（1）成分、热处理及性能特点　轴承钢在工作时承受很高的交变接触压力，同时滚动体与内外圈之间还产生强烈的摩擦，并受到冲击载荷的作用以及大气和润滑介质的腐蚀影响。这就要求轴承钢必须具有高而均匀的硬度和耐磨性，高的抗压强度和接触疲劳强度，足够的韧性和对大气、润滑剂的耐蚀能力。为获得上述性能，一般 $w$（C）在 0.95% ~ 1.15% 之间，$w$（Cr）在 0.4% ~ 1.65% 之间。高 C 是为了获得高硬度、耐磨性；Cr 的作用是提高淬透性，且能形成细小、均匀分布的碳化物，提高耐磨性和疲劳强度。

轴承钢的热处理包括预备热处理（球化退火）和最终热处理（淬火与低温回火）。

（2）钢种和牌号

常用滚动轴承钢的牌号、成分及性能见表 4-6。

滚动轴承钢有自己独特的牌号。牌号前面以"G"（滚）为标志，其后为铬元素符号 Cr，其质量分数以千分数表示，其余与合金结构钢牌号规定相同。GCr15 为常用的轴承钢，具有高的强度、耐磨性和稳定的力学性能，它适用于制造直径小于 50mm 的滚珠和厚度小于 220mm 的中小型内、外圈。此外，航空发动机附件中的一些要求高硬度、高耐磨性的结构件，如衬套、轴键、输油泵柱塞等也用它制造。

表 4-6　常用滚动轴承钢的牌号、成分及性能（摘自 GB/T 18254—2016）

| 牌号 | 化学成分（质量分数,%） | | | | | 钢材球化退火硬度　HBW |
|---|---|---|---|---|---|---|
| | C | Cr | Si | Mn | Mo | |
| G8Cr15 | 0.75 ~ 0.85 | 1.30 ~ 1.65 | 0.15 ~ 0.35 | 0.20 ~ 0.40 | ≤0.10 | 179 ~ 207 |
| GCr15 | 0.95 ~ 1.05 | 1.40 ~ 1.65 | 0.15 ~ 0.35 | 0.25 ~ 0.45 | ≤0.10 | 179 ~ 207 |
| GCr15SiMn | 0.95 ~ 1.05 | 1.40 ~ 1.65 | 0.45 ~ 0.75 | 0.95 ~ 1.25 | ≤0.10 | 179 ~ 217 |
| GCr15SiMo | 0.95 ~ 1.05 | 1.40 ~ 1.70 | 0.65 ~ 0.85 | 0.20 ~ 0.40 | 0.30 ~ 0.40 | 179 ~ 217 |
| GCr18Mo | 0.95 ~ 1.05 | 1.65 ~ 1.95 | 0.20 ~ 0.40 | 0.25 ~ 0.40 | 0.15 ~ 0.25 | 179 ~ 207 |

## 4.2.3　合金工具钢

合金工具钢通常以用途分类，主要分为量具刃具钢、模具钢、高速钢等。

1. 量具刃具钢

主要用于制造形状复杂、截面尺寸较大的低速切削刃具和机械制造过程中控制加工精度的测量工具，如卡尺、块规、样板等。量具刃具钢中碳的质量分数高，一般为 0.9%~1.5%；合金元素总量少，主要有 Cr、Si、Mn、V 等。

该钢的热处理与碳素工具钢基本相同。预备热处理采用球化退火，最终热理采用淬火加低温回火。9SiCr 是常用的量具刃具钢，热处理后使用温度可达 250~300℃，被广泛用来制造各种低速切削刀具，如板牙、丝锥等。

常用量具刃具钢的牌号、成分、性能及用途见表 4-7。

2. 模具钢

模具钢为高合金钢，含有大量的 Cr、W 等碳化物形成元素，具有很高的淬透性和回火抗力，其按用途主要分为冷作模具钢和热作模具钢两大类。

（1）冷作模具钢　用于制作使金属冷塑性变形的模具，如冷冲模、冷挤压模等。冷作模具工作时承受大的弯曲应力、压力、冲击及摩擦，因此必须具备高硬度、高耐磨性以及足够的强度和韧性。

大部分要求不高的冷作模具可用量具刃具钢制造，如 9SiCr、9Mn2V、CrWMn 等。大型冷作模用 Cr12 型钢，这种钢热处理变形很小，适合于制造重载和形状复杂的模具。此外，Cr12 型钢中碳的质量分数高达 2.3%，可形成足够的 Cr 的碳化物以保证所需的硬度和耐磨性。Cr 还可显著提高钢的淬透性，使厚度达 200~300mm 的大型模具在空气中冷却便可淬透。

冷作模具钢的热处理与量具刃具钢类似。预备热处理采用球化退火，最终热处理为淬火后低温回火。

常用冷作模具钢的牌号、成分、热处理及用途见表 4-8。

（2）热作模具钢　用于制作高温金属成形的模具，如热锻模、热挤压模、压铸模等。热作模具工作时承受很大的压力和冲击，并反复受热和冷却。因此，要求模具钢在高温下具有足够的强度、硬度、耐磨性和韧性以及良好的热疲劳性能，即在反复的受热、冷却循环中，表面不易热疲劳（龟裂）。另外还应具有良好的导热性和高淬透性。

为了达到上述性能要求，热作模具钢为中碳成分（$w(C) = 0.3\% \sim 0.6\%$）。若碳的质量分数过高，则塑性、韧性不足，容易引起开裂；若过低，则硬度、耐磨性不足。加入的合金元素有 Cr、W、Ni 等。

在热作模具钢中，热锻模对韧性要求高而热硬性要求不太高，典型钢种有 5CrMnMo、5CrNiMo 等。热挤压模或压铸模则采用碳质量分数较低、合金元素更多而热强性更好的模具钢。3Cr2W8V 是制造压铸模的典型钢种，铬的质量分数为 2.2%~2.7% 以提高钢的强度和淬透性，使厚度为 100mm 的模具在油中能淬透；钨的质量分数为 7.5%~9.0% 是为了提高钢的红硬性，使模具在 500℃ 下工作仍保持足够的硬度。

常用热作模具钢的牌号、成分、热处理及用途见表 4-9。

表4-7 常用量具刃具钢的牌号、成分、性能及用途（摘自 GB/T 1299—2014）

| 类别 | 牌号 | 化学成分（质量分数，%） | | | | | 试样淬火硬度 | | | 主要特点及用途 |
|---|---|---|---|---|---|---|---|---|---|---|
| | | C | Mn | Si | Cr | W | 淬火温度/°C | 冷却剂 | 硬度 HRC | |
| 量具刃具钢 | 9SiCr | 0.85~0.95 | 0.30~0.60 | 1.20~1.60 | 0.95~1.25 | — | 820~860 | 油 | ≥62 | 比铬钢具有更高的淬透性和淬硬性，且回火稳定性好。适宜制造形状复杂、变形小、耐磨性要求高的低速切削刃具，如钻头、螺纹铰刀、手动铰刀、推纹板及滚丝锥等；也可以制作冷作模具（如冲模、打印模等）、冷轧辊、矫正辊以及细长杆件 |
| | Cr2 | 0.95~1.10 | ≤0.40 | ≤0.40 | 1.30~1.65 | — | 830~860 | 油 | ≥62 | 在T10的基础上添加一定量的Cr，淬透性提高，硬度、耐磨性也比非合金工具钢高，接触疲劳强度也高，淬火变形小。适宜制造木工具、冷冲模及冲孔模等 |
| | CrO6 | 1.30~1.45 | ≤0.40 | ≤0.40 | 0.50~0.70 | — | 780~810 | 水 | ≥64 | 在非合金工具钢基础上添加一定量的Cr，淬透性和耐磨性较非合金工具钢高，冷加工塑性变形和切削加工性能较好，适宜制造木工具，也可制造简单冷加工模具，如冲孔模、冷压模等 |
| | 8MnSi | 0.75~0.85 | 0.80~1.10 | 0.30~0.60 | — | — | 800~820 | 油 | ≥60 | 在T8钢基础上同时加入Si、Mn元素形成的低合金工具钢，具有较高的回火稳定性、淬透性和耐磨性。适宜制造冷加工用的模具，热处理变形也比非合金工具钢小。适宜制造冷加工用的模具 |
| | W | 1.05~1.25 | ≤0.40 | ≤0.40 | 0.10~0.30 | 0.80~1.20 | 800~830 | 水 | ≥62 | 在非合金工具钢基础上添加一定量的W，有更高的硬度、耐磨性，且具有过热敏感性小、热处理后具有变形小、回火稳定性好等特点。适宜制造小型麻花钻头，也可用于制造丝锥、锉刀、板牙以及温度不高、切削速度不快的工具 |
| | 9Cr2 | 0.80~0.95 | ≤0.40 | ≤0.40 | 1.30~1.70 | — | 820~850 | 油 | ≥62 | 与Cr2钢性能基本相似，但韧性好于Cr2钢，适宜制造木工具、冷轧辊、冷冲模及冲头、钢印冲孔模等 |

表 4-8　常用冷作模具钢的牌号、成分、热处理及用途（摘自 GB/T 1299—2014）

| 牌　号 | 化学成分（质量分数，%） | | | | | | |
|---|---|---|---|---|---|---|---|
| | C | Si | Mn | Cr | Mo | W | V |
| 9Mn2V | 0.85~0.95 | ≤0.40 | 1.70~2.00 | — | — | — | 0.10~0.25 |
| 9CrWMn | 0.85~0.95 | ≤0.40 | 0.90~1.20 | 0.50~0.80 | — | 0.50~0.80 | — |
| CrWMn | 0.90~1.05 | ≤0.40 | 0.80~1.10 | 0.90~1.20 | — | 1.20~1.60 | — |
| MnCrWV | 0.90~1.05 | 0.10~0.40 | 1.05~1.35 | 0.50~0.70 | — | 0.50~0.70 | 0.05~0.15 |
| Cr12 | 2.00~2.30 | ≤0.40 | ≤0.40 | 11.50~13.50 | — | — | — |
| Cr12MoV | 1.45~1.70 | ≤0.40 | ≤0.40 | 11.00~12.50 | 0.40~0.60 | — | 0.15~0.30 |
| Cr4W2MoV | 1.12~1.25 | 0.40~0.70 | ≤0.40 | 3.50~4.00 | 0.80~1.20 | 1.90~2.60 | 0.80~1.10 |

| 牌　号 | 退火钢材硬度 HBW | 淬　火 | | 性能特点和用途 |
|---|---|---|---|---|
| | | 温度/℃ | 冷却剂 | |
| 9Mn2V | ≤229 | 780~820 | 油 | 具有较高的硬度和耐磨性，淬火时变形较小，淬透性好。适宜制造各种精密量具、样板，也可用于制造尺寸较小的冲模及冷压模、雕刻模等，还可用于制造机床的丝杠等结构件 |
| 9CrWMn | 197~241 | 800~830 | 油 | 具有一定的淬透性和耐磨性，淬火时变形小，碳化物分布均匀且颗粒小，适宜制作变形复杂的冷冲模 |
| CrWMn | 207~255 | 820~840 | 油 | 由于钨形成碳化物，在淬火和低温回火后比9SiCr钢具有更多的过剩碳化物，更高的硬度，耐磨性和较好的韧性。但该钢对碳化物较为敏感，有碳化物网必须根据其严重程度进行锻造或正火。适宜制作丝锥、板牙、铰刀、小型冲模等 |
| MnCrWV | ≤255 | 790~820 | 油 | 国际广泛采用的高碳低合金油淬钢，淬透性好。适宜制作钢板冲裁模、剪切刀、落料模、量具和热固性塑料成型模 |
| Cr12 | 217~269 | 950~1000 | 油 | 适宜制作受冲击载荷较小的、高耐磨的冷冲模及冲头、冷剪切刀、钻套、量规、拉丝模等 |
| Cr12MoV | 207~255 | 950~1000 | 油 | 莱氏体钢。具有高淬透性和耐磨性，淬火时尺寸变化很小，比Cr12钢的碳化物分布均匀，适宜制作形状复杂的冲孔模、冷剪切刀、拉深模、量具等 |
| Cr4W2MoV | ≤269 | 1020~1040 | 油 | 具有较高的淬透性、淬硬性，耐磨性和尺寸稳定性。适宜制作各种冲模、冷镦模、落料模等工具模 |

表 4-9 常用热作模具钢的牌号、成分、热处理及用途（摘自 GB/T 1299—2014）

| 牌 号 | 化学成分（质量分数，%） | | | | | | | |
|---|---|---|---|---|---|---|---|---|
| | C | Si | Mn | Cr | Mo | W | V | Ni |
| 5CrMnMo | 0.50~0.60 | 0.25~0.60 | 1.20~1.60 | 0.60~0.90 | 0.15~0.30 | — | — | — |
| 5CrNiMo | 0.50~0.60 | ≤0.40 | 0.50~0.80 | 0.50~0.80 | 0.15~0.30 | — | — | 1.40~1.80 |
| 4CrNi4Mo | 0.40~0.50 | 0.10~0.40 | 0.20~0.50 | 1.20~1.50 | 0.15~0.35 | — | — | 3.80~4.30 |
| 3Cr3Mo3W2V | 0.32~0.42 | 0.60~0.90 | ≤0.65 | 2.80~3.30 | 2.50~3.00 | 1.20~1.80 | 0.80~1.20 | — |
| 5Cr4W5Mo2V | 0.40~0.50 | ≤0.40 | ≤0.40 | 3.40~4.40 | 1.50~2.10 | 4.50~5.30 | 0.70~1.10 | — |
| 3Cr3Mo3V | 0.28~0.35 | 0.10~0.40 | 0.15~0.45 | 2.70~3.20 | 2.50~3.00 | — | 0.40~0.70 | — |
| 3Cr2W8V | 0.30~0.40 | ≤0.40 | ≤0.40 | 2.20~2.70 | — | 7.50~9.00 | 0.20~0.50 | — |

| 牌 号 | 退火钢材硬度 HBW | 淬 火 | | 性能特点及用途 |
|---|---|---|---|---|
| | | 温度/℃ | 冷却剂 | |
| 3Cr2W8V | ≤255 | 1075~1125 | 油 | 高温下具有高强度和硬度（650℃时硬度为300HBW左右），抗冷热交变疲劳性能较好，但韧性较差。适宜制作高温下高载荷的凹模、凸模；也可用来制作同时承受压应力、弯曲应力、拉应力下受力的热金属切刀等 |
| 5CrMnMo | 197~241 | 820~850 | 油 | 与5CrNiMo性能类似，在高温下工作，适宜制作要求具有高强度和高耐磨性的各种类型的锻模 |
| 5CrNiMo | 197~241 | 830~860 | 油 | 具有良好的韧性、强度和较高的耐磨性，钢对回火脆性不敏感，适宜制作各种中、大型锻模 |
| 4CrNi4Mo | ≤285 | 840~870 | 油或空气 | 具有良好的淬透性、韧性和抛光性能，可冷作部分冷作模具 |
| 3Cr3Mo3W2V | ≤255 | 1060~1130 | 油 | 具有高的强韧性和冷热疲劳性能，热稳定性好。适宜制作热挤压模、热冲模、热锻模、压铸模等 |
| 5Cr4W5Mo2V | ≤269 | 1100~1150 | 油 | 具有较高的回火抗力和热稳定性，较高的热强性、高温硬度和耐磨性。适宜制作对高温强度和耐磨损性能有较高要求的热作模具 |
| 3Cr3Mo3V | ≤229 | 1010~1050 | 油 | 具有较高热强性和韧性，良好的抗回火稳定性和疲劳性能。适宜制作锻模、热挤压模和压铸模等 |

### 3. 高速工具钢

对于在 600℃ 左右的工作温度下仍能保持其切削性能的高速切削刀具，不但要求有高硬度、高耐磨性，而且还要求高红硬性，这就必须选用合金含量很高的高速钢刀具。高速钢的成分特点为：

1）高碳，其碳质量分数在 0.7%～1.5%（但在牌号中一般不标出），它一方面要保证能与 W、Cr、V 等形成足够数量的碳化物；另一方面还要有一定数量的碳溶于奥氏体中，以保证马氏体的高硬度。

2）加入 Cr、W、Mo、V 等合金元素。加入 Cr 提高淬透性，几乎所有高速钢的铬质量分数均为 4%。Cr 还能提高钢的抗氧化、脱碳的能力。加入 W、Mo 保证高的热硬性，在淬火后 560℃ 回火状态下，形成弥散分布的 $W_2C$ 或 $Mo_2C$ 这种碳化物在 500～600℃ 的温度范围内非常稳定，不易聚集长大，从而使钢具有良好的热硬性。V 能形成 VC（或 $V_4C_3$），这种碳化物非常稳定，极难熔解，硬度极高（大大超过 $W_2C$ 的硬度），且颗粒细小、分布均匀，能大大提高钢的硬度和耐磨性。同时能阻止奥氏体晶粒长大，细化晶粒。

高速钢中最重要的系列有两种：一种是钨系 W18Cr4V 钢，W18Cr4V 钢是工艺成熟、应用时间最长的钢种，适用于制造各种工具，如车刀、铣刀、齿轮刀具、铰刀、拉刀等；另一种是钨钼系钢，由于钨的价格昂贵，我国研制并推广使用含钨元素较少的 W6Mo5Cr4V2 高速钢来替代 W18Cr4V 钢。

## 4.2.4 合金钢在航空工程中的应用

铁合金材料在航空航天器上用途广泛，这里限于篇幅，仅以中碳调质钢为例进行简要说明。

中碳调质钢的特点是高比强度和高硬度。当要求 $R_{r0.2}$ 高达 880～1176MPa 时，必须将碳的质量分数提高到 0.25%～0.45%，所以中碳调质钢淬透性很好，焊接性较差。这类钢属于超高强度钢的范畴，其纯度对焊接性影响很大，当钢材热处理后强度达到很高水平时（如作为火箭发动机外壳，强度约 1380MPa），钢材与焊丝都必须采用真空熔炼，以提高纯度。

中碳调质钢中可以作为航空航天材料的有如下 2 个系列钢种和超高强度钢。

### 1. Cr-Mn-Si 钢系列

30CrMnSi，30CrMnSiNi2A，40CrMnSiMoVA 钢都属于 Cr-Mn-Si 钢系列。

30CrMnSi 是 Cr-Mn-Si 钢中最典型的钢种，调质状态下的组织是回火索氏体。这类钢除了在调质状态下应用外，有时还采用 200～250℃ 的低温回火，在损失一定韧性的情况下得到具有很高强度的低温回火马氏体组织（$R_m$ 为 1666～1715MPa）。当截面直径小于 25mm 时可采用等温淬火来处理，以便得到下贝氏体，此时强度与塑性、韧性得到了良好的配合。由于不含贵重的镍，这种钢在我国的飞机制造领域得到广泛应用。

30CrMnSiNi2A 中增加了镍，大大提高了钢的淬透性。因此，与 30CrMnSi 相比，30CrMnSiNi2A 调质后的强度有了较大的提高。并保持了良好的韧性，但焊接性变差。

40CrMnSiMovA 属于一种较新的低铬、无镍中碳调质高强钢，其中加入了淬透性强的钼元素；因碳的质量分数高且不含镍，与 30CrMnSiNi2A 相比，焊接性要差一些，可用来代替 30CrMnSiNi2A 制造飞机上的一些构件。

### 2. Cr-Ni-Mo 钢系列

40CrNiMo、34CrNi3MoA 都属于 Cr-Ni-Mo 系列的调质钢，由于加入了 Ni 和 Mo，显著提高了淬透性和回火抗力，对改善钢的韧性也有益处，使钢具有良好的综合性能，如强度高、韧性好、淬透性好等。

此类钢主要用于高负荷、大截面的轴类以及承受冲击载荷的构件，如喷气涡轮机轴、喷气式客机的起落架及火箭发动机外壳等。

### 3. 超高强度钢

超高强度钢是在合金结构基础上发展起来的一种高强度、高韧性合金钢。通常把抗拉强度在 1500MPa 以上，或者屈服强度在 1380MPa 以上，并具有足够的韧性和良好的工艺性能的合金钢称为超高强度钢。按照化学成分和使用性能特点可划分为六大类别：低合金超高强度钢、二次硬化超高强度钢、马氏体时效钢、超高强度不锈钢、基体钢和相变诱导塑性钢。

其中，低合金超高强度钢是通过淬火和回火处理获得较高强度和韧性，钢强度主要取决于钢中马氏体固溶碳浓度。碳含量增加，钢强度升高，塑性和韧性降低。因此，在保证足够强度的前提下，要尽可能降低钢中碳含量，一般碳的质量分数在 0.30%~0.45%。钢中合金元素总的质量分数为 5% 左右，Cr、Ni 和 Mn 在钢中的主要作用是提高淬透性，以保证较大零件在适当的冷却条件下获得马氏体组织，Mo、W 和 V 主要作用是提高钢的抗回火能力和细化晶粒等。典型钢种有 30CrMnSiNi2A、40CrNi2Si2MoVA、45CrNiMoV、34Si2MnCrMoVA。其成本低，生产工艺简单，广泛用于制造飞机大梁、起落架构件、发动机轴、高强度螺栓、固体火箭发动机机体和化工高压容器等。

超低碳马氏体时效硬化型超高强度钢，通常称为马氏体时效钢。该类钢碳含量极低，镍的质量分数为 18%~25%。钢的基体为超低碳的铁镍或铁镍钴马氏体。马氏体时效钢在获得超高强度水平的前提下，仍能保持较好的塑性和韧性，高断裂韧性和低缺口敏感性。在不同类型的超高强度钢中，若处理成同一强度水平，则马氏体时效钢具有最高的冲击韧性和断裂韧性，同时又具有较高的氢脆抗力和应力腐蚀抗力，还可以进行焊接而不需预热，因此在许多场合获得应用。马氏体时效钢主要用于航空航天领域要求强度高、热处理变形小、焊接性好的零件和构件，如高压容器、氧气瓶和火箭发动机机匣等。但马氏体时效钢中镍和钴的含量高，不符合我国资源情况，因此，发展少镍、无钴的马氏体时效钢仍是一个重要方向。

## 4.3　不锈钢

在腐蚀性介质中具有抗腐蚀性能的钢，一般称为不锈钢。不锈钢是一种重要的工程材料，被大量应用于航空制造业中，它是通过冶金方法改变钢的组织结构，从而提高钢的耐蚀性。常用不锈钢的牌号、成分、热处理、性能及用途见表4-10。

### 4.3.1　金属材料的腐蚀

金属的腐蚀常可分为化学腐蚀和电化学腐蚀两类，二者的区别是腐蚀中是否有电流产生。

化学腐蚀是金属与周围介质直接发生化学作用，引起表面的破坏。整个腐蚀过程没有微电流产生，不发生电化学反应。化学腐蚀包括钢的高温氧化、脱碳，石油生产和输送过程中钢的腐蚀，氢和含氢气氛对钢的腐蚀（氢蚀）等。金属表面的腐蚀使金属材料的性质发生了很大变化，甚至严重损坏。如有机酸把铜铅合金轴承的铅腐蚀掉，增加了轴承的载荷和摩擦系数，加速了磨损，常常引起合金脱落。

电化学腐蚀是金属在电解质溶液中构成了原电池，腐蚀过程中有微电流产生，电化学腐蚀包括金属在大气、海水、酸、碱、盐等溶液中产生的腐蚀。下面以在硝酸酒精溶液中珠光体组织的侵蚀来说明电化学腐蚀现象。组成珠光体的两个相（渗碳体和铁素体）的电极电位不同，在电解质溶液中，电极电位较低的铁素体成为阳极被腐蚀，电极电位较高的渗碳体则成为阴极而不被腐蚀。原先已抛光的金属磨面因组织的电极电位不同产生了腐蚀，导致了抛光面的凹凸不平，它们对外来光线的漫散射不同，在金相显微镜下就观察到了明暗相间的珠光体组织。

腐蚀是金属零件在服役过程中经常发生的一种失效破坏形式，会对国民经济建设造成巨大的损失。如1982年9月17日，一架日航DC-8喷气客机在上海虹桥机场着陆时，突然冲出跑道，对飞机和旅客造成了极大的伤害。事故原因是飞机刹车系统的高压气瓶的金属部件发生晶间应力腐蚀并引发爆炸，导致刹车失灵。据不完全统计，全世界每年因腐蚀而破坏的金属件约占其总量的10%，所以研究金属腐蚀和防护具有重要意义。金属材料腐蚀破坏的主要形式是电化学腐蚀，在实际生产中常采用以下措施加以防护。

表 4-10　常用不锈钢的牌号、成分、热处理、性能及用途

| 类别 | 牌号 | 主要化学成分（质量分数,%） | | | 热处理 | 力学性能 | | | | 特性及用途 |
|---|---|---|---|---|---|---|---|---|---|---|
| | | C | Cr | Ni | | $R_m$/MPa | $R_{p0.2}$/MPa | A（%） | 硬度 | |
| 马氏体型 | 12Cr13 | ≤0.15 | 11.50~13.50 | (0.60) | 950~1000℃淬火 700~750℃回火 | ≥540 | ≥345 | ≥25 | ≥159HBW | 制作能抗弱腐蚀性介质、能承受冲击载荷的零件,如汽轮机叶片、水压机阀、结构架、螺栓、螺帽等 |
| | 20Cr13 | 0.16~0.25 | 12.00~14.00 | (0.60) | 920~980℃淬火 600~750℃回火 | ≥635 | ≥440 | ≥20 | ≥192HBW | |
| | 30Cr13 | 0.26~0.35 | 12.00~14.00 | (0.60) | 920~980℃淬火 600~750℃回火 | ≥735 | ≥540 | ≥12 | ≥217HBW | 用于力学性能要求较高、耐蚀性要求一般的零件,如弹簧、汽轮机叶片等 |
| | 40Cr13 | 0.36~0.45 | 12.00~14.00 | (0.60) | 1050~1100℃淬火 200~300℃回火 | — | — | — | ≥50HRC | 制作具有较高硬度和耐磨性的医疗工具、量具、滚珠轴承等 |
| | 95Cr18 | 0.90~1.00 | 17.00~19.00 | — | 1000~1050℃淬火 200~300℃回火 | — | — | — | ≥55HRC | 制作不锈切片机械刃具、剪切刀具、手术刀片、高耐磨、耐蚀刃件 |
| 铁素体型 | 10Cr17 | ≤0.12 | 16.00~18.00 | (0.60) | 780~850℃空冷 | ≥450 | ≥205 | ≥22 | ≥183HBW | 制作硝酸工厂设备,如热交换器、酸槽、输送管路,以及食品工厂设备等 |
| 奥氏体型 | 06Cr19Ni10 | ≤0.08 | 18.00~20.00 | 8.00~11.00 | 1010~1150℃水冷 | ≥520 | $R_{eL}$≥205 | ≥40 | ≥187HBW | 具有良好的耐蚀及耐晶间腐蚀性能,为化学工业用的良好耐蚀材料 |
| | 12Cr18Ni9 | ≤0.15 | 17.00~19.00 | 8.00~12.00 | 1010~1150℃水冷 | ≥520 | $R_{eL}$≥205 | ≥40 | ≥187HBW | 制作耐硝酸、冷磷酸、有机酸及盐、碱溶液腐蚀的设备零件 |
| | 06Cr18Ni11Ti | ≤0.08 | 17.00~19.00 | 9.00~12.00 | 920~1150℃水冷 | ≥520 | $R_{eL}$≥205 | ≥40 | ≥187HBW | 耐酸容器及设备衬里、输送管路等设备和零件、抗磁仪表、医疗器械,具有较好的耐晶间腐蚀性能 |

注：括号内数值为可加入或允许有含量的最大值。

1）金属材料中，一般第二相的电极电位都比较高，往往会使基体成为阳极而受到腐蚀。加入某些元素可提高钢基体的电极电位，以减小不同相之间的电位差、减少电化学腐蚀的发生。

2）获得单相组织，使钢没有形成原电池的条件，从而显著地提高耐蚀性。例如，当镍、铬或锰的质量分数达一定值时，就可以得到单相铁素体钢或单相奥氏体钢。

3）在钢中加入合金元素，钢受辐射时能立即在钢表面形成一层稳定、致密、牢固的钝化薄膜，阻止钢与介质的接触，防止进一步腐蚀。如含铝、铬的合金钢在高温下能形成致密的氧化铝、氧化铬保护膜，阻碍氧原子向内扩散，提高了抗氧化性。

## 4.3.2　不锈钢在航空工程中的应用

不锈钢按成分可分为铬不锈钢和铬镍不锈钢，按组织分为马氏体不锈钢、铁素体不锈钢和奥氏体体不锈钢。航空航天的环境恶劣，腐蚀性强，因此不锈钢在航空工业中应用广泛。

### 1. 铬不锈钢

这类钢包括马氏体不锈钢和铁素体不锈钢两种类型。

马氏体不锈钢为 Cr13 型（12Cr13、20Cr13、30Cr13、40Cr13 等），其碳的质量分数为 0.1% ~ 0.4%，铬的质量分数平均为 13%。铬是不锈钢获得耐蚀性的基本元素，实验证明当钢中铬的质量分数大于 12% 时，其基体电极电位发生跳跃式上升（见图 4-1），出现耐蚀性的突变；但因只用铬进行合金化，故只在氧化性介质中耐蚀，在非氧化性介质中不能达到良好的钝化，耐蚀性较低。

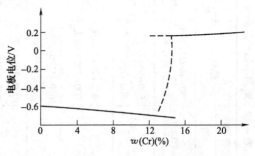

图 4-1　铁铬合金电极电位和铬含量的关系

碳质量分数较低的 12Cr13、20Cr13 钢，其耐蚀性较好，且有较好的力学性能，主要用作耐蚀结构零件。30Cr13、40Cr13 钢因碳含量增加，强度和耐磨性提高，但耐蚀性降低，主要用作防锈的手术器械及刃具。马氏体不锈钢的热处理和结构钢相同。用作结构零件时进行调质处理，例如 12Cr13、20Cr13；用作弹簧元件时进行淬火和中温回火处理；用作医疗器械、量具时进行淬火和低温回火处理，例如 30Cr13、40Cr13。

在喷气发动机发展初期，Cr13 型马氏体不锈钢曾被广泛应用，主要用以制造压气转子叶片等零件。随着航空发动机功率的大幅度提高，压气机的效率迅速提高，总增压比已提高到 20 倍以上，而压气机级数却趋于减少，这样势必要提高每一级的增压比，使转子叶片扭角更大，工作条件更趋恶劣。由于压气机叶片受力最大、最复杂，它不仅要承受自身高速转动产生的离心力，还要承受空气动力所产生的扭力、弯曲力和脉动疲劳应力，这就要求材料第一要具有较高的比强度、疲劳强度和蠕变强度；第二具有良好的抗氧化性、抗海洋大气腐蚀的能力并对应力腐蚀不敏感；第三还要求材料具有良好的焊接性，这是因为压气机静止叶片和机匣多采用点焊方法连接。为了进一步提高 Cr13 型马氏体不锈钢的强度、耐蚀性和耐热性，从而产生了改型的 Cr13 型不锈钢。13Cr11Ni2W2MoVA 和 14Cr12Ni2WMoVNbA 就是为制造压气机叶片和压气机盘而研制的，这两种不锈钢通过在 Cr13 型不锈钢基础上加入合金元素后制得，由于热强性较好，故被称为 Cr13 热强不锈钢。表 4-11 列出了它们的化学成分。

**表 4-11 Cr13 热强不锈钢主要化学成分**

| 牌号 | 化学成分（质量分数,%） | | | | | | |
|---|---|---|---|---|---|---|---|
| | C | Cr | Ni | Mo | W | V | Nb |
| 13Cr11Ni2W2MoVA | 0.10~0.16 | 10.5~12.0 | 1.4~1.8 | 0.35~0.50 | 1.5~2.0 | 0.18~0.30 | — |
| 14Cr12Ni2WMoVNbA | 0.12~0.18 | 11.0~12.0 | 1.8~2.2 | 0.8~1.2 | 0.7~1.0 | 0.2~0.3 | 0.15~0.30 |

**2. 铬镍不锈钢**

典型钢号是 Cr18Ni9 型（即 18-8 型不锈钢），这类钢中铬的质量分数为 18%~20%，镍的质量分数为 8%~12%，经水淬固溶化处理（加热 1000℃ 以上保温后快冷），在常温下呈单相奥氏体组织（见图 4-2），故称为奥氏体不锈钢。此外，这类不锈钢中碳的质量分数很低，在 0.1% 左右。碳质量分数越低，耐蚀性越好（但熔炼更困难，价格也越贵）。

图 4-2 单相奥氏体不锈钢固溶处理后的显微组织

奥氏体不锈钢强度、硬度很低，无磁性，耐蚀性优良，塑性、韧性、焊接性优于其他类型的不锈钢，是应用最为广泛的一类不锈钢。由于奥氏体不锈钢固态下无相变，所以不能热处理强化，冷变形强化是其有效的强化方法。在航空工业中，大型液体运载火箭、高强度低温压力容器以及低压流体容器可采用奥氏体不锈钢，如 06Cr18Ni9、12Cr17Ni7、06Cr18Ni11Nb、06Cr18Ni10Ti 等。

# 4.4 高温合金

高温合金是指能够在 650℃ 以上长期使用的，具有良好的抗氧化性、耐蚀性、疲劳性能，优异的抗拉强度以及长期组织稳定性等综合性能的一类材料。高温合金通常是以第Ⅷ主族元素（铁、钴、镍等）为基，加入大量强化元素而形成的一类合金。它是为了满足各种高温使用条件下的现代航空航天技术的要求而发展起来的，先进的航空航天发动机一直是显示高温合金生命力的关键领域。高温合金还广泛地应用于工业燃气涡轮机、核反应堆、潜艇、火力发电厂和石油化工设备中。

## 4.4.1 高温合金的性能指标

高温合金的主要性能指标是耐热性，包括热稳定性和热强性。除此之外，还要求具有较好的断裂韧性、抗疲劳性、抗氧化和抗热腐蚀等综合性能。

### 1. 热稳定性

热稳定性又称热安定性，它是指金属材料在高温条件下工作时，抗氧化、抗腐蚀、抗冲刷的能力。高温合金材料的热稳定性可以通过在特定温度下，单位时间、单位面积上材料增加或损失的质量来评判，单位为 $g/(m^2 \cdot h)$。材料的热稳定性越高，在其他条件相同时增加或损失的质量越少。

热稳定性在航空材料中具有极其重要的作用。随着航空技术的发展，实际应用中对航空件尤其是航空发动机提出了更高的使用寿命要求。在喷气发动机燃料的燃烧过程中，金属材料在大量剩余空气中发生界面化学反应，引起高温氧化；由于燃料杂质的存在，使得燃气流中带有 $SO_2$、$SO_3$、$H_2S$ 和 $V_2O_5$ 等腐蚀性成分，加之高温环境，导致零件腐蚀加剧。这些都会降低材料的热稳定性，但随着航空发动机使用寿命的延长，要求这些高温区域的金属部件具有足够的热稳定性就显得更为重要了。为了提高金属材料的热稳定性，通常采用合金化的方法。大多情况下会考虑添加铬、铝等元素形成完整致密的 $Cr_2O_3$、$Al_2O_3$ 等保护膜以提高材料热稳定性。此外，还会采取添加抗氧化保护涂层等方式提高材料抗氧化能力或热稳定性。

### 2. 热强度

金属合金材料在高温条件下抵抗塑性变形和断裂的能力称为热强度，也称为热强性或高温强度。研究表明，由于高温下原子的扩散能力增大、材料中空位数量的增多以及晶界滑移系的增大或改变，使得材料的高温强度和室温强度产生很大不同，金属材料的塑性会随着温度的升高而增大，强度则会随着温度升高而降低。此外，随着材料受力时间的延长，其强度也会逐渐降低。因此，载荷大小、工作温度和受力时间都是高温合金材料热强度研究的重要考虑因素。

金属材料在高温下的塑性变形也称为金属的"蠕变"，是指金属在恒定应力和恒定温度的长期作用下，发生的比较缓慢的小量塑性变形。金属从开始蠕变到最后的断裂可分为减速蠕变、恒速蠕变、断裂三个阶段，由蠕变导致的金属断裂也称为蠕变断裂。蠕变过程中的主要变形机制包括滑移、亚晶的形成和晶界的形变，并且三种变形方式不是孤立地进行，而是交叉产生、相互联系、相互制约的。

金属材料常用的热强度指标有蠕变强度、持久强度、高温瞬时强度、高温机械疲劳强度和热疲劳强度等。

## 4.4.2 高温合金的分类和牌号

### 1. 高温合金的分类与牌号

高温合金根据成分、组织和成形工艺不同，有不同的分类方法。

（1）按合金基体成分分类　可分为铁基、镍基、钴基、钼基、钽基等。它们的大致工作温度范围见表4-12。

表4-12　耐热合金工作温度范围

| 工作温度范围/℃ | 适用的合金 | 应用举例 |
|---|---|---|
| 350~600 | α-Fe 为基的耐热钢 | 锅炉及柴油机气阀 |
| 600~800 | 奥氏体耐热钢 | 航空发动机的排气阀，喷气发动机尾喷管排气管，涡轮盘 |
| 650~1100 | 镍基、钴基合金 | 发动机的涡轮叶片及导向叶片，燃烧室，尾锥体等零件 |
| >900 | 钽基、钼基陶瓷合金 | 超音速飞机的机翼前缘，燃烧室前部，火箭发动机推力室，火箭喷嘴 |

（2）按合金的高温性能、成形特点及用途分类

1）热强度变形高温合金：其特点是热强度较高，主要用于高温下承受大载荷及复杂应力条件下工作的零件，例如涡轮叶片、涡轮盘等锻造件。如铁基GH2036、镍基GH4037、镍基GH4049等，通常在时效状态下使用。

2）热稳定变形高温合金：其特点是热稳定性很高，强度虽不高，但塑性很好。主要用于受力不大而工作温度很高的零件，如燃烧室的火焰筒及加力燃烧室等。如铁基GH1140、镍基GH3030和镍基GH3039等，通常在固溶状态下使用。

3）热强铸造高温合金：其特点是热强度很高、塑性低、焊接性能差。通常是用精密铸造的方法直接铸成零件，如涡轮导向叶片。这类合金以 K401、K403 等为主要代表。

变形高温合金以汉语拼音字母"GH"+序号数字表示。"GH"后的第一位数字为分类号：1 和 2 表示铁基或铁镍基高温合金；3 和 4 表示镍基合金；5 和 6 表示钴基合金；另外 1、3、5 为固溶强化型，2、4、6 为时效沉淀强化型。"GH"后的第二、三、四位数字则表示合金的编号。如 GH4169 表示时效沉淀强化型镍基高温合金，编号 169。

铸造高温合金用"K"+三位数字表示，第一位数字表示分类号，其含义和变形合金相同；第二、三位数字表示合金编号。如 K418 表示时效沉淀强化型镍基铸造高温合金，编号 18。我国的铸造高温合金也紧随世界铸造高温合金的发展步伐，成体系地发展了从普通铸造高温合金到单晶高温合金的众多高温合金牌号，表 4-13 列出了我国主要的高温合金牌号及相应研制单位。

表 4-13　我国主要的高温合金牌号及相应研制单位

| 类型 | 合金牌号 | 主要研制单位 |
|---|---|---|
| 等轴晶合金 | K401，K403，K405，K406，K406C，K419，K825，K477，K4002 | 北京航空材料研究院 |
| | K418，K418B，K423，K423A，K424，K480，K213，K4169 | 冶金部钢铁研究总院 |
| | K417，K417G，K438，K438G，K441，K491，K417L | 中国科学院金属研究所 |
| | K409，K640 | 上海钢铁研究所 |
| 定向合金 | DZ404，DZ405，DZA22，DZA22B，DZ4125 | 北京航空材料研究院 |
| | DZ417G，DZ640M，DZ438G，DZ4125L | 中国科学院金属研究所 |
| 单晶合金 | DD403，DD404，DD406 | 北京航空材料研究院 |
| | DD402 | 冶金部钢铁研究总院 |
| | DD408 | 中国科学院金属研究所 |

2. 常用高温合金简介

（1）铁基高温合金　广义上讲，铁基高温合金是指那些用于 600~850℃（甚至 950℃）的高温环境，以铁为基体的奥氏体型耐热合金钢和高温合金。

这类材料是在 Cr-Ni 不锈钢的基础上发展起来的，分别为固溶强化、时效强化和铸造奥氏体耐热钢。表 4-14 列出了常用奥氏体耐热钢的牌号、性能和用途。

值得注意的是，节镍型合金 GH2036 是用部分锰取代镍来获得奥氏体基体；而以铁基代替镍基，并且能在 800℃左右工作的 GH1140 合金应用最为广泛。

**表 4-14  常用奥氏体耐热钢牌号、性能和用途**

（GB/T 14992—2005、GB/T 14995—2010、GB/T 14996—2010）

| 类型 | 牌号 | 状态 | 试验温度/℃ | 力学性能（不小于） | | | 用途 |
|------|------|------|-----------|-------------------|---|---|------|
| | | | | $R_m/$ MPa | $A$ (%) | $Z$ (%) | |
| 固溶强化 | GH1140 | 热轧板材 | 室温 | 635 | 40 | 45 | 具有中等的热强性、高塑性、良好的热疲劳性能、组织稳定性和焊接工艺性能。适宜于制造工作温度850℃以下的航空发动机和燃气轮机燃烧室的板材结构件和其他高温部件 |
| | | | 800 | 245 | 40 | 50 | |
| 时效强化 | GH2036 | 冷拉棒材 | 室温 | 835 | 15 | 20 | 具有良好的切削性能。主要用于航空涡轮喷气发动机的涡轮盘、承力环和紧固件，也可作采油机、汽轮机的增压涡轮叶片和其他高温部件 |

（2）镍基高温合金  镍基高温合金是以镍为基体（质量分数一般大于50%）在650~1000℃范围内具有较高的强度和良好的抗氧化、抗燃气腐蚀能力的高温合金。镍基高温合金在整个高温合金领域中占有特殊的重要地位。它被广泛用于制造航空喷气发动机的最热端部件，如涡轮盘、燃烧室等。涡轮叶片主要是采用镍基高温合金，其工作环境在整个发动机内部应该是最恶劣的，处于高温、高压且高速旋转之中。因此，镍合金被称之为发动机的心脏。

镍基高温合金得到广泛使用的主要原因如下，一是其可以形成共格有序的A3B型金属间化合物〔Ni3（Al，Ti）〕相作为强化相，使合金得到有效的强化，获得比铁基高温合金和钴基高温合金更高的高温强度；二是镍基合金中可以溶解较多的合金元素，且能保持较好的组织稳定性；三是含铬的镍基合金具有比铁基高温合金更好的抗氧化和抗燃气腐蚀能力。若以150MPa、100h持久强度为标准，目前镍基高温合金所能承受的最高温度为1100℃。

根据生产工艺的不同，镍基高温合金可以分为变形高温合金和铸造高温合金。变形镍基高温合金根据强化特点不同，可分为固溶强化和时效强化两种高温合金。

固溶强化型含有大量的 W 和 Mo 强化固溶体，此外还添加 B、Ce、Zr 来强化晶界。通过固溶处理后得到单相固溶体。它不能热处理强化，但可固溶和变形强化，具有良好的焊接性。时效强化型是通过淬火和时效处理使合金析出细小弥散的强化相，从而提高合金的热强度和强度。

表 4-15 列出了常用变形镍基高温合金的牌号、性能和用途。

表 4-15　常用变形镍基高温合金的牌号、性能和用途（GB/T 14996—2010）

| 类型 | 牌号 | 试验温度 /℃ | 力学性能 | | 用　途 |
|---|---|---|---|---|---|
| | | | $R_m$/MPa | $A$（%） | |
| 固溶状态下使用 | GH3030 | 室温 | ≥685 | ≥30 | 主要用于800℃以下工作的涡轮发动机燃烧室部件和在1100℃以下要求抗氧化但承受载荷很小的其他高温部件 |
| | | 700 | ≥295 | ≥30 | |
| | GH3039 | 室温 | ≥735 | ≥40 | 适宜于850℃以下长期使用的航空发动机燃烧室和加力燃烧室零部件 |
| | | 800 | ≥245 | ≥40 | |
| | GH3044 | 室温 | ≥735 | ≥40 | 适宜制造在900℃以下长期工作的航空发动机主燃烧室和加力燃烧室零部件及隔热屏、导向叶片 |
| | | 900 | ≥196 | ≥30 | |
| 时效状态下使用 | GH4033 | 室温 | ≥885 | ≥13 | 该合金大量应用于涡轮发动机高温部件，主要用于700℃的涡轮叶片和750℃的涡轮盘等材料，是国内外已有成熟使用经验的合金之一 |
| | | 700 | ≥685 | ≥13 | |
| | GH4099 | 室温 | ≤1130 | ≥35 | 适合于制造航空发动机燃烧室和加力燃烧室等高温板材承力焊接结构件。用该合金板材制成的航空发动机加力可调喷口壳体已经过长期使用考核，并投入批量生产，可减轻发动机重量和延长寿命 |
| | | 900 | ≥295 | ≥23 | |

　　铸造高温合金的优点是可以大量加入合金元素，不存在合金元素多而使工艺性能变差的问题。另外铸造高温合金的组织稳定性高，一般使用温度比变形镍基高温合金要高 50~100℃。表 4-16 列出了部分常用铸造高温合金的牌号、性能及用途。

表 4-16　部分常用铸造高温合金的牌号、性能及用途（摘自 GB/T 14992—2005）

| 类别 | 牌号 | 热处理 | 力学性能（≥） | | | | 用　途 |
|---|---|---|---|---|---|---|---|
| | | | $R_m$ /MPa | $R_{p0.2}$ /MPa | $A$ （%） | $R_{u100/800}$/ MPa | |
| 铁基高温合金 | K211 | 淬火+时效 | 500 | 300 | 7 | 50 | 900℃导向叶片 |
| | K214 | 淬火+时效 | 1150 | — | 3 | 180 | 900℃导向叶片 |
| 镍基高温合金 | K401 | 淬火+时效 | 950 | — | 2 | 240 | 900℃导向叶片 |
| | K403 | 淬火+时效 | 950 | 840 | 1.5 | 320 | 1000℃导向叶片 900℃涡轮叶片 |
| | K405 | — | 1030 | — | 8 | 320 | 900℃涡轮叶片 |
| | K417 | — | 1000 | 780 | 12 | 320 | 950℃导向叶片 900℃涡轮叶片 |

（3）钴基高温合金　钴基高温合金是以钴为主，同时 $w(\mathrm{Ni})$ 为 10%～20%，$w(\mathrm{Cr})$ 为 20%～30%，$w(\mathrm{W})$ 为 4%～15%。钴基合金中 $w(\mathrm{C})$ 较高，一般为 0.1%～0.85%。C 与 Ti、Nb、Ta、Zr 等元素形成碳化物，强化合金。

钴基合金具有良好的抗热腐蚀性能和抗热疲劳性能，因此它被广泛用来制造导向叶片和其他热端部件。

### 4.4.3　高温合金在航空工程中的应用

在航空领域，高温合金主要用于制造航空涡轮发动机的热端部件，是现代航空、航天必不可少的材料。在航空发动机中，高温合金主要用于涡轮叶片、导向器、燃烧室及涡轮盘等关键高温部件的制作。目前航空发动机已经发展到了第四代，其主要技术参数为：推重比可达到 9～10，压气机增压比可达到 26～35。随着这些性能指标的大幅提高，航空发动机材料的服役条件也越来越恶劣，对材料的性能，特别是对材料高温性能提出了极高的要求，图 4-3 所示为某航空发动机主要结构的工作温度和压力分布情况示意图。

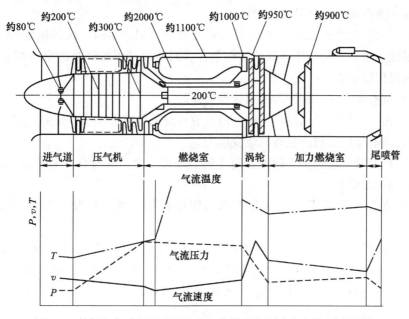

图 4-3　某航空发动机主要结构的工作温度和压力分布情况示意图

在航空发动机中，高温部件一般长期工作在 600～1200℃（甚至更高）的环境中。除了高温的工作环境，各部件不仅需要面临复杂的应力条件，工作环境非常恶劣。例如，涡轮叶片不仅需要承受振动、气流的冲刷及高速旋转产生的巨大离心力，还要防止因燃料燃烧而产生的氧化及腐蚀性气体的侵蚀。因此对构成高温部件的合金材料的各项物理、化学性能要求非常严格。为了提升材料的各项性能，材料科学家们对高温合金的材料成分及制造工艺进行了深入的研究。

1. 涡轮叶片常用高温合金

涡轮叶片是航空燃气涡轮发动机中涡轮段的重要组成构件，也称为工作叶片，负责将高温高压的气流吸入燃烧器，以维持引擎的正常工作。航空发动机涡轮叶片的工作过程中一般承受较大的工作应力和较高的工作温度，且应力和温度的变化也较频繁和剧烈，此外还有因燃烧产生的腐蚀性气体而造成的腐

图 4-4　涡轮叶片长期工作后的腐蚀现象

蚀问题，因振动、气流、高速旋转而产生的结构磨损问题。图 4-4 所示为涡轮叶片长期工作后的腐蚀现象。因此，涡轮叶片对工作条件的要求非常苛刻，在高温、高应力的环境下工作，条件十分恶劣，很难用一种材料同时满足叶片所需的高温蠕变强度和抗高温氧化性能。

航空发动机性能提升的客观现实要求其在高温、重载、高频振动环境下工作。因此，基于涡轮叶片苛刻的工作条件，对于制造涡轮叶片的合金材料本身，可对其提出以下要求：

1）具有很高的抗腐蚀和抗氧化能力。

2）由于长期处于高温环境中，应具有良好的导热性能和极低的线膨胀系数。

3）具有很强的抗断裂和抗蠕变能力。

4）应有良好的热加工塑性，对于铸造高温合金，应有良好的铸造工艺性能和切削加工性能。

5）在工作环境下，应具有长期组织结构稳定性，长期工作中无 TCP 相析出。

最初涡轮叶片普遍采用变形高温合金，例如时效强化型镍基变形合金。GH4033、GH4037、GH4049 属于时效强化型合金，采用固溶+时效处理，热处理后合金组织为奥氏体+大量化合物强化相（如 VC、$Ni_3Al$、$Ni_3Ti$、$Ni_3(Al \cdot Ti)$ 等），使合金具有抗氧化性好、高温强度高等特点，常被用来制作涡轮叶片。近些年，还有 GH4105、GH4080A、GH4169、GH4133 等牌号的高温合金也被用来制作涡轮叶片。但随着材料研制技术和加工工艺的发展，由于优良的综合性能，铸造高温合金逐渐成为涡轮叶片的候选材料。美国从 20 世纪 50 年代后期开始尝试使用铸造高温合金涡轮叶片，苏联也在 20 世纪 60 年代中期开始应用铸造涡轮叶片，英国则在 20 世纪 70 年代初采用了铸造涡轮叶片。我国涡轮叶片用变形高

温合金的发展如图 4-5 所示。除此之外，常用作涡轮叶片的铸造合金的代表性牌号有 K403、K417、K418、K405、DZA22 等，以及用来制作涡轮工作叶片的 K417、K419 等。

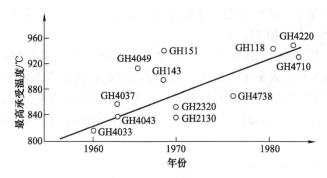

图 4-5　我国涡轮叶片用变形高温合金的发展

另外，除了在材料成分和制作工艺方面来提高涡轮叶片的综合性能之外，通常叶片表面都必须加防护涂层来提高它的抗环境腐蚀的性能。其中，Co-Cr-W、Co-Cr-Mo 与 K4208 合金是航空发动机涡轮转子叶片锯齿冠上常用的耐磨涂层材料。

### 2. 导向器用高温合金

导向器也称为导向叶片，是航空发动机中受热冲击最大的部件之一。涡轮发动机中，燃气对第一组叶片冲击后，会流向涡轮外围的导向装置，导向下一级涡轮继续做功，该装置就是导向器。它一般是具有螺旋形通道的中心对称结构，通道形状跟涡轮叶片形状相似，类似于离心风扇。工作时，依靠其弯曲结构改变气体流向，推动叶片转动。一般来讲，导向器温度比在同等条件下工作的涡轮叶片高 100℃左右，但由于它在工作时是静止的，所受的机械载荷并不大。导向叶片如果在工作中出现故障，通常由于应力造成的扭曲、温度剧烈变化引发的裂纹以及燃烧不均或过度燃烧导致的烧伤而引起的。根据导向器的工作环境，导向器用合金应具备以下性能：

1）具有足够的持久强度及良好的热疲劳性能。

2）有较强的抗氧化和抗腐蚀能力。

3）有足够的抗振动、热应力和弯曲应力的能力，来抵抗高热气流的冲刷。

导向器的制作材料中常加入较多的钨、钼、铌、铝、钛等时效强化和固溶强化型元素，碳、硼元素含量也比变形合金要高，因此导向器常采用精密铸造的方式生产。由于空心铸造叶片的散热效果较好，可提高合金的使用温度，很多涡轮发动机采用这种制作方式生产导向器。国内导向器工作温度可达到 1000～

1050℃，代表性精密铸造合金有：K214、K406、K417、K403、K409、K418 等，目前用于生产导向叶片的合金材料牌号包括：K214、K438、K403、K405、K417、K419、K4002 等。除了普通的精密铸造，还可采用定向凝固工艺生产定向合金和单晶合金，使得合金持久强度大大提高，使用温度升高，该类材料有 DZ405、DZ422、DD403 等。

随着航空发动机要求不断提高，目前推重比为 10 的发动机涡轮进口温度达到了 1426~1626℃，未来还将更高。该温度远远超过高温合金材料的熔点温度，导致高压涡轮导向器的工作环境愈发恶劣。为此，现代航空发达国家在研制新型合金材料的同时，还在耐高温、耐腐蚀、抗氧化材料和高效热障涂层材料上不断创新和改进。

3. 燃烧室常用高温合金

燃烧室是动力机械能源的发源地，是航空发动机实际能量转换的部件。燃油雾化、油气混合、点火、燃烧等过程都是在燃烧室进行的，这也是航空发动机温度最高的部位，室内燃气温度可达 1500~2000℃，由于压缩空气的流动，室壁温度可达 800~900℃，局部位置可达 1100℃，因此对材料的高温性能提出了巨大挑战。

燃烧室的特点主要是承受高温和冷热急速交替造成的热应力，除了燃气的冲击之外不再承受其他额外载荷，对机械应力要求较低。因此，燃烧室材料多选用含有大量钨、钼、铌等固溶强化元素的固溶强化型合金，此类合金具有以下技术要求：

1）具有抗燃气腐蚀和高温氧化的性能。

2）具有良好的冷热疲劳性能以抵抗急速变化的室内温度。

3）具有良好的工艺塑性以及工作温度下的组织稳定性。

4）具有一定的瞬时和持久强度。

在制造燃烧室时，发动机制造商一般会选择将合金材料直接冲压或者焊接而成的工艺。因此，合金板材在制造时对表面质量和尺寸偏差要求比较高，一般是以冷轧薄板，退火后供应。目前，制作燃烧室的高温合金代表性牌号有：GH3022、GH3030、GH3039、GH3044、GH3128、GH3170 等固溶强化型合金。对于现代机型，第四代战机燃烧室主要是镍基高温合金并涂覆陶瓷热胀涂层，并且采用新的燃烧室结构。第五代战机多使用新型结构的高温合金、陶瓷复合材料和热胀涂层。为了适应航空发动机新的较高推重比需求，研发全新材料基体和制备工艺的高温合金是目前航空航天领域的迫切需要。

4. 涡轮盘常用高温合金

涡轮盘是航空发动机四大类部件中所占质量最大的重要转动部件，工作时除了高温环境之外还要承受巨大的离心力。涡轮盘在工作中受热不均匀，盘体的径向温差较大，轮缘部位承受较高的温度（约 550~650℃），而中间部位的温度相对较低（约300℃），因此会产生较大的径向热应力。除了热应力，由于高速旋转榫齿部位承受最大的离心力，所受的应力更为复杂，既有拉应力又有扭曲应力，给材料研制和制作工艺带来巨大挑战。

上述工况条件使得涡轮盘的材料要满足以下性能：高的室温、中温屈服强度和塑性；足够的蠕变强度、持久强度；高的疲劳抗力；在使用温度内，要有尽可能高的恒温低循环疲劳性能或热疲劳性能，低的裂纹扩展速率（da/dN）；低缺口敏感性；低线膨胀系数，高热导率；良好的组织稳定性和优良的抗氧化、耐腐蚀性能；良好的工艺性能和较低的制造成本等。

用来制作涡轮盘的合金，大多是晶粒细小且屈服强度很高的 Fe-Ni 为基体的合金，如 GH2132、GH2135、GH2901 等，这几种合金的使用温度可达 650~700℃。有些涡轮盘材料还会选择镍基合金，如 GH4033、GH4698，使用温度可进一步提高到 700~750℃。除此之外，还有 GH4133B、GH4500、GH4133、GH2901、GH4169 等。

在航空发动机不断追求高推重比的前提下，国内外自 20 世纪 70 年代以来，一直在研制新型高温合金，在这种驱使下粉末涡轮盘（即利用粉末冶金工艺制造的涡轮盘）应运而生，该种材料具有晶粒细小、组织均匀、塑性好、强度高等优势，是理想的涡轮盘合金材料。

国内外所采用的镍基粉末高温合金主要包括高强型第一代粉末高温合金、损伤容限型第二代粉末高温合金及强度与损伤容限性能兼优的第三代粉末高温合金。我国在粉末高温合金领域的研究起步于 20 世纪 70 年代后期，在后续的发展过程中，根据国家型号需求，陆续开展了 FGH4095 合金、FGH4096 合金、FGH4097 合金、FGH98 合金和 FGH91 合金的研制，其中 FGH4095 是目前强度最高的粉末高温合金，最高使用温度达 650℃，主要用于制备发动机的涡轮盘挡板以及直升机用涡轮盘。

## 习题与思考题

1. 根据各类钢的特点，分析下列牌号属于哪一类，说明其碳元素和合金元素的含量，并各举出一个应用实例。

| 牌号 | 碳的质量分数 | 合金元素的质量分数 | 应用实例 |
| --- | --- | --- | --- |
| 20Cr | | | |
| 30CrMnSiNi2A | | | |
| 40CrNiMo | | | |

（续）

| 牌号 | 碳的质量分数 | 合金元素的质量分数 | 应用实例 |
|---|---|---|---|
| 30CrMoAl | | | |
| 50CrVA | | | |
| 65Mn | | | |
| GCr15 | | | |
| Q235A | | | |
| 15 | | | |
| 45 | | | |
| 65 | | | |
| T8 | | | |
| T12 | | | |

2. 合金结构钢与合金工具钢在成分、热处理及性能上有何差别？

3. 何谓渗碳钢？为什么渗碳钢的碳含量均为低碳？合金渗碳钢中常加入哪些合金元素？它们在钢中起什么作用？

4. 何谓调质钢？为什么调质钢的碳含量均为中碳？合金调质钢中常加入哪些合金元素？它们在钢中起什么作用？

5. 弹簧钢的碳含量应如何确定？合金弹簧钢中常加入哪些合金元素？最终热处理工艺如何确定？

6. 比较不锈钢和镍基耐蚀合金、耐热钢和高温合金、低温钢的成分、热处理、性能的区别及应用范围。

7. 比较低合金工具钢和高合金工具钢的成分、热处理、性能的区别及应用范围。

8. 下列零件和构件要求材料具有哪些主要性能？应选用何种材料（写出材料牌号）？应选择何种热处理？请制订各零件和构件的工艺路线。

①大桥；②汽车齿轮；③镗床镗杆；④汽车板簧；⑤汽车、拖拉机连杆螺栓；⑥拖拉机履带板；⑦汽轮机叶片；⑧硫酸、硝酸容器；⑨锅炉；⑩加热炉炉底板。

9. 判断下列钢号的类别、成分、常用的热处理方法及使用状态下的显微组织和用途。

Q345，ZGMn13，40Cr，35CrMo，20CrMnTi，40Cr13，GCr15，60Si2Mn，Cr12MoV，06Cr18Ni10T，3Cr2W8V，9SiCr，5CrNiMo，W18Cr4V，CrWMn，10Cr17Mo，38CrMoAl。

10. 试述渗碳钢和调质钢的预备热处理和最终热处理的区别。

11. 有两种高强螺栓，一种直径为 10mm，另一种直径为 30mm，都要求有较高的综合力学性能：$R_m > 800MPa$，$a_K > 600kJ/m^2$。试问应选择什么材料及热处理工艺？

12. 为什么低合金高强度结构钢用 Mn 作为主要的合金元素？

13. 轴承钢为什么要用铬钢？

14. 何谓红硬性？高速钢为什么具有红硬性？冷冲模具选高速钢合理吗？

15. 简述高速钢的成分、热处理和性能特点，并分析合金元素的作用。

16. 为什么高速切削刀具要用高速钢制造？为什么尺寸大、要求变形小、耐磨性高的冷作模具要用 Cr12MoV 钢制造？它们的锻造有何特殊要求？其淬火、回火温度应如何选择？

# 第5章

# 有 色 金 属

在工业生产中，通常把金属分为黑色金属和有色金属两大类。钢铁材料为黑色金属，除黑色金属之外的其他金属统称为有色金属，如铝、钛、镁、铜及其合金等。与黑色金属相比，有色金属的产量和使用率较低，但由于其具有某些特殊性能（如密度小、比强度高等），因而成为现代工业不可缺少的材料，目前在空间技术、原子能、计算机等新型工业部门应用广泛。

当前，飞机发动机上有色金属的用量已远远超过黑色金属，在飞机机体中，铝合金约占机体总质量的 50%～80%。例如在 MD-82 飞机中，铝合金用量为 17.1t，占总质量的 74.5%；钛合金为 272kg，占总质量 1.2%。

## 5.1 铝及铝合金

铝及铝合金在航空工业中主要用于飞机的蒙皮、隔框、长梁、桁条和锻件、铸件等。一架波音 747 客机，需要消耗约 18.6t 铝。航天技术上主要用于气动加热温度在 150℃ 以下的运载火箭和宇宙飞行器，也用在卫星、航天飞机等其他航天器结构上。

### 5.1.1 工业纯铝

纯铝熔点为 660℃，面心立方晶格，无同素异构转变。它具有高导电性、导热性，密度为 2.7g/cm³。由于铝的化学性质极为活泼，在大气中易氧化生成一层牢固细密的氧化膜，故在空气环境下具有良好的耐蚀性。纯铝极其柔软，塑性好，但强度不高，不宜做承力结构材料使用，工业纯铝一般用来制造铝箔、蜂窝结构、电线、电缆和生活用品等。

纯铝牌号用 1××× 系列表示。牌号的最后两位数字表示最低铝百分含量。当最低铝百分含量精确到 0.01% 时，牌号的最后两位数字就是最低铝百分含量中小数点后面的两位。牌号第二位的字母表示原始纯铝的改型情况。如果第二位字母为 A，则表示为原始纯铝；如果是 B～Y 的其他字母，则表示为原始纯铝的改型，与原始纯铝相比，其元素含量略有改变。

## 5.1.2 铝合金

### 1. 分类

铝合金按其加工方法可分为变形铝合金和铸造铝合金两大类。变形铝合金又可分为不可热处理强化合金和可热处理强化合金。图5-1所示为铝合金分类示意图。

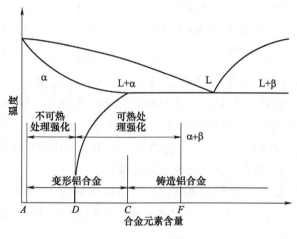

图5-1 铝合金分类示意图

$C$点以左的合金加热后均可形成单相固溶体，具有良好的塑性，适合进行变形加工。当合金元素含量超过$C$点时，由于其组织中含有低熔点的共晶体，流动性好，适于铸造，故称为铸造铝合金。

铝合金的热处理强化依赖于溶解度变化而引起的合金元素析出。从图5-1中可见，当合金元素含量少于$D$点含量时，在固态只形成单相固溶体，没有溶质元素析出，属于热处理不可强化合金。当合金元素含量在$D$点与$F$点之间时，可以通过淬火时效处理使合金产生沉淀硬化，因而为可热处理强化合金。

### 2. 变形铝合金

铝合金的牌号用2×××~8×××系列表示（见表5-1）。牌号的最后两位数字没有特殊意义，仅用来区分同一组中不同的铝合金。牌号的第二位字母表示原始合金的改型情况，如果牌号第二位的字母是A，则表示为原始合金；如果是B~Y的其他字母，则表示为原始合金的改型合金。

表 5-1　变形铝合金系列及其牌号表示方法（GB/T 16474—2011）

| 组　别 | 牌 号 系 列 |
|---|---|
| 纯铝（铝含量不小于 99.00%） | 1××× |
| 以铜为主要合金元素的铝合金 | 2××× |
| 以锰为主要合金元素的铝合金 | 3××× |
| 以硅为主要合金元素的铝合金 | 4××× |
| 以镁为主要合金元素的铝合金 | 5××× |
| 以镁和硅为主要合金元素并以 $Mg_2Si$ 相为强化相的铝合金 | 6××× |
| 以锌为主要合金元素的铝合金 | 7××× |
| 以其他合金为主要合金元素的铝合金 | 8××× |
| 备用铝合金 | 9××× |

不可热处理强化的变形铝合金包括 1×××（工业纯铝）、3×××（Al-Mn）、5×××（Al-Mg）和大多数 4×××（Al-Si）系列。3×××（如 3003、3A21）和 5×××（5052、5A02）退火状态塑性好、强度较低、耐蚀性好，易于加工成形和焊接（但不能热处理强化），也可称为防锈铝，适用于制作要求抗腐蚀及受力不大的零部件，如炊具、油管、飞机油箱、铆钉等。

可热处理强化的变形铝合金包括 2×××（Al-Cu）、6×××（Al-Mg-Si）、7×××（Al-Zn）、8×××（Al-Li）系列和含 Mg 的 4×××（Al-Si）系列，广泛应用于航空航天领域。

2×××系列合金（如 2024，2A12）也称为硬铝，时效后析出 $Al_2CuMg$ 相，起沉淀强化作用，可获得中等以上强度，用于航空、交通工业中等以上强度的结构件，如飞机机身蒙皮、壁板、桨叶、活塞及火箭上的液体燃料箱等。相比于其他系列铝合金，2×××系列铝合金抗应力腐蚀能力较差，特别是在海水中更为明显。此外，有些 2×××合金（如 2A70、2A14）的塑性较好，容易锻造成形，也可称为锻铝。

6×××系列合金（如 6061、6A02）以 $Mg_2Si$ 为强化相，时效后强度低于 2×××合金，但热状态下塑性好，具有良好的压力加工性能，可以锻造成形状较复杂的零件，故也称为锻铝，适于制造中等强度的大型结构件。

7×××系列合金（如 7075、7A09）含有较多的沉淀强化相 $MgZn_2$，强度高于硬铝，故称为超硬铝，主要用于飞机上的主受力件（如大梁、桁架、起落架等）以及其他工业中的高强度结构件。

常用变形铝合金的牌号、化学成分、热处理状态、力学性能及用途见表 5-2。

表5-2 常用变形铝合金的牌号、化学成分、热处理状态、力学性能及用途（摘自 GB/T 3190—2020）

| 类别 | 牌号（旧牌号） | 化学成分（质量分数,%） | | | | | | 热处理状态 | 力学性能 | | | 用途举例 |
|---|---|---|---|---|---|---|---|---|---|---|---|---|
| | | Cu | Mg | Mn | Zn | 其他 | Al | | $R_m$/MPa | A(%) | 硬度 HBW | |
| 防锈铝合金 | 5A05（LF5） | — | 4.8~5.5 | 0.3~0.6 | — | — | 余量 | 退火 | 260 | 22 | 65 | 焊接油箱、油管、焊条、铆钉及中、重载零件 |
| | 3A21（LF21） | — | — | 1.0~1.6 | — | — | 余量 | 退火 | 130 | 23 | 30 | 容器、管路、油箱、铆钉及轻载零件 |
| 硬铝合金 | 2A01（LY1） | 2.2~3.0 | 0.2~0.5 | — | — | — | 余量 | 固溶+自然时效 | 300 | 24 | 70 | 工作温度不超过100℃，常温工作铆钉 |
| | 2A11（LY11） | 3.8~4.8 | 0.4~0.8 | 0.4~0.8 | — | — | 余量 | 固溶+自然时效 | 420 | 15 | 100 | 中等强度结构件，如骨架、螺旋桨、叶片、铆钉等 |
| | 2A12（LY12） | 3.8~4.9 | 1.2~1.8 | 0.3~0.9 | — | — | 余量 | 固溶+自然时效 | 460 | 17 | 105 | 中等强度结构件，航空模锻件及150℃以下工作零件，如飞机骨架、梁、翼肋、蒙皮 |
| 超硬铝合金 | 7A04（LC4） | 1.4~2.0 | 1.8~2.8 | 0.2~0.6 | 5.0~7.0 | Cr: 0.4~2.5 | 余量 | 固溶+人工时效 | 600 | 12 | 150 | 主要受力构件及重载荷零件，如飞机大梁、桁架等 |
| | 7A03（LC3） | 1.8~2.4 | 1.2~1.6 | 0.1 | 6.0~6.7 | Ti: 0.02~0.08 | 余量 | 固溶+人工时效 | 520 | 15 | 150 | 用作受力结构的铆钉 |
| 锻造铝合金 | 2A50（LD5） | 1.8~2.6 | 0.4~0.8 | — | — | Si: 0.7~1.2 | 余量 | 固溶+人工时效 | 420 | 12 | 105 | 形状复杂和中等强度的锻件及模锻件 |
| | 2A70（LD7） | 1.9~2.5 | 1.4~1.8 | — | — | Ti: 0.02~0.1 Ni: 0.9~1.5 Fe: 0.9~1.5 | 余量 | 固溶+人工时效 | 440 | 12 | 120 | 高温下工作的锻件及结构件，如内燃机活塞、叶轮等 |
| | 2A14（LD10） | 3.9~4.8 | 0.4~0.8 | 0.4~0.8 | — | Si: 0.6~1.2 | 余量 | 固溶+人工时效 | 490 | 12 | 135 | 承受重载荷的锻件和模锻件 |

3. 铸造铝合金

铸造铝合金的优点是密度小，比强度较高，并具有良好的耐蚀性和铸造工艺性。

铸造铝合金代号是由表示铸铝的汉语拼音字母"ZL"及其后面的三个阿拉伯数字组成。"ZL"后面第一位数字表示合金的系列，其中1、2、3、4分别表示铝硅、铝铜、铝镁、铝锌系列合金，"ZL"后面第二、三位数字表示合金的顺序号。优质合金在其代号后附加字母"A"。

铸造铝合金按成分不同可分为以下五类。

（1）Al-Si 系铸造合金　铝硅合金又称为硅铝明。这类合金具有优良的铸造性能。加入铜、镁、锰等元素使合金强化，并通过热处理进一步提高其力学性能。如 ZL105 的抗拉强度可达 230MPa。铝硅合金广泛应用于各种形状复杂的铝铸件等，如内燃机活塞、汽缸体、汽缸头、汽缸套以及轮缘、刹车毂、电机壳、仪表壳体等。铝硅合金占铸铝总产量的 50% 以上。

（2）Al-Cu 系铸造合金　铝铜合金的特点是有较高的强度，适合在较高温度下工作。如 ZL201 热处理后的抗拉强度为 330MPa。其强度值相当于较好的灰口铸铁，比强度超过铸铜。含镍、锰的铝铜合金有较好的耐热性，工作温度可达 300℃。铝铜合金用于强度要求较高、在较高温度下工作的零件，如工作温度较高的发动机活塞。

（3）Al-Mg 系铸造合金　铝镁合金强度高、密度小（2.55g/cm³），具有良好的耐蚀性，但耐热性和铸造工艺性较差。这类合金可进行时效处理，通常采用自然时效，多用于制造承受冲击载荷、在腐蚀性介质中工作的、外形不太复杂的零件，例如舰船配件、氨用泵体等。

（4）Al-Zn 系铸造合金　这类合金价格便宜、铸造性能优良，具有自淬火效应，铸造成形后即可进行人工时效，经变质处理和时效处理后强度较高，但耐蚀性差，热裂倾向大。由于省去了淬火工序，铸件的内应力大为减小，适于制造要求尺寸稳定性高的铸件，如医疗器械、汽车、拖拉机的发动机零件及形状复杂的仪器零件，也可用于制造日用品。

（5）Al-Re 系合金　Re 表示稀土元素。由于这类合金是以 Al-Si 系铸造合金为基础，所以具有良好的铸造工艺性和耐热性。目前用它制作柴油机、拖拉机发动机活塞，使用寿命比一般铝合金活塞高 7 倍以上。

常用铸造铝合金的牌号、化学成分、热处理状态、力学性能及用途见表 5-3。

表5-3　常用铸造铝合金的牌号、化学成分、热处理状态、力学性能及用途（摘自 GB/T 1173—2013）

| 类别 | 牌号 | 代号 | 化学成分（质量分数,%） | | | | | | | 铸造方法 | 热处理 | 力学性能（≥） | | | 用途举例 |
|---|---|---|---|---|---|---|---|---|---|---|---|---|---|---|---|
| | | | Si | Cu | Mg | Mn | Ti | Al | 其他 | | | $R_m$/MPa | A(%) | 硬度HBW | |
| 铝硅合金 | ZAlSi7Mg | ZL101 | 6.50~7.50 | — | 0.25~0.45 | — | — | 余量 | — | 金属型 | 固溶+不完全时效 | 205 | 2 | 60 | 水泵及传动装置壳体、抽水机壳体等 |
| | | | | | | | | | | 砂型变质 | 固溶+不完全时效 | 195 | 2 | 60 | |
| | ZAlSi12 | ZL102 | 10.0~13.0 | — | — | — | — | 余量 | — | 砂型变质 | 退火 | 135 | 4 | 50 | 仪表壳体、机器罩等外形复杂件 |
| | | | | | | | | | | 金属型 | 退火 | 145 | 3 | 50 | |
| | ZAlSi9Mg | ZL104 | 8.00~10.50 | — | 0.17~0.35 | 0.20~0.50 | — | 余量 | — | 金属型 | 人工时效 | 200 | 1.5 | 65 | 气缸体、水冷发动机曲轴箱等 |
| | ZAlSi5Cu1Mg | ZL105 | 4.50~5.50 | 1.00~1.50 | 0.40~0.60 | — | — | 余量 | — | 金属型 | 人工时效 | 155 | 0.5 | 60 | 油泵壳体、水冷发动机气缸头等 |
| | ZAlSi2Cu1Mg1Ni1 | ZL109 | 11.00~13.00 | 0.50~1.50 | 0.80~1.30 | — | — | 余量 | Ni: 0.8~1.5 | 金属型 | 人工时效 | 195 | 0.5 | 90 | 活塞及高温下工作零件 |
| | | | | | | | | | | 金属型 | 人工时效 | 245 | — | 100 | |
| 铝铜合金 | ZAlCu5Mn | ZL201 | — | 4.50~5.30 | — | 0.60~1.00 | 0.15~0.35 | 余量 | — | 砂型 | 固溶+自然时效 | 295 | 8 | 70 | 内燃机气缸头、活塞等 |
| | | | | | | | | | | 砂型 | 固溶+不完全时效 | 335 | 4 | 90 | |
| | ZAlCu4 | ZL203 | — | 4.00~5.00 | — | — | — | 余量 | — | 砂型 | 固溶+不完全时效 | 215 | 3 | 70 | 曲轴箱、支架、飞轮盖等 |
| | | | | | | | | | | 金属型 | 固溶+不完全时效 | 225 | 3 | 70 | |
| 铝镁合金 | ZAlMg10 | ZL301 | — | — | 9.50~11.00 | — | — | 余量 | — | 砂型 | 固溶+自然时效 | 280 | 9 | 60 | 舰船配件 |
| | ZAlMg5Si | ZL303 | 0.80~1.30 | — | 4.50~5.50 | 0.10~0.40 | — | 余量 | — | 砂型<br>金属型 | 铸态 | 143 | 1 | 55 | 海轮配件、气冷发动机气缸头 |
| 铝锌合金 | ZAlZn11Si7 | ZL401 | 6.00~8.00 | — | 0.10~0.30 | — | — | 余量 | Zn: 9.00~13.00 | 金属型 | 人工时效 | 245 | 1.5 | 90 | 结构及形状复杂的汽车、飞机仪器零件 |
| | ZAlZn6Mg | ZL402 | — | — | 0.50~0.65 | 0.20~0.50 | 0.15~0.25 | 余量 | Zn: 5.0~6.5<br>Cr: 0.4~0.6 | 金属型 | 人工时效 | 235 | 4 | 70 | |

**4. 铝合金的热处理**

铝合金通常采用的热处理工艺有退火、淬火和时效。现分别简述如下。

（1）退火　不论变形铝合金或铸造铝合金都可以进行退火。变形铝合金的退火主要有再结晶退火、去应力退火和完全退火。

再结晶退火是为了消除铝合金在冷变形过程中产生的加工硬化现象，提高材料的塑性。退火温度须视合金成分和冷变形条件而定，一般在 350～450℃之间，适当保温后空冷。

去应力退火是将零件加热到再结晶温度以下温度（200～300℃），经适当保温后空冷。

完全退火主要用于半成品板材、型材软化，一般加热温度高于该合金中化合物溶解的温度，保温后慢冷到一定温度（硬铝合金为 250～300℃）后空冷。

铸铝件也可以进行去应力退火和完全退火以消除铸造应力，细化晶粒。

（2）淬火和时效　淬火和时效是铝合金的强化热处理。铝合金淬火的目的是将高温下的固溶体固定到室温，得到均匀的过饱和固溶体。铝合金的淬火加热温度一般应高于其饱和溶解度曲线，而低于其熔化温度。铝合金淬火后的性能与钢淬火后得到的马氏体组织大不相同，其塑性显著增加，而强度和硬度提高不多，需要经时效处理才能提高强度、硬度。

时效就是淬火后的铝合金在室温停留或加热保温后使其强度、硬度提高的工艺。在室温下进行的时效称为自然时效；在加热情况下进行的时效称为人工时效。时效过程是第二相从饱和固溶体中沉淀析出的过程。经淬火的铝合金，在时效初期强度变化很小，这段时间称为孕育期。孕育期从几十分钟到数小时不等。生产上利用孕育期进行冷变形，或对淬火变形零件进行校正。

合金时效的强化效果与加热温度和保温时间有关，淬火 2A12 的时效曲线如图 5-2 所示。自然时效时，经 4～5 天达到最大强度。人工时效时，温度越高，强

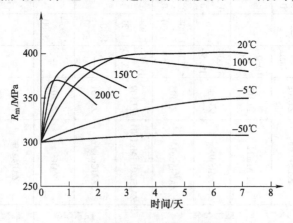

图 5-2　淬火 2A12 的时效曲线

度升高越快，但所能达到的最大值下降。时效温度过高或时间过长，将使合金强度、硬度下降，这种现象称为过时效。当温度很低时，时效过程不能进行。生产上利用这一特性将大批钣料或铆钉淬火后冷冻存放，使用或加工时取出。铆接或成形时材料有很好的塑性，随后自然时效，强度升高。有些铝合金不能自然时效，只能人工时效，如7A04。

### 5.1.3 铝合金在航空工程中的应用

现阶段，铝合金材料已广泛应用在飞机制造领域中，能够有效提高飞机结构的性能，保障飞机的安全性。目前，在蒙皮、框架、螺旋桨、油箱、壁板和起落架支柱等部件中都应用了铝合金材料。但在不同的时代下，航天航空领域对铝合金的材料要求不同，所使用的材料类型也不同：20世纪50年代的主要目标是减重和提高合金比刚度、比强度；20世纪60~70年代的主要目标是提高合金耐久性和损伤容限，开发出7×××系合金T73和T76的热处理制度、7050合金和高纯合金；20世纪80年代由于燃油价格上涨而要求进一步减轻结构重量；20世纪90年代至今，对铝合金材料有了更高的要求，应具备高韧性、高强度等性能，不仅可以降低构件自重，还可以提高构件的使用质量。

1. 铝合金铸件在航空中的应用

在现代飞机制造中，大约使用了2000种铝合金铸件，分布在各个部位上。由于每个部位的功能不同，对铝合金铸件的要求也不同，一般应具备耐热、高强、抗腐蚀等性能。

高强铝合金可用在操控系统、机舱、机身、座椅等处，能有效提高飞机的安全性。耐热铝合金属于铝-铜-镍系合金，主要用于靠近电动机的机舱、空气交换系统等，此处的温度达到200~400℃。与普通结构合金和高强合金相比，该合金具有合金化程度高的优点。耐蚀铝合金属于铝-镁系合金和铝-镁-锌系合金，其各项性能比较好，可避免出现化学腐蚀等问题，在蒙皮等部位应用较多。

2. 铝锂合金在航空中的应用

目前国内外铝合金的研究热点之一是铝锂合金。采用铝锂合金结构自量可减轻7%~15%，弹性模量增加10%~20%，使用温度提高40℃。它可应用在飞机储箱、载荷构件、火箭液氧容器、飞机机身等方面，主要铝锂合金半成品件的力学性能见表5-4。

表 5-4  主要铝锂合金半成品件的力学性能

| 牌号 | 产品 | 状态 | 抗拉强度 $R_m$/MPa | 规定非比例延伸 $R_{p0.2}$/MPa | 断后伸长率 $A$（%） | $E$ /GPa | $\rho$ /g·cm⁻³ | 断裂韧度 $K_{Ic}$ /MPa·m⁻¹ᐟ² |
|------|------|------|------|------|------|------|------|------|
| 8090（英国） | 厚板 | T8651 | 450~465 | 382~414 | 4.7~6.3 | 80 | 2.54 | 130~135 |
| | 薄板 | T6 | 405~454 | 310~369 | 5~10 | 80 | 2.54 | 138~177 |
| | 薄板 | T8651 | 418~426 | 327~332 | 9.5~10.5 | 80 | 2.54 | — |
| | 挤压件 | T6 | 380~455 | 365~410 | 4.0 | — | — | KQ=32 |
| 2090（美国） | 薄板 | T8E41 | 578 | 531 | 5.5 | 78 | 2.60 | — |
| | 挤压件 | T8E41 | 601 | 564 | 9.5 | 78 | 2.60 | — |
| | 厚板 | T8E41 | 568 | 541 | 5.5 | 78 | 2.60 | — |
| 2091（美国） | 厚板 | T8X51 | 420 | 310 | 14 | 78 | 2.57 | — |
| | 薄板 | T6 | 450 | 325 | 13.5 | 78 | 2.57 | — |
| | 挤压件 | T851 | 520~580 | 465~505 | 7~11 | 78 | 2.57 | — |
| | 薄板 | T8 | >450 | >400 | ≥8 | ≥78 | ≤2.58 | ≥30 |
| CP276（法国） | 厚板 | T6 | 485~515 | 405~425 | 7~8 | 78 | 2.56 | — |
| 1420（苏联） | 薄板 | T6 | 430 | 270 | 11 | 76 | 2.47~2.50 | 24 |
| | 锻件 | T6 | 440 | 270 | 11 | 76 | 2.47~2.50 | 26.6 |
| | 挤压件 | T6 | 445 | 290 | 8 | 76 | 2.47~2.50 | — |
| | 薄板 | T6 | 450~480 | 300~350 | 9~13 | 75~77 | 2.49 | 42~46 |
| 8091（英国） | 薄板 | T6 | 485~515 | 405~425 | 7~8 | 78 | 2.49 | — |

中强可焊铝锂合金 1420 是一种低密度、中等强度、耐蚀又可焊接的航空航天用结构件。主要用于中厚板、薄板、型（棒）材及锻件等多种结构件生产。中强铝锂合金还有 2091，它有较好的低温韧性和抗应力腐蚀性，主要用于高速飞行器的壳体、低温容器和战斗机后隔框等。

高强度铝锂合金主要以铜为主强化元素的 2000 系铝锂合金，它不仅具有高强度、高弹性模量、焊接性强、低密度的优点，并在耐热性、耐蚀性等方面显著优于以锌为主强化元素的 7000 系普通铝合金。主要用于航天飞机超轻储箱、机身内部承受高载荷的部件、火箭的燃烧和液氧容器等，同时中强和高强铝锂合金分别取代了 2××× 以及 7××× 等合金在航空航天工业中的使用。

铝锂合金的主要缺点是垂直轧制方向延展性较低、断裂韧性不高、锂易损失、各向异性等，这些缺点直接影响它的应用。

3. 挤压型材在航空中的应用

在科学技术发展的带动作用下，铝合金型材正向着大型化、整体化、薄壁扁宽化、尺寸高精化、形状复杂化方向发展，可广泛用于飞机、飞船受力构件领域中，以提高结构的稳定性。目前，我国在飞机制造领域主要使用的铝合金挤压型材有工字大梁、带筋壁板、空心大梁等。

航空领域在应用大型挤压型材时，所使用的铝合金材料存在较大的性能差异。例如：①高强度铝合金，一般可采用2A12、7A04型材料，当对其进行热处理后，可快速提高强化效果；②中强度铝合金，由于每种铝合金材料的性能不同，在进行热处理后会产生不同的强化效果，一种是不可强化铝合金，包括5A06、5B06等材料，另一种是可强化铝合金，包括6A02、2A06等材料；③低强度铝合金，大多数低强度铝合金材料在热处理后都不会形成强化效果，但会在受热后形成硬化效果，主要材料包括工业纯铝、5A02、5086等材料。

铝合金型材要达到大型化、薄壁化、整体化和高精化的发展目标，需要使用专业的设备，以保障材料质量。通常情况下，需要使用重型卧式挤压机，并配有出料台、牵引机、淬火装置、矫直机等。为了保障制造的精密性，还需要利用PLC对制造过程中的规格、温度、速度等进行控制，以提高大型挤压型材的质量。同时，也可采用高比压挤压筒，需要技术人员重点控制内套强度，确保挤压质量。

### 4. 铝合金厚板在航空中的应用

铝合金厚板是非常重要的结构材料，能保障飞机的质量，防止出现机身断裂等问题。我国航空工业用铝合金厚板的生产水平近几年有所提高。例如，东北轻合金有限责任公司25t熔铸生产线、辊底式淬火炉，西南铝业（集团）有限公司的60MN铝板拉深机相继投入生产，使产品的平整度、熔体质量乃至整体生产能力得到改善。但受轧制主机生产规格范围限制，无法满足国内超宽、超厚规格航空用板材的需求，同时研发水平、能力与发达国家相比差距较大。当今广泛用于飞机制造的铝合金板材绝大部分的生产、开发集中于美国铝业公司（见表5-5）、俄罗斯铝业公司等企业，尽快缩短我国铝加工业与这些企业的差距是当务之急。

**表 5-5 美国铝业公司开发生产的部分航空用铝合金厚板**

| 合金 | 部分供货状态 | 厚度/mm | 用 途 |
|---|---|---|---|
| 2024 | 0 | 6.35~12.44 | 机身结构、翼抗拉伸部件、抗剪腹板肋、刚性结构区域 |
| | T351 | 6.35~101.6 | |
| | T851 | 6.35~38.07 | |
| 2124 | T851 | 38.1~152.4 | 高性能军用飞机机身上的机械加工部件、隔框、机翼蒙皮及其他结构构件 |
| | T351 | | |
| 2324 | T39 | 19.05~33.02 | 新型商务运输机下翼面蒙皮和翼盒部件 |

（续）

| 合金 | 部分供货状态 | 厚度/mm | 用　途 |
|---|---|---|---|
| 7050 | T7651 | 50.8~152.4 | 机身框架、隔框 |
| | T7451 | | |
| 7055 | T7751 | 9.35~31.75（宽2.79m） | 上翼面结构、水平安定面、龙骨梁、座轨和运货滑轨 |
| 7150 | T6151 | 19.1~38.1 | 大型商务飞机上抗高压的上翼面蒙皮；民用和军用运输机的上翼面加强板和低水平安定面板 |
| | T7751 | 6.35~76.2 | |
| 7475 | T651 | 6.35~38.10 | 机身蒙皮、机翼蒙皮、翼梁、机身隔框 |
| | T7351 | 25.43~88.90 | |

国外目前已实现了 7075-T7651、7055 等材料的生产应用。其中，7055 铝合金厚板可实现强度最大化，比传统铝合金材料的强度高 20%~30%。而 7075-T7651 型号的铝合金厚板，其强度虽不如 7055，但其具备抗应力能力强、耐蚀性好、韧性高等优点，可广泛应用在飞机起落架、整体壁板、起落架、蒙皮等。

在实际运用中，很多铝合金厚板受各种因素的影响较为严重，导致材料中存在残余应力，对其载荷能力、综合性能等都会造成影响，并会影响材料的使用寿命。因此，很多安全事故都是由铝合金厚板存在残余应力而引起的，在生产制造过程中，需要对残余应力进行重点控制，以保障材料的安全性和稳定性。

# 5.2　钛及钛合金

钛在地壳中的蕴藏量仅次于铝、铁、镁，位居金属元素中的第四位。尤其在我国，钛的资源十分丰富。钛合金具有密度小、耐蚀性好、耐热性好、比刚度和比强度高、焊接性能好等特点，在航空航天、化工、导弹、舰艇等方面应用广泛。但由于钛在高温时异常活泼，钛及其合金的熔炼、铸造、焊接和热处理等都要在真空或惰性气体中进行，加工条件严格，成本较高，因此它的应用受到限制。

## 5.2.1　钛及其合金的主要特性

纯钛为银白色金属，熔点为 1667℃，密度为 4.5g/cm$^3$；室温下为密排六方结构，882.5℃ 以上为体心立方结构。常用的工业纯钛是 TA2，主要用于制造 350℃ 以下工作的、受力小的零件及冲压件，如飞机蒙皮、发动机附件等。

钛合金按其使用状态可分成 α 钛合金、β 钛合金和 α-β 钛合金。其牌号分别以 TA、TB、TC 加上编号表示，编号数字按注册的先后自然顺序排序。如 TA5~

TA8 表示 α 型钛合金，TB2～TB9 表示 β 钛合金，TC1～TC10 表示 α-β 钛合金。表 5-6 列出了常用钛合金的牌号和力学性能。

表 5-6　常用钛合金的牌号和力学性能（摘自 GB/T 2965—2007）

| 合金牌号 | 名义化学成分（质量分数,%） | 室温力学性能 | | |
|---|---|---|---|---|
| | | $R_m$/MPa | $R_{p0.2}$/MPa | A（%） |
| | | ≥ | | |
| TA1 | 工业纯钛<br>(0.18O, 0.03N, 0.08C, 0.20Fe) | 240 | 140 | 24 |
| TA2 | 工业纯钛<br>(0.25O, 0.03N, 0.08C, 0.30Fe) | 400 | 275 | 20 |
| TA3 | 工业纯钛<br>(0.35O, 0.05N, 0.08C, 0.30Fe) | 500 | 380 | 18 |
| TA4 | Ti-3Al | 580 | 485 | 15 |
| TA5 | Ti-4Al-0.005B | 685 | 585 | 15 |
| TA6 | Ti-5Al | 685 | 585 | 10 |
| TA7 | Ti-5Al-2.5Sn | 785 | 680 | 10 |
| TB2 | Ti-5Mo-5V-8Cr-3Al | 1370（时效性能） | 1100（时效性能） | 7（时效性能） |
| TC1 | Ti-2Al-1.5Mn | 585 | 460 | 15 |
| TC4 | Ti-6A1-4V | 895 | 825 | 10 |
| TC6 | Ti-6Al-1.5Cr-2.5Mo | 980 | 840 | 10 |
| TC9 | Ti-6.5Al-3.5Mo-2.5Sn-0.3Si | 1060 | 910 | 9 |

钛合金的主要优点如下：

（1）比强度高　工业纯钛强度达 350～700MPa，钛合金强度可达 1500MPa，可与超高强度钢媲美。由于钛合金的密度比钢小得多，因此钛合金具有比其他金属材料都高的比强度，这正是钛及钛合金适于用作航空材料的主要原因。

（2）热强度高　钛的熔点高，再结晶温度也高，因而钛及钛合金具有较高的热强度。目前钛合金可在 550℃ 以下工作，日后有望提高到 800℃，其断裂韧性也较高，优于铝合金和一些结构钢。

（3）低温性能好　钛合金的低温韧性很好，在 -253℃ 时仍具有良好的韧性，是唯一能在超低温下使用的工程金属材料。

（4）耐蚀性好　钛表面能形成一层由氧化物和氮化物组成的致密、牢固的保护膜，因此具有很好的耐蚀性。钛在大气、水、海水、硝酸、稀硫酸等腐蚀介质中的耐蚀性优于不锈钢。例如，某冷凝管在海水中试验 16 年之后，尚未出现腐蚀现象。

基于上述原因，钛合金的用途日益宽广，特别是在航空上的应用与日俱增。但是，钛及其合金还存在一些缺点，使其应用受到一定的限制，它的主要缺点如下：

（1）可加工性差　钛的导热性差（仅为铁的1/5，铝的1/3），摩擦系数大，切削时容易升温，也容易粘刀。从而导致切削速度低，并降低了刀具寿命，影响了零件表面粗糙度。

（2）热加工工艺性差　加热到600℃以上时，钛及钛合金易吸收氢、氧等而变脆，所以热加工只能在真空或保护气氛中进行。在室温下与酸接触或在500℃以上处在含氢物质中，也会引起氢脆。去氢处理方法是在真空中进行烘烤。由于其屈服强度高，弹性模量较低，冷压加工成形时回弹较大，一般需要采用热压加工成形。这使得钛及钛合金的铸造、锻压、焊接和热处理等工艺都存在一定的困难。

（3）冷压加工性差　由于钛及钛合金的 $R_{p0.2}/R_m$ 比值较高，表明应力接近于断裂强度时才发生塑性变形。因此，钛及钛合金塑性变形困难，加工中也容易造成开裂。

（4）硬度低、抗磨性差　一般不宜用来制造要求耐磨性高的零件。

## 5.2.2　钛合金的热处理

钛合金的热处理主要有为强化而进行的淬火和时效，以及为提高塑性与韧性、消除应力、稳定组织而进行的退火。

1. 钛合金的退火

退火处理可得到韧性与强度较高的综合性能。将合金加热到恰低于 β 转变温度（见图5-3），缓慢冷却得到等轴的 α 晶粒，可为合金提供较高的延展性与加工性。如果冷却速度较快，会得到针状的 α 相。这种结构具有较大的两相界面，使材料具有较高的断裂韧性与抗蠕变性。

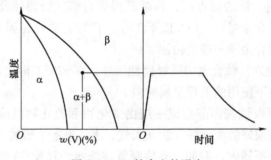

图 5-3　α-β 钛合金的退火

钛合金的退火工艺主要有以下几种。

（1）消除应力退火　目的是消除机械加工或焊接过程中所形成的内应力。退火温度一般为450~650℃，保温1~4h，空冷。

（2）再结晶退火　目的是消除加工硬化，恢复塑性，并获得比较稳定的组织。加热温度通常高于再结晶温度，对于纯钛一般用550~690℃，而钛合金用750~800℃，保温1~3h，空冷。

（3）稳定化退火　对于一些含有铁、锰、铬等成分，并在高温下长期工作的钛合金，为使合金组织尽可能接近平衡状态，以免在使用过程中发生分解，使合金的热稳定性降低，需进行稳定化退火。这种退火多采用分级退火法。例如，TC9合金退火时，先在930℃加热1h，空冷进行再结晶，然后在530℃加热1h，空冷以稳定组织。

2. 钛合金的淬火和时效

淬火和时效的目的是提高钛合金的强度和硬度。钛合金淬火和时效过程中的相变比钢和铝合金都复杂。α钛合金淬火得不到亚稳定的β相，得到的相强化效果又不大，因此，α钛合金一般不进行淬火和时效处理，多在退火状态下使用。

β钛合金和含稳定化元素较多的α-β钛合金，淬火后β相变成亚稳定的β相，加热时效时，亚稳定β相析出弥散的α相，使合金的强度和硬度提高，如图5-4所示。

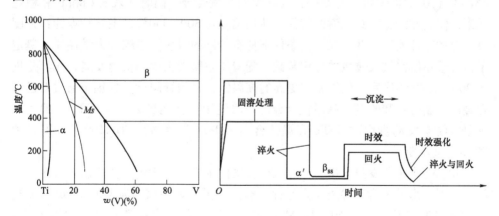

图5-4　α-β钛合金的淬火+时效

钛合金的时效强化效果与淬火加热温度有关，这是因为淬火加热温度决定了淬火组织中亚稳定α相的成分和数量。当淬火加热温度一定时，时效强化效果决定于时效温度。时效温度过高，析出的α相粗大，强化效果差；时效温度过低，保温时间需要很长。因此，钛合金的时效温度一般在500℃左右。

除了上述几种热处理方法外，为提高钛合金的耐磨性，还可进行渗氮等化学热处理。

### 5.2.3　钛合金在航空工程中的应用

现有航空航天用钛合金中，应用最广泛的是多用途的 α-β 型 TC4 合金，用于制造工作温度不超过 400℃ 的各种飞机结构和发动机零部件，如发动机压气机盘、叶片、蒙皮等。液体燃料火箭的储氢罐也是钛合金制造的，其工作温度为 −253℃。许多民用领域如氯碱工业及海水用泵、阀、管路、换热器、冷凝器等，也广泛采用钛合金，并取得了良好的经济效益。

为适应未来的航空航天飞行器及其推力系统，需要不断地提高钛合金的工作温度，增大航空发动机的推重比。高温钛合金由于具有低密度、高比强度、优异的高温热强性能和抗氧化性能等特点，在航空航天领域的高温部件中获得大量应用。但是当温度高于 600℃ 时，高温钛合金的强度会急剧下降，同时也更容易发生蠕变和氧化，无法满足航空发动机长时间服役的要求。因此，在航天器结构件减重以提高其推重比的迫切需求下，克服 600℃ 长寿命和 650~700℃（甚至是750℃）使用的短时用高温钛合金的研究工作迫在眉睫。

1. 600℃ 高温钛合金

1954 年，美国最先开发了一种使用温度可达 350℃ 的两相型高温钛合金 Ti-6Al-4V（国内称 TC4）。它是一种 α-β 型两相钛合金，同时加入 α 相和 β 相稳定元素，使其性能也兼具二者的特征，使用温度在 300~350℃，主要特点为：强度高，热加工性能好，并且在服役条件下拥有较好的耐热性等综合力学性能，奠定了钛合金在航空航天领域的应用基础。随着航空航天工业的快速发展，尤其是进入 20 世纪 80 年代后，使用温度更高的高温钛合金相继问世，多年来通过对已有合金的不断优化和改进，高温钛合金的长时使用温度逐步提升至 600℃。典型的牌号有航空发动机用耐 600℃ 高温钛合金 IMI834（英国）、Ti-1100（美国）和BT36（俄罗斯）。

我国在自主研发过程中，注意结合我国的稀土资源优势，在高温合金中加入稀土元素，形成了含有稀土元素的近 α 合金体系。其中最为典型的是 600℃ 航空发动机用高温钛合金 Ti60、Ti600 和 TG6。Ti60 合金化程度较高，增加了 Al、Sn、Si 等元素的含量，成分为 Ti-5.8Al-4.8Sn-2.0Zr-1.0Mo-0.35Si-0.85Nd。微量稀土元素 Nd 的引入，不仅显著细化了 Ti60 合金的原始组织，抗氧化能力也得到了提升。添加稀土元素一方面可以内氧化形成稀土氧化物，净化基体，提高热稳定性；另一方面，弥散析出的稀土氧化物粒子的热膨胀系数有别于基体，冷却时易在其周围形成位错环，可进一步强化基体。Ti600 的典型特点是添加了 0.1% 稀土元素 Y，成分为 Ti-6.0Al-2.8Sn-4.0Zr-0.5Mo-0.4Si-0.1Y。相比于国外 600℃ 高温钛合金，Ti600 在保证同等室温、高温力学性能的前提下，其蠕变性能优势明显，同等应力加载条件下，残余变形更低，且焊接性能良好，用于制造高压段中的压气机盘、鼓筒和叶片等。TG6 的典型特点为用弱 β 稳定元素 Ta 代替 Mo，提升 Si 含量，且加入 C（质量分数为 0.06%）扩大两相区加工窗口，成分为 Ti-5.8Al-4.0Sn-4.0Zr-0.4Si-0.7Nb-1.5Ta-0.06C。Si 含量的提高使合金的蠕变抗力显著提升，一定量的元素 Ta 作为 β 稳定元素在提升强度的同时有效地改善了其加工性能。目前 TG6 合金用于航空发动机 600℃ 以下压气机零部件的制造。

目前我国已经应用的典型高温钛合金见表 5-7。其中，Ti60 和 Ti600 合金与国外 600℃ 高温钛合金力学性能对比见表 5-8。

**表 5-7 我国应用的典型高温钛合金**

| 牌号 | 使用温度/℃ | 名义成分 | 使用领域 |
|---|---|---|---|
| Ti53311S | 550 | Ti-5.5Al-3.5Sn-3Zr-1Mo-1Nb-0.3Si | 航空发动机叶片 |
| Ti633G | 550 | Ti-5.5Al-3.5Sn-3Zr-0.3Mo-1Nb-0.3Si-0.2Gd | 航空发动机的盘件、叶片 |
| Ti55 | 550 | Ti-5Al-4Sn-2Zr-1Mo-0.25Si-1Nd | 高压压气机盘、鼓筒、叶片 |
| Ti60 | 600 | Ti-5.8Al-4.8Sn-2Zr-1Mo-0.35Si-0.85Nd | 航空航天发动机高压段中的压气机盘、鼓筒、叶片 |
| Ti600 | 600 | Ti-6Al-2.8Sn-4Zr-0.5Mo-0.4Si-0.1Y | |
| TG6 | 600 | Ti-5.8Al-4.0Sn-4.0Zr-0.4Si-0.7Nb-1.5Ta-0.06C | 航空发动机压气机部件 |

**表 5-8 国内外典型 600℃ 用高温钛合金力学性能对比**

| 合金 | 室温力学性能（≥） | | | | 600℃ 力学性能（≥） | | | |
|---|---|---|---|---|---|---|---|---|
| | $R_m$/MPa | $R_{eL}$/MPa | A（%） | Z（%） | $R_m$/MPa | $R_{eL}$/MPa | A（%） | Z（%） |
| Ti600 | 1068 | 1050 | 11 | 13 | 745 | 615 | 16 | 31 |
| Ti60 | 1100 | 1030 | 11 | 18 | 700 | 580 | 14 | 27 |
| IMI834 | 1070 | 960 | 14 | 20 | 680 | 550 | 15 | 50 |
| Ti-1100 | 960 | 860 | 11 | 18 | 630 | 530 | 14 | 30 |
| BT36 | 1080 | — | 10 | 15 | 640 | — | — | — |

**2. 600℃ 以上高温钛合金**

现有的相应合金主要是美国 GE 公司研制的 650℃ 高温高强抗氧化钛合金，合金化元素已达到了 9 种，除了稀土元素外还在 Ti-Al-Sn-Zr-Mo-Si 系基础上加入 Hf、Nb、Ta 等元素，Hf 和 Ta 的加入提高了材料的高温抗拉强度、蠕变强度和抗氧化性能。

我国的中国科学院金属研究所、西北有色金属研究院、北京航空材料研究院、宝钛集团等都在进行相应的研究。其中，西北有色院使用预处理熔融技术研发的颗粒增强钛基复合材料（TP-650 合金），其设计使用温度为 650℃，最大抗拉强度达到 1350MPa。TP-650 合金的高温力学性能与 IMI834 合金和 Ti-1100 合金相比都有大幅度的提高。在 650℃下，TP-650 合金的最大抗拉强度比 IMI834 合金高约 100MPa，Ti-1100 合金处于二者中间；700℃下 TP-650 合金的强度与 IMI834 合金相当。

国内几家单位联合研制的 Ti65 合金是 Ti-Al-Sn-Zr-Mo-Si-Nb-Ta-W-C 系的650℃用近 α 高温钛合金，目前对该合金开展了大量的研究但并未定型。其主要应用方向在发动机转子，复合材料基体和高温短时构件的制造，采用热轧、锻造等变形工艺得到双态组织，已经制备了航空发动机的叶片。其棒材室温强度达到近 1100MPa，650℃时的强度在 650~700MPa，屈服强度均大于 520MPa，630℃/140MPa/100h、650℃/100MPa/100h 下的蠕变伸长率均小于 0.2%，且其650℃/100h 热暴露后的强度在 1100MPa 左右，塑性较好，表明此合金强度与塑性、蠕变与热稳定性具有良好的配合关系，材料具有较优异的综合力学性能。在国内对短时高温钛合金的研究中出现了 Ti750 合金，这是一种由 Ti-Al-Sn-Zr-Nb-W-Si 系组成的一种 $\alpha_2$ 相强化的近 α 钛合金，其室温下的抗拉强度达到 1225MPa，伸长率为 13.5%；700℃时的抗拉强度为 323.3MPa，伸长率为 61%。随着使用温度的进一步提高，普通钛合金已经不能满足要求，Ti3Al、高 Nb-TiAl 将成为下一代的高温结构材料。

国内外几种典型的 650℃用高温钛合金的力学性能见表 5-9。

表 5-9　几种典型 650℃用高温钛合金的力学性能

| 材料 | 温度/℃ | $R_m$/MPa | $R_{eL}$/MPa | A（%） | Z（%） | 持久性能/h |
|---|---|---|---|---|---|---|
| GE12# | 室温 | ≥1113 | ≥1053 | ≥4.5 | — | 82.7* |
| | 650 | ≥708 | ≥611 | ≥14.9 | | |
| GE13# | 室温 | ≥1061 | ≥1029 | ≥3.5 | — | 18.4* |
| | 650 | ≥656 | ≥549 | ≥20.8 | | |
| Gi-XLW | 650 | ≥700 | ≥573 | ≥6.3 | ≥8.6 | — |
| Gi-WI | 650 | ≥700 | ≥613 | ≥4.1 | ≥12.1 | 76.0* |
| Ti65 | 室温 | ≥1086 | ≥997 | ≥12.0 | ≥19.0 | 205.8** 184.4*** |
| | 650 | ≥655 | ≥545 | ≥23.0 | ≥46.5 | |
| BarΦ30 | 室温 | ≥1094 | ≥100 | ≥12.5 | ≥18.0 | 224.8** 207.5*** |
| | 650 | ≥660 | ≥545 | ≥23.25 | ≥48.0 | |

注：持久实验参数中，＊表示 650℃/138MPa，0.5%应变；＊＊表示 630℃/290MPa；＊＊＊表示650℃/230MPa。

# 5.3 镁及镁合金

镁在地球上的储量也十分丰富，仅次于铝、铁。纯镁具有密排六方晶格，室温下的塑性、强度和硬度较低，不能直接用作结构材料。纯镁的化学性质很活泼，在空气中会迅速氧化，在表面生成一层氧化镁薄膜，这层薄膜不像纯铝的氧化膜那样紧密，故镁的耐蚀性差。

纯镁中加入 Al、Zn、Mn、Zr 等元素，可制成镁合金。镁合金在常用工程金属材料中密度最小，为 $1.8g/cm^3$，约为铝合金的 2/3，钛合金的 1/3，钢的 1/4。镁合金是结构材料中最轻的一种金属，因此镁合金在飞机、导弹、仪表等制造业中应用广泛。尤其是燃料成本日益提高和环境要求日益严格的当下，推动航空航天领域应用镁合金可以达到减轻重量和二氧化碳排放量的目的。此外，耐用的轻质镁合金比由碳石墨复合材料制成的零部件成本要低，适合大批量生产及应用。

## 5.3.1 镁合金的分类及特点

镁合金中主要合金元素是铝、锌、锰等。铝和锌都能溶于镁中形成固溶体，使合金基体的晶格歪扭而强化，还能与镁形成化合物，使合金可以通过淬火和时效来提高强度和硬度。锰除了能细化晶粒和提高耐蚀性，还有固溶强化作用。

**1. 镁合金的特点**

镁合金作为结构材料具有以下优点：

1）比强度高。镁合金的强度一般为 $200\sim300MN/m^2$，远不如其他合金，但镁合金的密度只有 $1.8g/cm^3$ 左右，故其比强度仍与结构钢相近。在同等刚性条件下，1kg 镁合金的坚固程度相当于 18kg 铝或 2.1kg 钢。

2）具有较好的减振能力，能承受较大的冲击或振动载荷。镁有极好的滞弹吸振性能，可吸收振动和噪声；镁合金的阻尼性能比铝合金好，减振效果很显著。因此，飞机起落架轮毂采用镁合金制作。

3）高散热性。镁合金具有很高的散热性能，其散热能力是 ABS 树脂的 $350\sim400$ 倍，适合如今规划密集的电子产品，如采用镁合金作笔记本电脑的外壳。

4）良好的电磁屏障性能。镁合金具有优于铝合金的电磁屏蔽性能、阻隔电磁波的性能更优异，更适合于制作电子产品（发出电磁干扰）的外壳。也可以用作计算机、手机等产品的外壳，以降低电磁波对人体的辐射危害。

5）具有优良的可加工性。镁合金硬度低、导热性高。同时，切削阻力小，约为钢铁的 1/10，铝合金的 1/3，其切削速度大大高于其他金属；易进行切削加工而且加工成本低，当加工体积相同时，加工能量仅为铝合金的 70%。加工过程中极少出现积屑瘤。加工后的镁合金零件不需要磨削和抛光、不使用切削液就能得到优良的表面粗糙度。

6）良好的抗冲击和抗压缩能力。其抗冲击能力是塑料的 20 倍；当镁合金铸件受到冲击时，其表面产生的疤痕比铁和铝都要小得多。

7）良好的铸造性能。在良好的部件结构条件下，镁合金铸件壁厚可小于 0.6mm，这是塑胶制品在相同强度条件下无法达到的壁厚。铝合金铸件壁厚在 1.2~1.5mm 的范围内才能与镁制品相媲美。

8）尺寸稳定性高。在 100℃ 以下，镁合金可以长时间保持其尺寸的稳定性；镁合金的一个突出特性是不需要退火和消除应力就能保持尺寸稳定性，体积收缩量仅为 6%，是铸造金属中收缩量最低的一种；在负载情况下，具有良好的蠕变强度，这种性能对制作发动机零件和小型发动机压铸件具有重要意义。

9）再生性强。废旧镁合金铸件具有可回收再熔化利用的特性，并可作为 AZ91D、AM50，AM60 的二次材料进行再铸造。由于对压铸件需求的不断增长，可回收再利用的能力就显得非常重要。这种符合环保要求的特性，使得镁合金比许多塑胶材料更具有应用前景。

镁合金的最大缺点是耐蚀性差，使用中要采取防护措施，如氧化处理、涂漆保护等。镁合金也容易燃烧，当发生燃烧时只能砂子覆盖，不能用水或二氧化碳灭火器去扑灭。

2. 镁合金的分类

镁合金按成形工艺可分为变形镁合金和铸造镁合金两大类，两者在成分、组织、性能上存在很大差异。

（1）铸造镁合金　以镁为基体加入合金化元素形成的适用于铸造方法生产零部件的镁合金称为铸造镁合金。按合金化元素分为 Mg-Al-Zn 系铸造镁合金、Mg-Zn-Zr 系铸造镁合金和 Mg-RE-Zr 系铸造镁合金。

铸造镁合金牌号由镁及主要合金元素的化学符号组成（混合稀土用 RE 表示），主要合金元素后面跟有表示其名义含量的数字，在合金牌号前面冠以字母"Z"表示铸造合金。如 ZMgAl10Zn 表示主加元素 Al 的名义质量分数为 10%、一次加元素 Zn 的名义质量分数为 1% 的铸造镁合金。铸造镁合金的代号用"铸镁"

的汉语拼音字首"ZM"后面加顺序号表示，如 ZM1、ZM2 等 10 个代号。

铸造镁合金多采用压铸工艺生产，精度高，表面质量好，铸态组织优良，可生产薄壁及复杂形状的构件，如汽车零件、机件壳罩和电气构件等。

（2）变形镁合金　变形镁合金均是以压力加工（轧、挤、拉等）方法制成各种半成品，如板材、棒材、管材、线材等，供应状态有退火态、人工时效态等。变形镁合金按化学成分分为 Mg-Al 系、Mg-Zn 系、Mg-Mn 系等 8 个组别。

变形镁合金的牌号以英文字母+数字+英文字母的形式表示。前面的英文字母是其最主要的合金组成元素代号，其后的数字表示其主要的合金组成元素的大致含量。最后面的英文字母为标识代号，用以标识各具体组成元素相异或者元素含量有微小差别的不同合金。牌号 ZK61M 的字母和数字代表的含义如下：字母 Z 代表名义质量分数最高的合金元素为 Zn，字母 K 代表名义质量分数次高的合金元素为 Zr，数字 6 表示 Zn 的质量分数大致为 6%，数字 1 表示 Zr 的质量分数小于 1%，字母 M 为标识代号。

变形镁合金主要用于薄板、挤压件和锻件等。相比于铸造镁合金，变形镁合金具有更大的发展潜力，通过材料结构的控制、热处理工艺的应用，变形镁合金可获得更高的强度、更好的延展性和更多样化的力学性能，从而满足多样化工程结构件的应用需求。

常用镁合金的牌号、化学成分、力学性能及用途见表 5-10。

## 5.3.2 镁合金在航空工程中的应用

由于镁合金的密度低，在航空航天领域中应用有非常好的减重效果，航空航天工业采取各种措施增加镁合金的用量，并在相应的零部件开发上得以应用，如航空发动机零件、飞机壁板、飞机长桁、翼肋、飞机舱体隔框、汽油和润换油系统零件、油箱隔板、副油箱挂架、战斗机座舱舱架、操作系统摇臂和支座、飞机起落架外筒、轮毂、直升机发动机后减速机匣、上机匣、涡轮喷气发动机的前支撑壳体、油泵壳体等各类承力构件以及各类附件。

在国外，单架 B-36 重型轰炸机上共使用 8600kg 的镁合金，其中一半是用作结构材料；F-80 喷气式歼击机的机翼采用镁板，使结构零件的数量从 47758 个减少到 16050 个。20 世纪 50 年代后期，在美国航空航天工业中镁合金的用量达到了每年 10000t。镁合金在直升机中的应用也较广，如直升机主减速机匣、发动机框架、驾驶舱框架。表 5-11 列出了铸造镁合金在直升机主减速机匣上的应用。铸造镁合金件在直升机发动机结构质量比中占 2%（铝占 6%）。

表 5-10  常用镁合金的牌号、化学成分、力学性能及用途

| 类别 | 合金组别 | 牌号(代号) | 化学成分(质量分数,%) | | | | 加工状态 | 棒材力学性能 ≥ | | | 应用 |
|---|---|---|---|---|---|---|---|---|---|---|---|
| | | | Al | Zn | Mn | 其他 | | $R_m$/MPa | $R_{eL}$/MPa | A(%) | |
| 变形镁合金 | MgAl | AZ40M | 3.0~4.0 | 0.20~0.80 | 0.15~0.50 | — | 热成形 | 245 | — | 5.0 | 中等载荷结构件、锻件 |
| | MgAl | AZ80M | 7.8~9.2 | 0.20~0.80 | 0.15~0.50 | — | 热成形 | 330 | 230 | 11.0 | |
| | MgZn | ME20M | ≤0.20 | ≤0.30 | 1.3~2.2 | Ce: 0.15~0.35 | 热成形 | 195 | — | 2.0 | 飞机部件 |
| | MgZn | ZK61M | ≤0.05 | 5.0~6.0 | ≤0.1 | Zr: 0.30~0.90 | 热成形+时效 | 305 | 235 | 6.0 | 高负荷、高强度飞机锻件、机翼长桁 |
| 铸造镁合金 | MgZn | ZMgZn5Zr (ZM1) | ≤0.02 | 3.5~5.5 | — | Zr: 0.5~1.0 | 人工时效 | 235 | 140 | 5.0 | 抗冲击零件、飞机轮毂 |
| | MgREZn | ZMgRE3Zn3Zr (ZM4) | — | 2.0~3.1 | — | Zr: 0.5~1.0 RE: 2.5~4.0 | 人工时效 | 140 | 95 | 2.0 | 高气密性零件、仪表壳体 |
| | MgAl | ZMgAl8Zn (ZM5) | 7.5~9.0 | 0.2~0.8 | 0.15~0.50 | Si≤0.30 | 固溶处理+人工时效 | 155 | 80 | 2.0 | 中等载荷零件、飞机机翼助、机闸、导弹部分 |

注:表中所列铸造镁合金的力学性能均为"T1-人工时效"热处理状态下数据。

表 5-11　铸造镁合金在直升机主减速机匣上的应用

| 直升机型号 | 镁铸件质量/kg | 合金牌号 |
|---|---|---|
| lynx | 120 | RZ5 |
| UH60A | 150 | RZ5 |
| SA330 | 63 | RZ5 |
| A129 | 100 | RZ5 |
| NH90 | 26 | WE43 |
| CH47D | 200 | RZ5 |
| ECI20 | 18 | WE43 |
| BK117 | 38 | MSR-B |
| MBB105 | 37 | RZ5 |
| S92 | 200 | WE43 |

　　航空工业上应用较多的变形镁合金是 ZK61M，属 Mg-Zn 系合金。它的性能特点是强度高，是常用变形镁合金中抗拉强度和屈服强度最高的；可以热处理强化，Zn 在 Mg 中的溶解度随温度的变化大，时效处理时能形成强化相 MgZn。此外，稀土高强镁合金 MB25、MB26 已代替部分中强铝合金，在歼击机上获得应用。

　　航空工业上应用较多的铸造镁合金有 ZM1（Mg-Zn-Zr）和 ZM2（Mg-RE-Zn-Zr）、ZM3（Mg-Ce-Zn-Zr）和 ZM5（Mg-Al-Zn-Mn）。如用 ZM2 镁合金制造 WP7 各型发动机的前支撑壳体和壳体盖；用 ZM4 镁合金制造飞机液压恒速装置壳体；用 ZM5 镁合金制造了红旗Ⅱ型地空导弹的四甲和四乙舱体铸件、战机座舱骨架和镁合金机轮。ZM1 和 ZM2 属于高强度铸造镁合金，具有较高的常温强度和良好的铸造性能，但耐热性差，长期工作温度不能超过 150℃。ZM3 属于耐热铸造镁合金，常温强度较低，耐热性好，可以在 200~250℃ 下长期工作。ZM5 中 Al 含量较高，能形成较多的 $Mg_{17}Al_{12}$ 强化相，可以采用热处理强化。

　　目前，已经研究出的高温镁合金 WE43、WE54 被广泛应用于新型航空发动机齿轮箱和直升机的变速系统中，能在振动、沙尘、腐蚀、高温等比较恶劣的环境下服役，如西科斯基公司的 S-92 型直升机、贝尔公司的 BA-609 型倾斜旋翼飞机和欧洲的 NH-90 直升机。EQ21、QE22、ZE41、AM50、AM80、AZ91 等镁合金被用来制造飞机上的部件，如座椅、踏板、轮毂以及各种电子附件。

　　镁合金中值得一提的是镁锂合金，它被认为是最轻的结构材料之一。随着锂加入量的增加，镁锂合金的密度逐渐减小，而且镁锂合金的密度大大低于新型航空用材铝锂合金的密度，其密度为 $1.35~1.65g/cm^3$，只有铝合金的 1/2，传统镁合金的 3/4，与塑胶密度大致相等。同时，镁锂合金具有较高的比强度和比刚度、弹性模量高、抗压屈服强度高、各向异性不明显、塑性和冲击韧度好、对缺口敏感性低和具有良好的阻尼性能等。在航天领域，随着卫星和航天器小型化趋势的发展，在相同承载能力条件下，镁锂合金可以替代一些相对质量较大的结构材料，减轻卫星和航天器的质量，从而使航天器可携带更多燃料和有效载荷，发挥更大的功能和作用。

20 世纪 60 年代，美国国家航空航天局将镁锂合金开发应用于航空工业零件上，如用于火箭电控装置的包装方面。美国和苏联已经将超轻镁合金应用在宇宙飞船、坦克等方面。在美国阿波罗宇宙飞船的启动火箭土星 5 号中，电气仪表的框架和外壳、防护罩、防宇宙尘壁板等都是用 LA141 镁锂合金制造的。俄罗斯的 MA18 镁锂合金可用于制造在室温和低温条件下使用的小负载焊接结构，如工作温度不超过 60℃，承受压应力和剪切应力的航空航天用仪器仪表零件。镁锂合金在轻兵器、坦克、装甲车轻量化制造中潜力巨大。目前研究开发出的一系列镁锂合金主要有 LA141、LA91、LAZ933、LZ91、MA18、MA21 等牌号，力学性能见表 5-12。通常添加的合金元素主要有 Al、Zn、Si 和 RE 等，形成 Mg-Li-Al、Mg-Li-Si、Mg-Li-Zn、Mg-Li-RE 系合金和 Mg-Li 基复合材料，并且可采用铸造、挤压、轧制、焊接等多种成形工艺对其进行加工。

表 5-12　几种典型镁锂合金的力学性能

| 牌号 | 密度/($g/cm^3$) | 硬度　HV | 抗拉强度/MPa | 屈服强度/MPa | 断后伸长率（%） |
|---|---|---|---|---|---|
| LA91 | 1.45 | 45~75 | 180~240 | 120~190 | 10~30 |
| LA141 | 1.35 | 40~70 | 160~230 | 100~170 | 20~40 |
| LAZ933 | 1.56 | 43~48 | 170~230 | 120~190 | 10~30 |
| LZ91 | 1.48 | 45~75 | 180~240 | 140~180 | 15~35 |
| MA18 | 1.60 | 50~80 | 200~260 | 150~220 | 6~25 |
| MA21 | 1.48 | 45~65 | 140~210 | 90~180 | 10~30 |

# 5.4　铜及铜合金

铜在中国有色金属材料的消费中仅次于铝。铜也是耐用的金属，不管是原材料还是在产品中，均能多次回收而无损其力学性能。

纯铜较为柔软，表面刚切开时为红橙色带金属光泽、延展性好、导热性和导电性高，因此常用于电缆和电气、电子元件，也可用作建筑材料。铜合金是以纯铜为基体加入一种或几种其他元素所构成的合金，铜合金力学性能优异，电阻率很低，其中最重要的有青铜、黄铜和白铜。

### 1. 黄铜

黄铜是铜与锌的合金，因色黄而得名。黄铜中常添加铝、镍、锰、锡、硅、铅等元素以改善性能。铝能提高黄铜的强度、硬度和耐蚀性，但会使塑性降低，适合制作海轮冷凝管及其他耐蚀零件；锡能提高黄铜的强度和对海水的耐蚀性，故称海军黄铜，用作船舶热工设备和螺旋桨等；铅能改善黄铜的切削性能，这种易切削黄铜常用作钟表零件。黄铜铸件常用来制作阀门和管路配件等。此外，黄铜敲起来声音好听，因此锣、钹、铃、号等乐器都是用黄铜制作的。

### 2. 白铜

白铜是铜与镍的合金，其色泽和银一样，银光闪闪，不易生锈。铜镍二元合金称为普通白铜，加有锰、铁、锌、铝等元素的白铜合金称特殊白铜。普通白铜具有较高的耐蚀性及优良的冷热加工性能，用于在蒸汽和海水环境下工作的精密机械，仪表零件及冷凝器、蒸馏器热交换器等。特殊白铜因加入合金元素，可以改善其力学性能、工艺性能和电热性能并获得某些特殊性能，如锰白铜（又称康铜）具有较高的电阻率与热电势、较低的电阻温度系数、良好的耐热性和耐蚀性，常用来制造热电偶、变阻器及加热器等。

### 3. 青铜

铜与锡的合金叫青铜，因色青而得名。青铜一般具有较好的耐蚀性、耐磨性、铸造性和优良的力学性能。青铜还有一个反常的特性——"热缩冷胀"，利用这一特性将青铜用来铸造塑像，冷却后膨胀，可以使眉目更清楚。

除黄铜、白铜以外的铜合金均称之为青铜，并常在青铜名字前冠以第一主要添加元素的名字，如锡青铜、铝青铜等。锡青铜的铸造性能、减摩性能和力学性能好，适合于制造轴承、蜗轮、齿轮等。铝青铜强度、硬度、耐磨性和耐蚀性均高于黄铜和锡青铜，用于制造船舶、飞机及仪器中的高载荷、耐磨、耐腐蚀的零件，如齿轮、轴套、涡轮、船用螺旋桨等。铍青铜和磷青铜的弹性极限高，导电性好，适于制造精密弹簧和电接触元件，铍青铜还用来制造煤矿、油库等使用的无火花工具。

## 习题与思考题

1. 2A11 铝合金的时效硬化工艺和碳质量分数为 0.5% 的碳钢形成马氏体的强化工艺具有相似的热处理步骤，但每一步骤所引起的合金组织变化是不同的，请回答：

① 两种工艺的第一步是：加热到高温，然后淬火。淬火时，铝合金和钢内部各发生什么组织变化？

② 两种工艺的第二步是：加热到较低温度。在这一过程中，铝合金和钢内

部各发生什么组织变化？

2. 5A02、2A12、2A50、7A04、ZL105 各属于何种铝合金？试分析它们的特性及用途（可举一例）。

3. 轻金属合金中，铝合金、镁合金、钛合金各有何特点？请分别举例说明它们的用途。

# 第6章

## 高分子材料

高分子材料是由高分子化合物经过加工和加入某些添加物而制成的，又称为高分子化合物或高分子聚合物（简称高聚物）。根据性能和用途不同，高分子材料可分为塑料、橡胶、胶黏剂及涂料、功能高分子材料等。本章主要介绍常见高分子材料的特点、成型加工及其在航空工程中的应用。

## 6.1 塑料

塑料是以高分子聚合物为基础添加各种助剂而成的混合物体系，在常温下有固定的形状和强度，在高温下具有可塑性的高分子材料。只要将塑料加热到熔融温度以上，就可在外力的作用下，使塑料产生形变，加工成任何所需的形状。由于塑料的熔融温度一般仅200℃左右，比钢铁低得多，因此容易加工是塑料区别于其他材料的重要特点。

### 6.1.1 塑料的分类及特点

塑料的品种繁多，分类的方法也很多，常用的分类方法有下述两种。

#### 1. 按树脂的性质分类

根据树脂在加热和冷却时的表现不同，可分为**热塑性塑料**和**热固性塑料**两大类。

（1）热塑性塑料　热塑性塑料是以热塑性树脂为基础，加入少量填充剂、增塑剂和着色剂混合制成。热塑性塑料受热后容易发生物理变化，由固体软化或熔化成黏流体状态，但冷却后又可变硬成固体，这个过程可以反复进行，塑料本身的分子结构不会发生变化。除此之外，热塑性塑料加工成型容易，具有良好的力学特性，但是耐热性和刚性比较差。主要品种有聚乙烯、聚丙烯、聚苯乙烯、聚酰胺（尼龙）、聚甲醛、聚碳酸酯、聚苯醚、聚砜等。

（2）热固性塑料　热固性塑料是以热固性树脂为基础，加入填充剂、着色剂等混合制成。在一定温度下，经过一段时间的加热、加压，或加入硬化剂后，发生化学反应而硬化。硬化后的塑料化学结构发生变化，质地较硬，加热时也不会再软化，同时也不溶于溶剂，温度过高则会分解。与热塑性塑料相反，其具有耐热性高、受压不易变形等优点，但是力学性能不好。主要品种有酚醛树脂、氨基树脂、不饱和聚酯、环氧树脂、呋喃树脂等。

2. 按使用领域分类

根据塑料的使用范围不同，可分为通用塑料、工程塑料和耐热塑料三大类。

（1）通用塑料　通用塑料主要有聚乙烯、聚氯乙烯、聚苯乙烯、聚丙烯、聚烯烃、酚醛塑料和氨基塑料等六大种。这种塑料是一般工农业生产和生活中不可或缺的廉价材料，用途广、产量大、力学性能一般，其产量占塑料总产量的80%以上，但是因其力学性能一般，只能用于制作日用品等非结构性部件。

（2）工程塑料　工程塑料是指可以作为结构材料使用，能经受较宽的温度变化范围和较苛刻的环境条件，力学性能良好，尺寸稳定的塑料。主要有聚甲醛、聚酰胺、聚碳酸酯和 ABS 等四种。近年来随着科技发展，工程塑料的应用领域不断拓展，产量也逐年增大。工程塑料又可分为通用工程塑料和特种工程塑料。通用工程塑料综合力学性能良好，一般可以部分代替金属材料作为承载结构件，高温环境下的耐热件和承载件，也可作为高温、潮湿、大范围变频条件下的介电制品和绝缘用品；而特种工程塑料又被称为功能塑料，通常都具有某种特殊功能，适用于某种特殊的场合，实际工业生产中通常在导电、压电、热电、导磁等多个领域中应用。

（3）耐热塑料　一般塑料的工作温度通常只有几十度，而耐热塑料可以在较高温度下工作。常见的耐热塑料有聚四氟乙烯、聚三氟氯乙烯、聚酰亚胺、有机硅树脂、环氧树脂等。这种塑料能够在 100~200℃ 的高温下工作，但一般价格较高，产量较小，也不能够得到大范围的推广。

塑料具有质量轻、比强度高、电绝缘、耐化学腐蚀、容易成型加工等优点。同时，塑料也存在着一些缺点，如刚性较差、强度较低、耐热性低、有老化现象等，塑料作为日常生产工艺中用途较为广泛的高分子材料，其性能对于其使用和进一步推广都有十分重要的意义。有关塑料的相关性能及其特点详见表 6-1。

**表 6-1　塑料的相关性能及其特点**

| | 特点 | 相关性能描述 |
|---|---|---|
| 优点 | 相对密度小 | 一般塑料的相对密度为 0.9~2.3，为钢的 1/7~1/4，相对密度小会大大减轻材料的质量 |
| | 耐蚀性好 | 高分子材料的大分子链由共价键构成，没有可移动的电子和离子，因此不会发生电化学腐蚀。而一般的化学腐蚀也会因为高分子材料自身的结构稳定性而不易发生，因此高分子材料对一般的化学药品都有很强的抵抗能力 |
| | 电绝缘性能好 | 高分子材料是良好的绝缘体，被大量应用在电动机、电器、无线电和电子工业中 |
| | 减磨、耐磨性能好 | 摩擦系数较小，耐磨性能好，塑料除了摩擦系数小之外，另外的优点是磨损率低且可做一定的估计，可做轴承齿轮等 |

（续）

| | 特点 | 相关性能描述 |
|---|---|---|
| 缺点 | 刚性差 | 塑料的弹性模量只有钢铁材料的 $1/100 \sim 1/10$，通常情况下，不具备较好的刚性，易发生拉伸形变，弹性性能较好 |
| | 强度低 | 塑料强度较低，通常只有 $30 \sim 100MPa$ |
| | 耐热性低 | 大多数的塑料耐热性都较低，在高温条件下容易发生性质改变，不适用于高温环境 |
| | 膨胀系数大，热导率低 | 塑料的热膨胀系数接近于钢铁的 10 倍，热导率较低，不利于做摩擦元件 |
| | 蠕变温度低 | 金属在高温下发生蠕变，而塑料在室温下就会发生蠕变，对于蠕变温度的要求较低，能够在正常温度下开始发生蠕变现象 |
| | 存在老化现象 | 随着使用年限的增加，塑料会存在老化现象 |

## 6.1.2 塑料的改性和强化

随着科学技术的发展，实际应用中对高分子材料提出的要求越来越高，例如期望高分子材料既耐高温又易加工成型，既有卓越的韧性又有较高的硬度，不仅性能良好而且价格低廉；从要求单项性能优良向多项性能、综合性能良好发展，致使某些单项性能良好而另外一些性能较差的高分子材料难以满足工程设计和市场的需求，应用受到限制。而通过对高分子材料的改性，便可达到上述的目的，于是扩大了高分子材料的应用。

高分子材料的改性，就是设法改变原有高分子材料的化学组成与结构，改善或提高其性能，使现有的高分子材料之间取长补短。

### 1. 改性目的

高分子材料改性的目的主要有以下几个方面：

（1）提高或改善使用性能　例如聚丙烯材料，虽然有密度小，透明性好，抗拉强度、抗压强度、硬度及耐热性均优于聚乙烯的优点，但其冲击强度、耐应力开裂及柔韧性不如聚乙烯。由聚乙烯和聚丙烯共混改性制成的共混物，同时保持了两种高分子材料的优点，具有较高的抗拉强度、抗压强度和冲击强度，且耐应力开裂性比聚丙烯好，耐热性则优于聚乙烯。又如在聚氯乙烯、聚苯乙烯等硬质树脂中掺入 $10\% \sim 20\%$ 的橡胶类物质，可大大提高其冲击强度。

聚四氟乙烯塑料，经填充、共混改性后，其性能有了明显的改善。例如，聚四氟乙烯填充四氟乙烯与六氟丙烯的共聚物（FEP）后，可以明显地提高聚四氟乙烯的抗张强度；聚四氟乙烯和聚苯的共聚物，其耐磨性大大高于未改性的聚四氟乙烯；用聚酰亚胺填充聚四氟乙烯后具有较小的摩擦系数和优良的耐磨性；用聚酯填充聚四氟乙烯则可很大程度上提高它的抗压强度、抗弯强度和耐磨性，但摩擦系数基本不变；用聚苯硫醚填充聚四氟乙烯后，具有优良的抗蠕变性和尺寸稳定性；用液晶高分子对聚四氟乙烯改性，其耐磨性提高近 100 倍。

（2）改善加工性能　许多耐高温的高分子材料，因其熔点高、熔体的黏度大、流动性能差而难以加工成型，但通过共混改性便能取得满意的效果。例如难熔难溶的聚酰亚胺与流动性能良好的聚苯硫醚共混后可以方便地进行注射成型，而且由于两种高分子材料均有卓越的耐热性能，经改性后的共混物仍是极好的耐高温材料。超高相对分子质量的聚乙烯用液晶高分子改性可以大大降低熔体黏度，可用常规挤出法加工。

（3）降低成本　对于某些性能卓越但价格昂贵的工程塑料，在不影响其使用要求的条件下，可以通过共混改性降低原材料成本。

（4）制备具有崭新性能的新型高分子材料　例如要制备耐燃高分子材料，可与含卤素等耐燃高分子材料共混改性；利用硅树脂的润滑性，与其他高分子材料共混可以生产具有良好自润滑作用的高分子材料等。

2. 改性方法

高分子材料的改性，一般分为化学改性和物理改性。

（1）化学改性　化学改性又分为接枝共聚改性、嵌段共聚改性和辐射交联改性等。化学改性通常在一定条件下通过化学反应来实现，不同的聚合物分子链或链段之间存在化学键。

（2）物理改性　物理改性分为填充改性、增强改性和共混改性等。物理改性中的不同聚合物之间不存在化学键。

填充改性是指在加工成型过程中，将一定量的无机或有机填料加入到高分子材料中，从而改善材料的力学性能、耐磨性能、热学性能和抗老化性能，又大大降低成品的价格。这些填料有碳酸钙、滑石粉、高岭土、煤灰、云母、玻璃纤维、碳纤维、天然有机物、炭黑等。填料既有增量的作用，又有改性的作用。

在填充改性中，采用玻璃纤维、碳纤维等填充改性塑料，由于增强效果极为明显，如玻璃纤维填充聚酯，弯曲模量提高约四倍，故这种填充改性的方法又称为增强改性，经纤维填充改性的塑料称为增强塑料。

共混改性是指在原有的某一聚合物基体中，通过混合的方法混进另外一种或几种聚合物，达到改变原有材料性能的目的。聚合物共混物有许多类型，一般是指塑料与塑料的共混物以及在塑料中掺入橡胶。在塑料中掺混少量橡胶的共混体系中，由于其冲击性能可获得很大的改善和提高，故常称为橡胶增韧塑料。

## 6.1.3　塑料的成型和加工

塑料制品和零件的生产和金属零件一样，根据使用要求进行结构设计、选择树脂品种和添加剂成分，通过成型加工和后续加工，制成一定尺寸和形状的制品或零件。

塑料成型是指将原料（树脂与各种添加剂的混合料或压缩粉）在一定温度和压力下制成一定形状的制品的过程。塑料加工则是指将成型后的塑料制品再经后续加工（切削、焊接、表面涂覆等）制成成品零件的工艺过程。

目前塑料的成型与加工方法很多，本节仅就主要成型与加工方法作简要介绍。

**1. 几种常用成型方法**

（1）注射成型法（过去又称注塑成型）　这种方法是在专门的注射机上进行，如图 6-1 所示。将颗粒或粉状塑料置于注射机的料筒内加热熔融，以推杆或旋转螺杆施加压力，使熔融塑料自料筒末端的喷嘴，以较大的压力和速度注入闭合模具型腔内成型，然后冷却脱模，即可得到所需形状的塑料制品。到目前为止，除氟塑料外，几乎所有的热塑性塑料都可以用注射成型的方法生产塑件，近来也有用于热固性塑料的成型。此法生产率很高，可以实现高度机械化、自动化生产，制品尺寸精确，可以生产形状复杂、薄壁和带金属嵌件的塑料制品，适用于大批量生产。

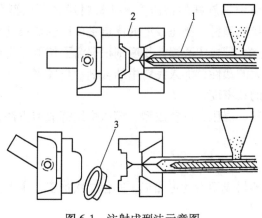

图 6-1　注射成型法示意图
1—注射机　2—模具　3—制品

（2）模压成型法　是塑料成型中最早的一种方法，如图 6-2 所示。它是将粉状、粒状或片状塑料放在金属模具中加热软化，在液压机的压力下充满模具成型，同时发生交联反应而固化，脱模后即得压塑制品。模压法通常用于热固性塑料的成型，有时也用于热塑性塑料，如聚四氟乙

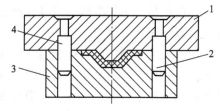

图 6-2　模压成型法示意图
1—上模　2、4—导柱　3—下模

烯由于熔液黏度极高，几乎没有流动性，故也采用模压法成型。模压法有较高的生产效率，适于大批量生产，制品尺寸精确，表面光洁，可以有两个精制表面，价格低廉，容易实现机械化和自动化，多数结构复杂的制品可一次成型，无须有损于制品性能的辅助加工，制品外观及尺寸的重复性好。缺点是压模的设计与制造较复杂，初次投资较高，制品尺寸受设备限制，一般只适于制备中、小型玻璃钢制品。

（3）浇注成型法（又称浇塑法） 类似于金属的浇注成型。它有静态铸型、嵌铸型和离心铸型等方式。它是在液态的热固性或热塑性树脂中加入适量的固化剂或催化剂，然后具型腔中，在常压或低压下，常温或适当加热条件下，固化或冷却凝固成型。聚甲基丙烯酸甲酯（有机玻璃）、环氧树脂等常采用静态浇注的方法生产各种型材和制品；在此基础上发展起来的有嵌铸工艺，即以透明塑料铸塑来保存生物或医学标本、工艺美术品和精密电子元器件等；用离心浇注法生产管状物、中空制品和齿轮、轴承等。浇注成型法所用设备简单，操作方便，成本低，便于制作大型制件。但生产周期长，收缩率较大。

（4）挤压成型法 它与金属型材挤压的原理相同。将原料放在加压筒内加热软化，利用加压筒中螺旋杆的挤压力，使塑料通过不同型孔或口模连续地挤出，以获得不同形状的型材。挤压成型的优点是可以创造长度比截面大得多的制品，如各种截面的空心管或实心棒，长度则根据需要切取；生产效率较高。缺点是要求泥料具有较大的塑性，加入泥料中结合剂数量较多，从而增大制品的烧成收缩率、降低制品的致密度。

此外，还有吹塑、层压、真空成型、模压烧结等成型方法，以适应不同品种塑料和制品的需要。

2. 塑料的加工

塑料加工即是塑料成型后的再加工，亦称二次加工，主要工艺方法有机械加工、连接和表面处理。

塑料的机械加工与金属的切削工艺与设备相同，可以进行车、铣、刨、钻、镗、锉、锯、铰、攻螺纹等。只是由于塑料的切削工艺性能与金属不同，因此所用的切削用量等工艺参数、刀具几何形状及操作方法与金属切削有所差异。主要体现在以下三个方面：

第一，由于塑料的热性能与金属大不相同，加热容量小、导热性差，因此在机械加工过程中，由金属刀具和塑料摩擦所产生的热量，主要传给刀具，而传给塑料的热量难以传入内部，其表面温度显著提高，极易局部过热变软，甚至使塑料变色、焦化。此外，塑料的热膨胀系数比金属高得多（1.5～20倍），即使温度变化不大，也会使尺寸产生很大的变化，这对制品尺寸精度的控制是不利的，对表面质量也会有不利的影响，尤以热塑性塑料为甚。因此，在机械加工时，需用冷却剂，如压缩空气、水或其他冷却液。

第二，一般塑料的弹性模量仅为金属的 $1/60 \sim 1/10$，在机械加工时，夹具和刀具施压过大，能引起塑料制品的扭变和偏差，比金属大得多，必将影响制件的公差。因此夹紧要适当。刀具的刃口要锋利。

第三，塑料还具有与时间有关的弹性恢复性能，经过机械加工之后，其尺寸会发生变化，如钻削或攻螺纹的孔眼直径小于刀具的直径；车削后的工件尺寸在存放中会发生收缩等。

塑料型材或零件，通过各种连接方法，可以将小而简单的构件组合成大而复杂的构件。除用机械连接外，主要是用热熔黏接（即焊接）、溶剂黏接或胶黏剂黏接等方法。

塑料零件的表面处理工艺主要是涂覆、浸渍和镀金属。这些工艺可以改变塑料零件的表面性质，提高其抗老化、耐腐蚀的能力，也可起着色装饰作用。

## 6.1.4 塑料在航空工程中的应用

塑料具有许多优良的性能，而且它的原料来源非常广泛，又适合大批量工业生产，制取方便，加工简单，在航空工业中的应用越来越普遍，是很有发展前途的航空工程材料。常用的航空塑料有聚四氟乙烯（PTFE）、有机玻璃（PMMA）、环氧树脂塑料、酚醛塑料和聚氯乙烯塑料等五大品种。

1. 聚四氟乙烯（PTFE）

其化学式为：

$$\text{---}CF_2\text{---}CF_2\text{---}_n$$

聚四氟乙烯是氟塑料的一种，是航空工业中常用的一种塑料。PTFE 化学稳定性极其优异，它几乎不受所有化学药品的腐蚀，在侵蚀性极强的王水中煮沸也不起变化，因而有"塑料王"之称，可以用来做各种耐腐蚀的零件，如喷气发动机的润滑油管路、燃油箱的密封垫圈等。

PTFE 的热稳定性在所有工程塑料中极为突出，可以在 $-250 \sim 260\text{℃}$ 内长期使用。同时其介电性能极其优异，电绝缘性和耐电弧性优良，因此可用作电绝缘材料，在航空电器及电子设备中使用很多。

PTFE 分子间的相互作用力小，表面分子对其他分子的吸引力也很小，因此它的润滑性能优异，是现有固体中摩擦系数最低的。因此，PTFE 用作航空轴承时，具有起动阻力小、起动过程平稳且摩擦系数几乎不随温度而变化的优点。

PTFE 的表面能非常低，几乎所有固体材料都不能黏附其表面，电性能优异，是目前介电常数和介电损耗最小的固体绝缘材料，可以用作涡轮喷气发动机加力燃烧室喷管操纵系统中的涨圈。

2. 聚甲基丙烯酸甲酯（PMMA）

其化学式为：

$$+CH_2 - \underset{\underset{COOCH_3}{|}}{\overset{\overset{CH_3}{|}}{C}} +_n$$

PMMA 以光学性质优异著称，因此被称为有机玻璃。这种塑料的透明度可与光学玻璃媲美。它对可见光的透过率高达 92%，对紫外光的透过率也高达 75%；而无机玻璃仅能透过 85% 的可见光和不到 10% 的紫外光。有机玻璃常用于制备各种透明的装饰面板、仪表板、透明容器和包装盒等。有机玻璃的高透明性在信息公路发展的今天，被大量用于制备通信光缆和光记录器材（如光盘等）。

有机玻璃的相对密度很小，强度却很高。与无机玻璃相比，它的相对密度只是前者的 1/2，而冲击强度却高出 7~18 倍。如果将有机玻璃加热至玻璃化转变温度（$T_g$）以上，经过双向拉伸的处理，它的冲击强度还会进一步提高；用钉子穿透时不会产生裂纹，被子弹击穿不会破碎，因而可做成航空玻璃和防弹玻璃。

PMMA 的主要缺点是表面硬度差，容易划伤；导热性差，热膨胀系数大；当温度变化时，力学性能变差；耐有机溶剂性较差。通过改性可以在一定程度上克服这些缺点，提高耐磨损、耐热性、增韧等。

3. 聚氯乙烯（PVC）

其化学式为：

$$+CH_2 - \underset{\underset{Cl}{|}}{CH} +_n$$

聚氯乙烯是由乙炔气体与氯化氢合成氯乙烯，再聚合而成。聚氯乙烯塑料是仅次于聚乙烯的第二大吨位塑料品种，其发展已有百年的历史。PVC 制品的软硬程度可通过加入增塑剂的份数多少调整，在聚氯乙烯中添加少量增塑剂、稳定剂和填料时，可制得硬质 PVC 塑料。当增塑剂加入量达 30%~40% 时，可制得软质 PVC 塑料。

PVC 的热稳定性十分差，通常的使用温度为 -15~60℃。当温度达到 60℃ 以上时就会变形，并形成多烯结构。因此，纯 PVC 树脂难以用热塑性方法加工，通常需要添加大量增塑剂。另外，在光和热的作用下，PVC 很容易老化，使制品颜色变深，质地变脆。

硬质 PVC 塑料具有较高的强度，耐蚀性良好。但是使用温度范围小，其正常工作温度是 -15~60℃，主要用作耐腐蚀材料和电绝缘材料。

软质 PVC 塑料制品柔软，断后伸长率高，并具有良好的耐酸碱性和电绝缘性。它的强度、硬度较小，耐寒性较差，随着温度的降低会变脆。在飞机上常用作电线和电缆的保护套、液压系统和冷气系统的密封垫，以及作为封存或包装各种航空零件和设备的材料。

### 4. 酚醛塑料

酚醛树脂俗称电木或胶木，是世界上最早工业化的合成塑料。由于综合性能优良，价格便宜，至今在塑料生产中仍占有相当重要的地位。酚醛塑料是由酚类和醛类在催化剂作用下缩聚合成酚醛树脂，再加入添加剂而制成的高聚物。

酚醛树脂的耐热性仅次于有机硅树脂，不同填料的酚醛塑料的最高使用温度有所差别。以玻璃纤维和石棉为填料的酚醛塑料最高使用温度高达 170~180℃，可用来制造飞机刹车系统零件，如刹车块。

酚醛树脂的制备过程如下：

苯酚+甲醛　　　　　　　　线形酚醛树脂　　　　　　　交联酚醛树脂(电木)

酚醛树脂的电气绝缘性良好，以木粉、云母粉、石英粉等为填料的酚醛塑料，可以在模具内压制成外形复杂而光亮的零件，主要用来制造飞机上的电气开关装置，如旋钮、按钮、插销、插座以及手柄、仪表外壳等。

以布、玻璃布、纸等纤维材料作为填料的酚醛塑料，其抗弯强度、抗拉强度和冲击强度等力学性能都很高，吸振性能也很好。其在航空工程中的用途较广，如齿轮、滑轮、发动机架的缓冲器垫片、飞机操纵踏板、驾驶盘、配电盘、接头座板、软油箱槽、电器绝缘件等。

酚醛树脂的缺点是脆性较高，颜色单调，原料苯酚和甲醛都有一定毒性。

## 6.2　橡胶

橡胶是一种具有可逆形变的高弹性聚合物材料，在室温下富有弹性，在很小的外力作用下能产生较大形变，除去外力后能恢复原状。

## 6.2.1 橡胶的分类及特性

橡胶制品主要由生胶、各种配合剂和增强材料三部分组成。

生胶是指未加配合剂的天然或合成橡胶，是橡胶制品的主要成分。生胶不仅在橡胶的制备过程中起着黏结其他配合剂的作用，同时它也是决定橡胶制品性能的关键因素。在实际的制备过程中，如果采用不同种类的生胶，制得的橡胶制品的性能也大不相同。

配合剂是指为了提高和改善橡胶制品的各种性能而加入的物质，配合剂的种类十分丰富，包括硫化剂、硫化促进剂、防老剂、填充剂、发泡剂及着色剂等。具体使用的种类和剂量需要根据实际需求决定。

增强材料包括各种纤维织品，帘布以及钢丝等，加入增强材料能够使橡胶制品的强度增强并且能够在一定程度上限制材料的变形。

### 1. 橡胶的分类

根据原材料的来源不同，可以将橡胶分为天然橡胶、合成橡胶两类。

（1）天然橡胶　早期使用的橡胶都是天然橡胶，它是从橡胶树、橡胶草和橡胶菊的胶乳中提取的一种高弹性物质，其中三叶橡胶树含胶多、产量大、质量好，是天然橡胶的主要来源。天然橡胶的主要成分是橡胶烃，它是由异戊二烯链节组成的天然高分子化合物。

天然橡胶分为天然胶乳和固体天然橡胶（天然生胶），是用途最广泛的一种通用橡胶。天然胶乳是一种黏稠的乳白色液体，它是橡胶粒在近中性介质中的乳状水分散体。天然生胶是指胶乳经加工制成的干胶，主要有烟胶片、绉胶片和风干胶片等。

天然橡胶具有较高的强度和弹性，耐撕裂、耐切割，在外力作用下拉伸时可结晶，结晶度较小，且受温度影响较大。天然橡胶还具有很好的疲劳特性，多次变形时生热少；不透气，具有高度绝缘性，能耐水、软酸和碱。

天然橡胶的缺点是耐油性差，能溶解于汽油、苯和矿物油中；耐热老化性和耐大气老化性较差，在空气中容易与氧进行自动催化氧化的连锁反应而发生黏连或龟裂。天然橡胶经硫化处理后，其物理性能和力学性能都得到增强，在航空领域中用作气动和液压系统的密封、减振零件和垫圈、垫片等。

（2）合成橡胶　随着社会的发展，天然橡胶的产量和性质都不能满足生产需要。工业上所使用的橡胶制品，都是经过硫化处理，采用人工合成的办法来生产的，称为合成橡胶。与天然橡胶相比，合成橡胶的力学性能有所提高，克服了橡胶因温度升高而变软发黏的缺点，耐热性、耐寒性和对有机溶剂作用的抗耐性都有所提高。

合成橡胶按应用范围及用途可分为通用合成橡胶和特种合成橡胶。通用合成橡胶的性能与天然橡胶相同或相近，可广泛用于制造轮胎及其他橡胶制品。常见的通用合成橡胶有丁苯橡胶、顺丁橡胶、氯丁橡胶等。特种合成橡胶是指具有耐寒、耐热、耐油等特殊性能，可以用在特殊场合的一类橡胶，如丁腈橡胶、硅橡胶、氟橡胶、聚氨酯橡胶等。

2. 橡胶制品的特性

橡胶是一种具有极高弹性的高分子材料，其弹性变形量可达100%～1000%，而且回弹性好，回弹速度快。同时，橡胶还有一定的耐磨性，很好的绝缘性和不透气、不透水性。橡胶是常用的弹性材料、密封材料、减振防振材料和传动材料。

橡胶的高弹性与其分子结构有密切关系。天然橡胶虽然也具有一些有用的应用特性，但也存在不少缺点，如强度低、弹性小；冷则发硬、热则发黏；容易老化等。早在19世纪40年代，人们就发现，通过橡胶与硫黄一起共同加热，可以使橡胶发生交联。因此，直到现在，虽然橡胶不仅可用硫黄，还可用很多其他的化学交联剂和物理化学方法进行交联，但在橡胶行业中，一直习惯将橡胶的交联称之为"硫化"，而塑料加工业有时将交联反应称之为固化。硫化过程是在一定外部条件下通过化学因素（如硫化体系）或物理因素（如γ射线）的作用，将具有一定塑性和黏性的胶料（生胶、塑炼胶、混炼胶）经过适当加工（如压延、压出、成型等）而制成的半成品重新转化为软制弹性橡胶制品或硬制橡胶制品，从而获得使用性能的工艺过程。在硫化过程中，外部的条件（如加热或辐射）使胶料组分中的生胶与硫化剂或生胶与生胶之间发生化学反应，由线型的橡胶大分子交联成立体网状结构的大分子。橡胶硫化前后的结构变化如图6-3所示。

硫化的实质是交联，即线型的橡胶分子结构转化为空间网状结构

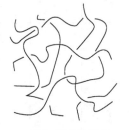 

a) 硫化前的橡胶结构　　　b) 硫化后的橡胶结构

图6-3　橡胶硫化前后的结构变化

的过程。以硫化剂作为桥梁形成交联作用，就像把断毛线织成了毛衣，使大分子链间失去了自由运动的独立性，变得不能相互滑动。这样既保证了强度又不致永久变形，还具有不溶解、不熔融的性质。显然，交联密度越大，则橡胶的弹性越低，而硬度、耐热性、耐溶剂性越高。

合成橡胶所需要的大量原料，如乙烯、丙烯、丁烯和芳香烃，都可以来自石油化工。合成橡胶的生产需要先从石油中获得生产合成橡胶的单体，然后通过聚合，也像聚合物分子一样，联结成一条很长的链条，但不是一条笔直的链条，而是弯弯曲曲的，既能屈能伸，又能做旋转运动的链条，这就使合成橡胶单体聚联成具有弹性的大分子固体。

表6-2列出了常见橡胶的性能和用途。

表 6-2　常见橡胶的性能和用途

| 性能 | 天然橡胶 | 通用合成橡胶 | | | | | 特种合成橡胶 | | | | |
|---|---|---|---|---|---|---|---|---|---|---|---|
| | | 丁苯橡胶 | 顺丁橡胶 | 丁基橡胶 | 氯丁橡胶 | 乙丙橡胶 | 聚氨酯橡胶 | 丁腈橡胶 | 氟橡胶 | 硅橡胶 | 聚硫橡胶 |
| 抗拉强度/MPa | 28 | 18 | 21 | 19 | 26 | 18 | 28 | 25 | 21 | 8 | 12 |
| 断后伸长率(%) | 700 | 650 | 600 | 780 | 880 | 600 | 550 | 540 | 280 | 200 | 400 |
| 抗撕性 | 好 | 中 | 中 | 中 | 好 | 好 | 中 | 中 | 中 | 差 | 差 |
| 使用温度(上限)范围/℃ | <100 | 80~120 | (120) | 120~170 | 120~150 | (150) | 80 | 120~170 | (300) | -100~300 | 80~130 |
| 耐磨性 | 中 | 好 | 好 | 中 | 中 | 中 | 好 | 中 | 中 | 差 | 差 |
| 回弹性 | 好 | 中 | 好 | 中 | 中 | 中 | 中 | 中 | 中 | 差 | 差 |
| 使用性能 | 高强、绝缘、防震 | 耐磨 | 耐磨、耐寒 | 耐酸碱、气密 | 耐酸碱、耐热 | 耐水、绝缘 | 高强、耐磨 | 耐油、耐水、气密 | 耐油、耐热、真空 | 耐热、绝缘 | 耐油、耐酸碱 |
| 工业应用举例 | 通用制品、轮胎 | 胶布、轮胎 | 轮胎、运输带 | 内胎 | 管路、胶带 | 汽车配件 | 耐磨件 | 油管、耐油垫圈 | 高级密封件 | 耐高低温零件 | 丁腈改性 |

## 6.2.2 橡胶在航空工程中的应用

橡胶在航空工业的应用历史较长，早在飞机发展初期，就采用橡胶材料制成轮胎和油箱等。在现代飞机中，橡胶更成为不可或缺的材料之一。利用橡胶的高弹性，可制成的飞机零部件有：机轮的外胎和内胎、软油箱、硬油箱的保护套、各种缓冲器、密封零件、绝缘零件、除水装置等。

航空领域常用的橡胶种类有以下几种：

### 1. 丁苯橡胶

丁苯橡胶是最早工业化的合成橡胶，产量和消耗量在合成橡胶中排在第一位。丁苯橡胶是由丁二烯和苯乙烯共聚而成，其化学式为：

在结构上同天然橡胶相比，丁苯橡胶为不饱和碳链橡胶，但不存在甲基侧基及推电子作用，双键的活性也较低。而且丁苯橡胶的平均分子量较低，分子量分布较窄，分子结构较拥挤，使分子间力加大。在性能上与天然橡胶相比，丁苯橡胶具有良好的耐磨性和气密性，较好的耐热性、抗老化性，不容易发生焦烧和过硫。此外，由于低温丁苯橡胶是非极性的碳链橡胶，因此耐油性和耐非极性溶剂性差，但是总体上好于天然橡胶。硫化丁苯橡胶由于引入了庞大的苯基侧基，导致其弹性、耐寒性和耐撕裂性均比天然橡胶差。但由于丁苯橡胶成本低廉，其性能不足之处可以通过与天然橡胶并用或改性强化得以改善。

航空上的密封用橡胶零件要求抗振性强、弹性好，工作温度为$-30 \sim 80℃$，不易老化。综合上述特点，多采用丁苯橡胶作为密封材料。

### 2. 丁腈橡胶

丁腈橡胶以其优异的耐油性著称，是以丁二烯和丙烯腈为单体，经乳液共聚而制成的特种合成橡胶。其化学式为：

$$\overline{\phantom{x}}\left[ CH_2-CH=CH-CH_2 \right]_x \left[ \begin{matrix} CH_2-CH \\ | \\ CN \end{matrix} \right]_y \left[ \begin{matrix} CH_2-CH \\ | \\ CH \\ \| \\ CH_2 \end{matrix} \right]_z$$

丁腈橡胶中有丙烯腈结构，使烯丙基位置上的氢比较稳定，故耐热性优于天然橡胶和丁苯橡胶等通用橡胶。其最高使用温度可达130℃。丁腈橡胶还具有优于天然橡胶的耐磨性、抗老化性和良好的耐水性。但是丁腈橡胶的耐寒性差，丙烯腈的含量越高，丁腈橡胶的耐寒性越差。

由于丁腈橡胶的分子结构不规则，属于非结晶性橡胶。分子链上引入了强极性的腈基团，因而耐油性极强，不被非极性和弱极性油类溶胀。在航空上常被用作各种耐油制品，如耐油零件、密封垫圈和软油箱。为确保橡胶制件的正确使用，尤其是在飞机的液压系统中，要根据液压油的种类来选择橡胶密封圈。天然橡胶密封件适宜用植物基液压油；合成橡胶密封圈适宜用矿物基液压油。假如天然橡胶密封件上沾染有石油基液压油或磷酸酯基液压油，则密封件将发生膨胀、损坏以及堵塞系统的情况。

3. 氯丁橡胶

氯丁橡胶是由氯丁二烯通过乳液聚合的方法制成的橡胶，其制备化学式为：

$$n\, CH_2\!=\!CH\!-\!C\!=\!CH_2 \longrightarrow \left[ CH_2\!-\!CH\!=\!C\!-\!CH_2 \right]_n$$
$$\qquad\qquad\quad Cl \qquad\qquad\qquad\qquad\quad Cl$$

氯丁橡胶分子中含有氯，属于极性橡胶，分子间作用力大，这种结构决定了其具有与天然橡胶相似的良好力学性能，耐油、耐非极性溶剂性好，仅次于丁腈橡胶，可被用作飞机上的油箱保护套。同时，由于氯丁橡胶结构紧密，稳定性强，有很好的耐热性、抗老化性、耐磨性，所以被称为"万能橡胶"。缺点是氯丁橡胶分子结构的规整性好，内聚力较大，限制了分子的热运动，因此其耐寒性较差（-35℃），除此之外，氯丁橡胶的相对密度较大，其生胶稳定性差，贮存过程中易发生结晶硬化。

氯丁橡胶用途很广，航空上常使用氯丁橡胶制作胶管、胶带。橡胶软管用于连接燃油系统、滑油系统、液压系统和空气导管。另外，氯丁橡胶的黏接强度高，适用范围广，可用作飞机上的电缆胶黏剂。

4. 硅橡胶

硅橡胶是目前最好的耐温和耐寒橡胶，可以在-100~300℃的最宽温度范围内使用。硅橡胶是由环状有机硅氧烷开环聚合或不同硅氧烷进行共聚而制成的特种橡胶，其化学式为：

$$CH_3 \quad\quad CH_3 \quad\quad CH_3 \quad\quad CH_3$$
$$|\qquad\qquad |\qquad\qquad |\qquad\qquad |$$
$$CH_3\!-\!Si\!-\!O\!\left[ Si\!-\!O \right]_m\!\left[ Si\!-\!O \right]_n\!Si\!-\!CH_3$$
$$|\qquad\qquad |\qquad\qquad |\qquad\qquad |$$
$$CH_3 \quad\quad CH_3 \quad\quad H \quad\quad\, CH_3$$

硅橡胶在宽温度范围内具有良好的稳定性，导热、散热、耐热性好，不会出现脆裂或焦烧，还具有优异的抗老化性能，对臭氧、光和气候的老化抗力大，透气性好。硅橡胶在航空工业中常被用作制备各种密封垫圈、胶管等。高温硫化硅橡胶制品在高频下电气绝缘性优良，可用于飞机上的电缆绝缘层。

**5. 氟橡胶**

含氟橡胶是特种橡胶中的"全能选手"，适宜在条件最恶劣的环境中工作。它的主链或侧链的碳原子上含有氟原子，其化学式为：

$$\left[ \begin{array}{cc} \underset{\underset{F}{|}}{\overset{\overset{F}{|}}{C}} & \underset{\underset{H}{|}}{\overset{\overset{H}{|}}{C}} \end{array} \right]_m \left[ \begin{array}{cc} \underset{\underset{F}{|}}{\overset{\overset{F}{|}}{C}} & \underset{\underset{Cl}{|}}{\overset{\overset{F}{|}}{C}} \end{array} \right]_n$$

由于氟橡胶没有不饱和的 C＝C 键结构，降低了由于氧化和热解作用在主链上产生降解断链的可能性，它的热稳定性很好，具有耐热和耐温性能。氟橡胶还具有极优越的化学稳定性和耐溶剂性，抗老化性可以与硅橡胶媲美。氟橡胶的缺点是价格昂贵、耐寒性差、加工性能不好、力学性能差。

氟橡胶 O 型密封圈等密封制品被广泛用于汽车、飞机发动机的密封部位，可在 200~250℃下长期工作，适合于发动机动力输出轴承的密封，其工作寿命可与发动机返修寿命相同，达 1000~5000 飞行小时（时间为 5~10 年）。也可用在发动机阀杆密封、气缸套密封、离合器密封、空气滤清器密封、燃油泵密封及燃油胶管内层胶等。

氟橡胶及其相应密封件也是唯一能在高空条件下使用的，在 $1.33×10^{-7}Pa$ 以下，其他的橡胶 O 型圈及其相应密封件都不能用于密封。因此，氟橡胶及其相应密封件在航空领域有着广泛的应用。

**6. 新型橡胶——热塑性弹性体**

大多数橡胶都要经过硫化处理，形成不溶不熔的交联结构才能使用，是热固性的材料。它们的加工过程十分复杂，劳动强度很大。而且，橡胶制品废弃物的回收成本也很高。近年来，人们通过高分子的合成反应，制备出具有很高弹性，但无须硫化的弹性体。它们像塑料一样，可以用注射成型的方法进行加工，得到的产品又具有很高的弹性，因此被称为热塑性弹性体。其主要品种是SBS 弹性体（苯乙烯-丁二烯-苯乙烯嵌段共聚物）。它们的分子结构如图 6-4 所示。

图 6-4　SBS 弹性体的分子结构图

热塑性 SBS 弹性体可以通过任意调节软段和硬段的长度和比例来改变弹性体的性能。一般来说,热塑性弹性体的强度和耐磨性都优于通用橡胶,但其耐温性差,而价格比较高,常用来制备飞机轮胎。

# 6.3 胶黏剂及涂料

胶黏剂又称黏合剂,是一种具有良好的黏合性能,能把各种相同或不同的材料紧密结合在一起的物质,能够起胶结、固定、密封、补漏和修复作用。胶黏剂已成为实现飞行器零部件连接的重要材料,广泛用于各种接合面的连接,例如承受空气增压的密封舱,阻止燃油渗漏、腐蚀性液体侵蚀等的结构区域。

涂料就是日常生活中所说的油漆,是一种有机高分子胶体的混合溶液。这种材料可以用不同的施工工艺涂覆在物体表面,形成牢固、连续、具有一定强度的固态薄膜。

## 6.3.1 胶黏剂的组成和分类

黏接工艺与常用的铆接、螺栓连接和焊接相比,具有以下几个特点:

1)使用胶黏剂对飞机零部件的接合面进行黏接,可以减轻飞机的结构重量,增加航速。胶黏剂的密度较小,大多在 $0.9 \sim 2g/cm^3$ 之间,约是金属密度的 $20\% \sim 25\%$,这在航空上可以显著减轻自重,节省能源。不仅如此,机体表面采用胶接时,表面光滑平整,有利于改善飞机的飞行性能,提高飞机的飞行速度。

2)胶接结构无破坏性,应力分布均匀。常用的螺栓连接、铆接、焊接等连接方式,会因对材料部件打孔或局部加热而对材料有所破坏。相比之下,胶接技术是一种非破坏性的连接技术,并因黏接界面整体承受载荷而提高负载能力,延长了使用寿命。

3)胶黏剂能够起到很好的防腐作用。好的密封性能够防止一些潮湿的腐蚀性液体进入,进而能够起到保护作用,在实际工程中应用较为广泛。对于一些重要的工业设备和工业材料,需要通过使用胶黏剂来延长相关产品的使用寿命。

4)对于一些实际工业流程中的热敏元件来说,在传统工业中,很容易在遇到高温、高热度环境下出现性质改变等情况,胶黏剂的使用能够在很大程度上解决该类问题,让一些热敏元件在实际生产流程中得到更好的应用,拓宽了这类元件的应用范围。

各种连接方式的对比见表 6-3。

表 6-3 各种连接方式的对比

| 性能 | 胶黏剂 | 焊接 | 钎焊 | 机械连接 |
|---|---|---|---|---|
| 持久性 | 永久结合 | 永久结合 | 基本持久 | 螺纹紧固件可拆解 |
| 应力分布 | 结合区域应力分布均匀 | 局部应力集中 | 较好的应力分布 | 应力高度集中 |
| 外观 | 表面几乎无痕迹 | 结合表面可以接受,部分光滑表面需修整 | 良好的结合面 | 表面的不连续性有时不可接受 |
| 材料 | 最理想的不同种材料的结合 | 一般限制在同种材料之间 | 不同种金属之间的结合 | 大多数种类和形式的材料适用 |
| 耐高温性 | 耐高温性较差 | 耐高温性非常好 | 耐高温性受填充金属限制 | 耐高温性较好 |
| 强度 | 很好的疲劳性能 | 特殊要求时往往需要提高疲劳强度 | 良好的抗振性能 | 需要考虑卡扣位置的疲劳性能 |

**1. 胶黏剂的组成**

胶黏剂通常由几种材料配制而成。这些材料按其作用不同,一般分为基料和辅助材料两大类。

基料是使两种被粘物体结合在一起,并赋予胶层一定力学强度的物质。胶黏剂的性能如何,主要与基料有关。常用的基料有各种树脂、橡胶、淀粉、蛋白质、硅酸盐等。天然高分子物质如淀粉、蛋白质等,由于受多种自然条件的影响,性能、质量不稳定,且黏接力较低。航空结构用胶黏剂的基料都是合成树脂材料。常被用作胶黏剂的热固性树脂有酚醛树脂、环氧树脂、有机硅树脂等,常用的热塑性树脂有聚醋酸乙烯酯、聚乙烯醇缩醛、聚苯乙烯等。应用较广的是热固性树脂,它的黏接强度较高。为了改善黏接性能,常在热固性树脂中再加入热塑性树脂或弹性材料。

辅助材料是胶黏剂中用以改善基料性能或为便于施工而加入的物质。航空领域常用的辅助材料有固化剂、催化剂、填料、溶剂和附加剂。在胶黏剂中加入一定比例的固化剂可以提高胶黏剂的黏接强度和化学稳定性,而催化剂可以加速固化剂的硬化过程。加入一定量的填料可以改善胶黏剂的性能,如降低固化时的收缩率,提高尺寸稳定性、耐热性等。溶剂主要用来溶解基料,调节胶黏剂的黏度,便于施工。某些胶黏剂为满足特殊需求,还需要加入一些附加剂,如增塑剂、防老剂、防腐剂等。

**2. 胶黏剂的分类**

在实际生产中的胶黏剂可以分为合成胶黏剂、天然胶黏剂和无机胶黏剂三种。

天然胶黏剂是指由天然有机物制成的胶黏剂，是最早进入人类生活领域的胶黏剂。天然胶黏剂的原料容易获得，使用方便，但是其在黏接力和耐水性等方面不如合成胶黏剂，按原料分类，天然胶黏剂可以分为矿物质、动物胶和植物胶；按组成可以分为淀粉、动植物蛋白、纤维素和天然树脂等。

无机胶黏剂是一种新型胶黏剂，一般的有机胶黏剂能承受的高温通常在100℃以下，而无机胶黏剂能承受 600～900℃ 的温度，改进成分后可以达到1800℃以上。无机胶黏剂通常情况下具备以下特点：既能耐高温，又能耐低温；通常是水溶性的，毒性较小，无环境污染；热膨胀系数小；耐油，耐久性好，不老化。现在常用的无机胶黏剂包括硅酸盐胶黏剂、磷酸盐胶黏剂和磷腈树脂胶黏剂。

合成胶黏剂最早用于木材加工业，它是以合成高分子材料为基础，包括热固性树脂胶黏剂、热塑性树脂胶黏剂、橡胶胶黏剂以及特种胶黏剂四类。合成胶黏剂除了具有良好的黏接能力外，还具有良好的电绝缘性、隔热性、耐蚀性和抗振性。

## 6.3.2 胶黏剂在航空工程中的应用

胶黏剂黏接技术应用最广泛的领域是航空工业。飞行器结构采用黏接工艺可以显著减轻结构质量，提高疲劳寿命，简化工艺过程，因而许多国家都把黏接技术作为飞机制造的新工艺。大约在 20 世纪 40 年代，飞机制造工业开始使用合成胶黏剂，在所有现代飞机上，几乎没有不采用黏接工艺的。在一些飞机中，黏接工艺已经成为整个飞机设计的基础，若每架飞机用胶量超过 400kg，则可取代约50 万只铆钉。B-58 重型超音速轰炸机中，黏接壁板占全机总面积的 85%，其中蜂窝夹层结构占 90%；波音 747 喷气客机使用胶膜 2500m$^2$，密封胶 450kg。

目前航空工业常用胶黏剂种类如下。

1. 酚醛型耐热结构胶黏剂

酚醛树脂是一类早期的耐高温树脂，具有较好的耐热性，但黏接强度不够理想而且脆性大。因此国外航空工业最早研制的结构胶，就是从改性酚醛树脂着手的。酚醛树脂型结构胶主要有酚醛-橡胶型胶黏剂、酚醛-缩醛型胶黏剂和元素有机化合物改性酚醛型胶黏剂。

酚醛-橡胶型胶黏剂多为酚醛改性的丁腈橡胶或羧基橡胶，常用于金属或合金材料与橡胶、复合材料的黏接，使用温度不超过 200℃。20 世纪 40 年代最早开发的缩醛改性结构胶 Rekux 775，由热固性的酚醛树脂和热塑性的乙烯基固化剂组成，其使用温度不超过 150℃，至今还在局部少量应用；接着又开发了丁腈改性的 Melt bond 4021，耐热、韧性和抗老化等性能极其优越，尤其是 90°剥离强度可达20kN/m以上，这是至今其他高温结构胶所不能比拟的。

酚醛-缩醛型胶黏剂多为酚醛改性的聚乙烯醇缩糠丁醛，可用于金属、塑料和印刷线路板的黏接，如FM47是一种酚醛-缩醛型胶黏剂，经150~175℃固化后的扯离强度为480~1380kPa。

元素有机化合物改性酚醛型胶黏剂多为酚醛有机硅低聚物改性橡胶、石棉和含钛化合物等，可用于金属与非金属、石墨等材料的黏接，最高使用温度可达短时间1000℃。一些战术导弹、飞机刹车盘等多采用酚醛树脂胶黏剂进行黏接。俄罗斯在酚醛树脂有机硅胶中向主链引入了B、Ti、Al等杂质原子和卡十硼烷，又显著地提高了耐热性，并用于导弹鼻锥和壳体以及耐热材料的黏接，其瞬间使用温度可达1000℃，并且在1000℃时仍具有1.7MPa的剪切强度。

### 2. 环氧型耐高温结构胶

环氧树脂具有较好的黏接强度，综合性能良好，低收缩性，蠕变小，唯其耐热性不够高，脆性大，通过多种途径改性后，效果极佳，目前可以说环氧树脂是一类最为理想的基体树脂，应用面颇为广泛，为耐热结构胶的首选材料。改善环氧树脂脆性和综合性能的方法主要是添加橡胶弹性体和耐热的热塑性树脂等，橡胶相引入环氧基体后，部分橡胶粒子可能嵌段在环氧树脂链上形成软硬段交替结构，赋予环氧树脂韧性，同时部分橡胶粒子可以从环氧树脂本体中沉淀出来，阻止裂纹的扩展，从而大大提高环氧树脂的韧性。

20世纪60年代中叶以来，根据航空工业所用铝合金在175℃高温下固化有晶间腐蚀问题，开发出系列120℃中温固化的结构胶，发展迅速，也是以改性环氧树脂作为主体，以双氰胺和咪唑为固化剂，以脲的衍生物为促进剂降低固化温度，效果极佳。

### 3. 双马来酰亚胺耐热胶黏剂

双马来酰亚胺（BMI）是一种耐热性良好的热固性树脂，具有良好的耐热、耐湿热、耐辐射、抗老化和电绝缘性。但BMI本身存在着熔点高、溶解性差、固化物脆等缺点，必须加以改性方能得到良好的应用。改性的途径主要有：合成低熔点的单体，合成系列内扩链BMI单体以减小BMI分子链的刚性；引入烯丙基等化合物与BMI分子中的双键进行反应；引入含有活性基团的高分子材料，如CTBN、ATBN等，均可收到良好的效果，目前广泛用于复合材料基体树脂方面。

### 4. 有机硅胶黏剂

普通有机硅胶黏剂的使用温度可达300℃，经改性后的有机硅胶黏剂，其使用温度显著提高。俄罗斯科学家采用有机硅共聚物和甲基丙烯酸改性丙烯酸丁酯（BA）共聚物制备胶黏剂，并用于绝热材料和金属的黏接，其使用温度可达350℃；在酚醛树脂/有机硅低聚物中加入石棉，并用于金属和热稳定的非金属材料的黏接，短时间最高使用温度可达1000℃；在有机硅共聚物中加入石棉，并用于金属和热稳定的非金属材料的黏接，短时间最高使用温度可达1200℃；用改性有机硅低聚物和甲基丙烯酸改性的BA共聚物制备胶黏剂，并用于玻璃纤维复合材料和金属的黏接，其使用温度可达400℃，在此体系中加入石棉填料后使用温度可达500℃。

国外从20世纪60年代末就已开始使用加成型硅橡胶作为卫星太阳能电池的胶黏剂，并已逐渐取代缩合型硅橡胶。其中最具代表性的产品有美国的DC93-500和德国的RTV-S691与RTV-S695，其最大特点是有较低的真空热失重率（其中DC93-500为0.22%，RTV-S695为0.23%，RTV-S691为1%）。

### 5. 聚酰亚胺耐热胶黏剂

聚酰亚胺（PI）是较早应用于耐高温胶黏剂的杂环高分子基体，它的耐热性与有机硅相当，但它的力学性能、电气性能和耐湿性能都比较好，可以单独使用，但其难熔、难溶、韧性稍差、成本高、工艺条件苛刻，在一定条件下难于广泛应用。为此近二三十年来国外在改性方面做了大量的系统工作，尤其是交联型聚酰亚胺，除M型和P13N型外，还开发了腈基和乙炔基封端，引入烯丙基的聚酰亚胺，工作温度可达300℃，改善了韧性和一定的工艺条件，在耐高温胶黏剂和复合材料基体树脂方面得到成功应用。

### 6. 国内耐热结构胶黏剂

我国航空结构胶黏剂的研制和应用从20世纪50年代末开始，其间经历了从引进材料复验到自行研制，从品种单一到品种多样，从以改性酚醛型为主到改性环氧型为主，从有孔蜂窝结构到无孔蜂窝结构和板-板胶接应用的艰难发展过程。

20世纪70年代初期，我国研制出环氧-丁腈型自力-2胶，首先用于Z-5直升机旋翼无孔蜂窝后段的胶接，解决了有孔蜂窝结构开胶、进水的问题。并且在Y-12、Y11T等飞机的机身壁板胶接应用中取得成功经验，Y-12飞机采用自力-2胶胶接的机翼整体油箱比密封铆接金属硬油箱单机减重30kg，使用性能良好，维护简便。SH-5飞机用酚醛-丁腈型J-15胶胶接船底壁板代替密封铆接结构解决了漏水问题。

20世纪80年代初期研制成环氧-聚砜型、可自成胶瘤的SY-14胶膜。采用该胶和铝合金磷酸阳极化胶接体系制造先进飞机操纵翼面，单机减重约20kg。SY-14胶膜在其他机种、火箭和导弹上也获得广泛应用。应用J-30胶制造先进飞机的吹气襟翼也取得良好效果。

1984年研制成功的磷酸阳极化耐久铝蜂窝芯，其基本性能已达到美国军用标准MIL-C-7438的要求，现已试用于10个机种的蜂窝件的制造、修理和更换，这种耐久铝蜂窝芯的实际应用时间早于美国。

目前国内航空结构胶黏剂已经发展到一定水平，但在结构胶品种系列化、载体胶膜制造工艺、胶接工艺自动化控制和胶接质量检测等方面尚有诸多不足，有待进一步完善。

## 6.3.3　涂料的组成和作用

涂料在日常生活中也通常被称为油漆。涂料是涂覆在被保护或被装饰的物体表面，并能与被涂物形成牢固附着的连续薄膜，通常是以树脂、油乳液为主，添加或不添加颜料、填料，添加相应助剂，用有机溶剂或水配制而成的黏稠液体。

涂料的组成中包含成膜物质、颜料和填料、溶剂、助剂共四类成分。

1. 成膜物质

成膜物质是组成涂料的基础，是决定涂料各种性质的绝对成分。通常情况下，涂料成膜物质可以按照其转化性质分为转化型和非转化型两大类。

转化型涂料又称反应型涂料，转化型涂料的涂料成膜物质在成膜过程中结构会随着成膜的进程而发生变化，在变化过程中，所含成膜物质发生从线形变成网状交联结构的化学反应（有缩合型、氧化聚合型和加成聚合型等类型），具体品种包括油脂制成的涂料和由热固型树脂制成的涂料。转化型涂料成膜物质包含很多成分，包括干性油和半干性油，双组分的氨基树脂、聚氨酯树脂、醇酸树脂、热固型丙烯酸树脂、酚醛树脂等。

非转化型涂料的不同点在于成膜物质在变化过程中，其本身的结构和性质不会随着进程而发生改变，非转化型成膜物质主要有硝化棉、氯化橡胶、沥青、改性松香树脂、热塑型丙烯酸树脂、乙酸乙烯树脂等。

2. 颜料和填料

常见的颜料有钛白粉、铬黄等，颜料的使用在很大程度上能够使得涂料呈现出丰富的颜色，不仅从外观上使涂料更加美观，而且在表面上的颜料还能够使涂料具有一定的遮盖力，避免因与空气直接接触造成的腐蚀挥发或者残留物质附着等一系列问题。除此之外，颜料还有增强涂膜力学性能和耐久性的作用。颜料的品种很多，在配制涂料时应注意根据所要求的不同性能和用途选用合适的颜料品种。

填料也可称为体质颜料，特点是基本不具有遮盖力，在涂料中主要起填充作用。填料可以降低涂料成本，增加涂膜的厚度，增强涂膜的力学性能和耐久性。常用填料品种有滑石粉、碳酸钙、硫酸钡、二氧化硅等。

3. 溶剂

除了少数无溶剂涂料和粉末涂料外，溶剂是绝大多数涂料不可缺少的组成部分。一般常用的有机溶剂主要有脂肪烃、芳香烃、醇、酯、酮、卤代烃、萜烯等。溶剂在涂料中所占比重大多在50%以上。溶剂的主要作用是溶解和稀释成膜物质，使涂料在施工时易于形成比较完美的漆膜。溶剂在涂料施工结束后，一般都挥发至大气中，很少残留在漆膜里。从这个意义上来说，涂料中的溶剂既是对环境的极大污染，也是对资源的极大浪费。所以，现代涂料行业正在努力减少溶剂的使用量，开发出了高固体分涂料、水性涂料、乳胶涂料、无溶剂涂料等环保型涂料。

**4. 助剂**

只需要在涂料中加入少量该成分，就能够起到显著的效果。在工业生产中，助剂是为改善生产过程、提高产品质量和产量，或者为赋予产品某种特有的应用性能所添加的辅助化学品，也可以称为添加剂，其本身在发挥作用时，并不需要太大的量，因此作为产品基体的重要成分，对产品形态、结构、性能产生重大影响的大剂量补加物，一般不划入助剂的范畴，只有相对使用量较少的辅助成分才称之为助剂。

现代涂料助剂主要有四大类的产品：

1）对涂料生产过程发生作用的助剂，如消泡剂、润湿剂、分散剂、乳化剂等。

2）对涂料储存过程发生作用的助剂，如防沉剂、稳定剂，防结皮剂等。

3）对涂料施工过程起作用的助剂，如流平剂、消泡剂、催干剂、防流挂剂等。

4）对涂膜性能产生作用的助剂，如增塑剂、消光剂、阻燃剂、防霉剂等。

## 6.3.4 涂料在航空工程中的应用

航空涂料是指飞机及其他飞行器的专用涂料。航空涂料的性能和使用特点是由其特殊的底材、特殊使用环境和特殊使用要求决定的。在飞机飞行和保障方面，由于其所处的特殊环境，因此其对涂料有特殊的要求，如具有优异的耐蚀性、耐油性（特种液压油）、耐候性、耐冻融循环性、耐磨性、耐雨蚀性、耐温性、耐冲击性等。在飞机或飞行器的不同部位所使用的涂料功能要求也不同，如飞机舱内涂料不但要求具有良好的装饰性，还要求有良好的阻燃性和耐污性等。根据涂料的使用部位和防护效果不同，飞机涂料的种类可分为：飞机蒙皮涂料、舱内装饰涂料、隔热降噪阻尼涂料、高温部位耐温涂料、抗静电涂料、阻燃涂料、耐油涂料、防火涂料、耐磨防滑涂料等。

航空工业常用的涂料主要有酚醛树脂漆类、醇酸树脂漆类、硝基漆类和过氯乙烯漆类。

**1. 酚醛树脂漆类**

酚醛树脂漆是以酚醛树脂和干性油为主要成膜物质的一类涂料。根据它的组成和功用不同又可分为酚醛清漆、酚醛磁漆和酚醛底漆。

（1）酚醛清漆 清漆不含填料和颜料，酚醛清漆是以酚醛树脂与桐油熬炼后，加入适量的催干剂，溶于有机溶剂中而成为一种透明的液体。酚醛树脂在清漆中的功用是增加漆膜的硬度，改善漆膜的光泽，改善漆膜的耐水性和耐化学性，提高漆膜的耐久性，缩短干燥时间。酚醛清漆在飞机上主要用于涂饰木器表面，因清漆透明，故可显示木器的底色和花纹，也可用作各种油性磁漆的表面罩光。

（2）酚醛磁漆 酚醛磁漆是在酚醛树脂和干性油组成的油漆料中加入颜料和少量填充料经研磨而制成的。由于使用颜料的颜色不同，而分成各色磁漆。它主要用于金属表面和木质表面的涂饰，以达到装饰和保护的目的。

（3）酚醛底漆 底漆是直接涂在材料表面上的色漆，它是在清漆中加入对金属和木材没有腐蚀性的颜料而制成的。酚醛底漆主要由酚醛树脂、干性油、溶剂和颜料组成，其主要作用是防止金属构件锈蚀，具有防锈、耐热、防潮、附着力强等优点。

**2. 醇酸树脂漆类**

醇酸树脂漆是以醇酸树脂为主要成膜物质的一类涂料。其品种很多，按外观可分为醇酸清漆、醇酸磁漆、醇酸无光漆和醇酸半无光漆。其中无光漆由于不反射光，可用于仪表板的喷涂。醇酸树脂涂料耐候性较好，漆膜有较好的附着力、柔韧性、耐热性，价格便宜。

**3. 硝基漆类**

硝基漆是以硝化棉为主要成膜物质的一类涂料。由于一般用喷涂施工，所以俗称喷漆。这类油漆干燥速度快，漆膜光泽较好，坚硬耐磨，可打蜡抛光，膜的光亮度高，装饰性强，而且调整组分比例就能制出多种规格的品种，以适应金属、木材及皮革、织物等各种物件的需要，因此获得了广泛应用。它的缺点是漆膜附着力较差，耐水性、耐化学药品性及耐溶剂性不良；且油漆中固体含量少，溶剂消耗大，环境污染严重，必须喷涂多次才能达到所需厚度要求。

**4. 过氯乙烯漆类**

过氯乙烯漆是以过氯乙烯树脂为主要成膜物质的一类涂料。这类油漆施工方便，干燥快，有良好的大气稳定性、化学稳定性、耐水性、抗菌性和耐寒性，具有不延燃的性能，在火源撤离后能迅速熄灭。它的缺点是附着力较小，耐热性较差，油漆中固体成分含量低，成膜薄，需要喷涂多层才能得到一定厚度的漆膜。常用的有 G52-2 过氯乙烯防腐清漆，用在防火、防霉、耐酸碱等要求的零件上；G04-2 各色过氯乙烯磁漆，用于金属、木材及织物表面；G06-4 过氯乙烯底漆，用于钢铁或木质表面打底；G98-1 过氯乙烯胶液，用于织物与木材或金属材料的黏合。

## 习题与思考题

1. 什么是结晶度？结晶度的影响因素有哪些？说明其对高聚物性能的影响。
2. 简述塑料的分类及各种塑料的实际用途、相关性能特点。
3. 举例说明几种常用的航空塑料。
4. 简述橡胶的分类及各种橡胶的实际用途、相关性能特点。
5. 举例说明几种航空领域常用到的橡胶。
6. 说明胶黏剂的组成及其特点。
7. 简述涂料的组成及其作用。
8. 阐述航空领域中涂料以及胶黏剂的实际用途并举出相关应用实例。

# 第7章

# 陶 瓷 材 料

陶瓷材料主要是由离子键、共价键，或者这两者的混合键键合组成的化合物。广义上讲，陶瓷就是无机非金属材料，可以包括陶瓷、玻璃、耐火材料、水泥、砖瓦、石膏等，凡是经过原料配制、坯料成型和高温烧结而制成的固体无机非金属材料都叫作陶瓷。

## 7.1 陶瓷材料的分类

通常把陶瓷材料分为玻璃、玻璃陶瓷和工程陶瓷三大类。工程陶瓷又可分为普通陶瓷和特种陶瓷，其中普通陶瓷也称为传统陶瓷，大多都是以硅酸盐矿物（如黏土、长石、石英）为原料，经加工、成型、烧结后得到的无机多晶固体，主要是指陶器和瓷器，当然也包括玻璃、搪瓷、耐火材料等。特种陶瓷又叫高性能陶瓷，主要包括氧化物、氮化物、碳化物等。常见的特种陶瓷有氧化铝陶瓷、氮化硅陶瓷、碳化硅陶瓷等。

## 7.2 陶瓷的制备工艺

常温下陶瓷的硬度、熔点很高，并且几乎没有塑形，所以一般的加工方法无法适用于陶瓷成形。陶瓷制品的生产过程主要包括配料、成型、烧结三个阶段。即先制成粉末，然后将粉末成形为坯体，最后通过烧结使粉体产生颗粒黏结，经过物质迁移使粉体产生高强度并导致致密化和再结晶的过程。陶瓷内部的晶体、玻璃体和气孔结构组成，显微组织及相应的性能都是经烧结后产生的。烧结过程直接影响晶粒尺寸与分布、气孔尺寸与分布等显微组织结构。

### 7.2.1 陶瓷粉末及制备

配料首先是粉末的制备，以人工合成的化合物为原料，通过机械或化学方法使化合物成为微米甚至纳米级的粉末。原料和粉体是高性能新型陶瓷重要的物质基础。

通常把颗粒大小介于 $1 \sim 10 \mu m$ 的粒子称为粉末颗粒或原始颗粒（一次颗

粒)。由大量粉末颗粒组成的聚合体称为粉末体,简称粉体。在粉体中,原始颗粒之间存在着大量的孔隙。晶粒(A)、颗粒(B)、聚合体(C)的关系如图7-1所示。

粉末的质量对陶瓷件的性能影响很大,高质量的粉末应具备的特征有:颗粒聚集倾向小;粒度均匀,平均粒度小;颗粒外形圆整;纯度高,成分均匀。粒度的大小基本上决定了陶瓷制品的应用范围,粉末粒度越小,陶瓷的性能越好,比如民用、建筑等行业用的粉末颗粒直径大于1mm,冶金、军工等行业为 $1 \sim 40\mu m$。目前通过将粉末颗粒直径控制在几纳米到几十纳米之间,已开发出纳米陶瓷材料,使陶瓷的性能、成型精度大幅度提高,扩大了陶瓷的应用范围。

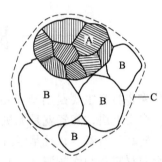

图 7-1 晶粒(A)、颗粒(B)、聚合体(C)的关系

常用的粉末制备方法见表7-1。

表 7-1 常用的粉末制备方法

| 类别 | 制备方法 | 原 理 | 特 点 |
|---|---|---|---|
| 机械方法 | 粉碎法 | 利用球磨机带动球磨罐中的磨球高速撞击原料,使原料粉碎 | 粉碎法不易获得 $1\mu m$ 以下的颗粒,且容易引入杂质 |
| 物理方法 | 雾化法 | 利用超声速气流带动原料高速运动,原料相互撞击、摩擦而粉化 | 粒径在 $0.1 \sim 0.5\mu m$ 之间,粒度分布均匀,速度快,杂质少 |
| 化学方法 | 固相法 | 热分解法:如 $[Al_2(NH_4)_2(SO_4)_4 \cdot 24H_2O]$ 在空气中加热分解<br>还原法:如 $SiO_2+C=SiC+CO_2$,该反应可得到 SiC 粉末<br>合成法:如 $BaCO_3+TiO_2=BaTiO_3+CO_2$ | 能耗大、效率低、粉体不够细、易存在杂质等,但是产量大、填充性好、成本低、制备工艺简单、粉体颗粒无团聚现象,至今仍是常用的方法 |
| | 液相法 | 沉淀法:使金属盐溶液发生沉淀反应,生成盐或氢氧化物,再加热分解得到氧化物粉末<br>蒸发法:将溶液以雾状喷射到热风中,使溶剂快速蒸发干燥而分解 | 粒径小于 $1\mu m$,成分均匀,生产量大 |
| | 气相法 | 气相反应法:将挥发性物质加热到一定温度后分解或化合,得到单一或复合氧化物、碳化物<br>蒸发-凝聚法:将原料加热到高温使之汽化,然后急冷,原料凝聚成细微粉末 | 粒度可控,粒径在 $5 \sim 500\mu m$ 之间,纯度高。目前采用等离子体技术来生产不同材料的高纯超细粉末材料的工艺已趋于成熟并用于实践 |

## 7.2.2 陶瓷粉末成型

粉末成型的过程是通过外力将松散粉末原料或其聚集体制成具有一定尺寸和强度的坯体或制品。按照坯料的性能和含水量的不同,可将陶瓷成型方法分为压制成型法、可塑成型法、浆料成型法三大类。

1. 干压成型

压制成型有干压成型、湿压成型、等静压成型等。

干压成型是将粉料加入少量黏结剂进行造粒,然后将造粒后的粉料置于钢模内,通过模冲对粉末施加较大的压力,压制成具有一定形状和尺寸的压坯的成型方法(见图 7-2)。该方法一般适用于形状简单、尺寸较小的制品。

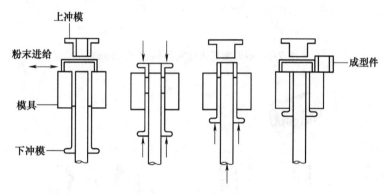

图 7-2 压制成型示意图

干压成型时,加压方式、加压速度和保压时间对坯体的密度有较大影响,不同加压方式对坯体密度的影响如图 7-3 所示。单向加压时,由于压制过程中粉末颗粒之间、粉末与模冲、模壁之间存在摩擦,使压力损失而造成坯体密度不均匀分布;采用双向压制并在粉料中加入润滑剂可减少模具的摩擦,增加坯体密度的均匀性。

2. 注浆成型

注浆成型方法是将陶瓷粉末分散在液态介质中制成悬浮液,使其具有良好的流动性,将此悬浮液注入模具中,由模具的气孔把料浆中的液体吸出,而在模具内留下坯体(见图 7-4)。

注浆成型的工艺过程包括料浆制备、模具制备和料浆浇注三个阶段。料浆制备是关键工序,要求其具有良好的流动性、足够小的黏度、良好的悬浮性、足够的稳定性等。最常用的模具为石膏模和多孔塑料模。料浆浇注入模并吸出其中的液体后,拆开模具取出注件,去除多余料,在室温下自然干燥或在可调温装置中干燥。注浆成型具有设备简单、适用性强的特点,特别适合制造大型的、形状复

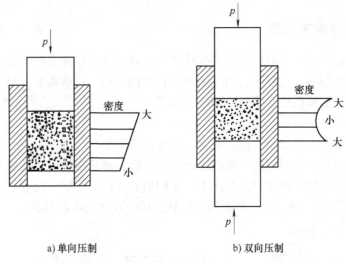

a) 单向压制　　　　　　　　　　b) 双向压制

图 7-3　不同加压方式对坯体密度的影响

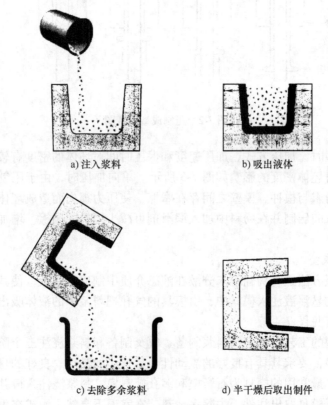

a) 注入浆料　　　　　　　　　　b) 吸出液体

c) 去除多余浆料　　　　　　　　d) 半干燥后取出制件

图 7-4　注浆成型示意图

杂的、薄壁的制件。

另外，金属铸造生产中使用的离心铸造、真空铸造、压力铸造等工艺方法也被引用到注浆成型中，并形成了离心注浆、真空注浆、压力注浆等方法。离心注浆适用于制造大型环状制品，而且坯体壁厚均匀；真空注浆可有效去除料浆中的气体；压力注浆可提高坯体的致密度，减少坯体中的残留水分，缩短成型时间，减少制品缺陷，是一种较先进的成型工艺。

**3. 热压成型**

热压成型法也属于注浆成型，但其不同之处在于：它是将石蜡混入浆料，利用蜡类材料热熔冷固的特点，把粉料与熔化的蜡料黏合剂迅速搅和成具有流动性的料浆，利用热压铸机的压缩空气把热熔料浆注入金属模，冷却凝固后成型。

这种成型操作简单，模具损失小。一般用于形状复杂、精度要求高的中小型陶瓷制品。但缺点是坯体密度较低，生产周期长，由于不易充满模腔而不太适宜成形大而长的薄壁制品。

**4. 注射成型**

注射成型法首先将粉料与有机黏结剂混合，加热混炼，然后制成粒状粉料，用注射成型机在130～300℃的温度下注射入金属模具中，冷却后黏结剂固化，取出坯体，经脱脂后就可按常规工艺烧结。这种工艺成型简单、成本低、压坯密度均匀，适用于复杂零件的自动化大规模生产。

**5. 可塑成型**

可塑成型是利用模具运动产生的压力、剪切力等外力对具有可塑性的坯料进行加工，迫使坯料在外力的作用下发生塑性变形进而制成坯体的成型方法。可塑成型法中应用最为广泛的是挤压成型及轧膜成型这两种成型方法。

（1）挤压成型法 挤压成型（也可叫挤出成型）是利用挤制机的挤压嘴，将配制好的增塑剂、黏结剂的混合料于一定压力下挤出（见图7-5）。在挤压成型方法中，挤压嘴就是成型模具，通过更换挤压模具可以挤出不同形状的坯体。也有将挤压嘴直接安装在真空练泥机上，称为真空练泥挤压机。

从粉体的受力特点来看，大部分颗粒处于较强的三向压应力状态下，因而能够充分发挥陶瓷粉体的塑性。但是由于陶瓷粉体与挤压嘴接触部分摩擦力的存在，使得坯料中部的粉体流速大于坯料表面，这样会存在一个速度梯度，导致变形的不均匀性。实际生产中，挤出成型

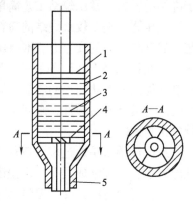

图7-5 立式挤制机结构示意图
1—活塞 2—挤压筒 3—瓷料
4—型芯 5—挤压嘴

适合于成型管状和截面一致的制件，挤出的制件长度方向上几乎不受限制，并且可以通过更换挤压嘴来控制挤出的形状。由于挤出成型依靠粉体的塑性流动，因此要求粉体的颗粒度要细，形状最好为球形。片状颗粒在挤压力的作用下会发生定向排列使得成型坯体呈现各向异性，对制件的性能是不利的。

（2）轧膜成型法 轧膜成型如图 7-6 所示，将粉料中添加一定量的有机黏结剂后通过轧辊轧成片状。一般要经过多次成形，才能达到所需厚度。轧制好的坯片要放在一定的环境中储存，防止其干燥脆化，以便进行下一步的冲切工艺。轧膜成形容易造成坯料出现各向异性，在宽度方向上易变形、开裂，适合于生产厚度 0.08~1mm 的薄片。

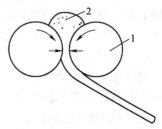

图 7-6　轧膜成型示意图
1—轧辊　2—粉料

## 7.2.3　烧结及后处理

烧结是加热已成型的坯体，坯体内的微粒在加热中扩散迁移，使之牢固地黏结在一起形成具有某种显微结构烧结体的过程。未经烧结的坯体含有大量的气孔，并且颗粒之间主要是点接触，并没有形成足够的化学键连接，不具备陶瓷应有的力学性能、物理化学性能，所以必须通过烧结来改变显微组织并获得预期的性能。常见的烧结方法有常压烧结法、热压烧结法、反应烧结法、气氛压力烧结法等。

常压烧结为常用烧结方法，无特殊的气氛，在常压下烧成，适用于无特殊要求的新型陶瓷制品。为了降低烧结温度，缩短烧成时间，需引入添加剂和使用易于烧结的粉料。常压烧结工艺简单，成本低。

热压烧结是对较难烧结的粉料或生坯在模具内施加压力，同时升温烧结的工艺。温度与压力的交互作用使颗粒的黏性和塑性流动加强，有利于坯件的致密化，可获得几乎无孔隙的制品，因此热压烧结也被称为"全致密"工艺。但缺点是只能制造形状简单的制品，同时热压烧结后微观结构具有各向异性，导致使用性能也具有各向异性，限制了其使用范围。此外，由于硬度高，热压制品的后续加工特别困难。

反应烧结法是通过多孔坯件同气相或液相发生化学反应，使坯件质量增加，孔隙减小，并烧结成具有一定强度和尺寸精度的成品的一种烧结工艺。

气氛压力烧结是在高温烧结过程中设定的时间段内施加一定压力的气氛，以满足部分特殊陶瓷材料的烧结要求。如氮化硅（$Si_3N_4$）在高温情况下如不采用有效防护措施，$Si_3N_4$ 在烧结完成之前已升华分解。最常用的方法是提高氮气气氛的压力。同时在保温阶段后期，一定压力的气氛对烧结体产生一个类似于冷等静压过程的均向施压过程，有利于烧结材料性能的进一步提高。目前，国内绝大多数氮化硅制品采用气氛压力烧结。另外，一些氧化物制品，特别是某些半导体陶瓷烧结时，气氛中的氧分压十分重要。

陶瓷制品烧结后，为进一步提高使用性能和精度，还需要进行机械加工、热处理等后续工序。有的陶瓷制品需要磨削、抛光。

## 7.3 常用工程结构陶瓷材料

### 1. 普通陶瓷

普通陶瓷是用黏土（$Al_2O_3 \cdot 2SiO_2 \cdot H2O$）、长石（$K_2O \cdot Al_2O_3 \cdot 6SiO_2$；$Na_2O \cdot Al_2O_3 \cdot 6SiO_2$）、石英（$SiO_2$）为原料烧结而成，有时加入 $MgO$、$ZnO$、$BaO$ 等化合物来进一步改善性能。这类陶瓷质地坚硬，不会氧化生锈，不导电，能耐受1200℃的高温，加工成型性好，成本低廉；缺点是强度较低，高温下玻璃相易软化。

普通陶瓷除日用外，还广泛用于化工、电工和建筑等领域。化工陶瓷用于化工、制药和食品等工业及实验室中的管路设备、耐蚀容器及实验器皿等，通常具有较高的耐化学介质腐蚀能力；电工陶瓷主要指电器绝缘用瓷，也叫高压陶瓷，要求力学性能高、介电性能和热稳定性好；建筑陶瓷主要用于制作陶瓷地砖、卫生间用具等，通常尺寸较大，要求强度和热稳定性好。

### 2. 玻璃

玻璃是通过无机材料高温烧结而成的一种陶瓷材料。与其他陶瓷材料不同，玻璃在熔化后不经过结晶而冷却成为坚硬的无机材料，即具有非晶态结构是玻璃的特征之一。玻璃的理论强度很高，而实际强度仅为理论强度的1%以下，具有很高的抗压强度，而抗拉强度较低。玻璃的硬度比较高，仅次于金刚石、碳化硅等材料；但在冲击和动载荷作用下，很容易破碎，是一种典型的脆性材料，因而限制了它的应用。

工业上大量生产的是钠钙硅酸盐玻璃，它是以一定纯度的二氧化硅砂、石灰石、纯碱等为原料，在1550~1600℃的高温下熔融、成形、急冷而制得的，其可透各种可见光，吸收红外线及紫外线，广泛应用于建筑平板玻璃、瓶罐玻璃等。

如果用钾长石代替钠长石，则制成比钠钙玻璃更硬、更有光泽的钾钙玻璃，用于化学实验容器、高级玻璃日用品以及透红外线玻璃；如果用氧化铅代替氧化钙，则成为折射率大、易吸收高能射线的铅玻璃，广泛用于 X 射线检测和 CT 扫描的观察窗、护目镜的镜片以及工业探伤用防护窗。如加入某些成核物（如 $TiO_2$、$P_2O_5$、$ZrO_2$ 等），经热处理后可得到晶粒尺寸为 $0.1 \sim 1\mu m$，晶相体积占90%以上的微晶玻璃，它具有玻璃和陶瓷的双重特性，既具有陶瓷的强度，又具有玻璃的致密性和耐蚀性。

此外，还可在原料中加入一定量的金属氧化物或其他化合物制备透明彩色玻璃，如加入氧化钴后玻璃呈现出蓝色。

3. 氧化物陶瓷

常用的纯氧化物陶瓷包括 $Al_2O_3$、$ZrO_2$、$MgO$、$CaO$、$BeO$ 等，熔点大多在 2000℃ 以上，烧结温度在 1800℃ 左右。

（1）氧化铝（$Al_2O_3$）陶瓷　氧化铝是高熔点（熔点 2050℃）氧化物中被研究和应用得最成熟、最多的一种，原料来源丰富，约占地壳总质量的 25%，价格低廉。氧化铝陶瓷的主要成分为 $Al_2O_3$ 和 $SiO_2$。一般所说的氧化铝陶瓷实际上是 $Al_2O_3$ 含量在 95% 以上的氧化铝陶瓷。按 $Al_2O_3$ 的含量不同可分刚玉瓷、刚玉和莫来石瓷，其中刚玉瓷中 $Al_2O_3$ 的含量高达 99%。

由于氧化铝陶瓷具有耐高温、耐腐蚀性能，故用作炼铁工业的辅助材料，如高铝砖、刚玉砖、冶炼高纯金属或生长单晶的坩埚，也用作发动机火花塞及熔模精铸的辅料。利用氧化铝陶瓷硬度大（硬度仅次于金刚石、立方氮化硼、碳化硼和碳化硅）的特性，可制作拉丝模、砂轮、刀具、磨料及人工关节。利用氧化铝陶瓷的高温绝缘性，可制作热电偶保护管、原子反应堆件绝缘瓷及各种高温绝缘部件。利用氧化铝陶瓷优良的介电性能，在电子工业中用于制作各种电路基板、管座、外壳、雷达天线罩。而用特殊工艺制作的透明氧化铝陶瓷对可见光和红外线有良好的透过性，可用于制造高压钠灯灯管、红外检测窗口材料等。

（2）氧化锆（$ZrO_2$）陶瓷　氧化锆也是高熔点的陶瓷材料之一，它的熔点在 2700℃ 以上，并能耐受 2300℃ 的高温。$ZrO_2$ 有两种锆同素异形体立方结构（c 相）、四方结构（t 相）及单斜结构（m 相）。根据所含相的成分不同，$ZrO_2$ 陶瓷可分为全稳定 $ZrO_2$ 陶瓷材料、部分稳定 $ZrO_2$ 陶瓷材料。

在氧化锆中加入 $CaO$、$MgO$、$Y_2O$ 等氧化物能形成稳定立方固溶体，不再发生相变，故称为全稳定氧化锆。全稳定 $ZrO_2$ 陶瓷耐火度高，比热容与热导率小，是理想的高温隔热材料，可以用来做高温炉内衬，也可作为各种耐热涂层。全稳定 $ZrO_2$ 陶瓷的化学稳定性好，高温时仍能抵抗酸性和中性物质的腐蚀，但不能抵抗碱性物质的腐蚀。元素周期表中第 V、VI、VII 族金属元素与其不发生反应，可以用来作为熔炼这类金属的坩埚。此外，利用全稳定 $ZrO_2$ 陶瓷的氧离子传导特性，可制成用于测量氧浓度的氧气传感器。

若减少加入的氧化物数量，使部分氧化物以四方相的形式存在，则得到部分稳定氧化锆。部分稳定 $ZrO_2$ 陶瓷由双相组织组成，具有非常高的强度、断裂韧性和抗热冲击性能，被称为"陶瓷钢"。它可用于各种高韧性、高强度的工业与医用器械。例如，纺织工业落筒机用剪刀、羊毛剪、磁带生产中的剪刀、微电子工业用工具。同时其热传导系数小，隔热效果好，但热膨胀系数又比较大，比较容易与金属部件匹配，目前在陶瓷发动机中用于制造气缸内壁、活塞、缸盖板部件。

**4. 氮化物陶瓷**

氮化物包括非金属和金属元素氮化物，它们是高熔点物质。

（1）氮化硅（$Si_3N_4$）陶瓷　氮化硅（$Si_3N_4$）是共价化合物，键能相当高，故化学性能稳定；由于共价晶体无自由电子，因此具有优良的电绝缘性；$Si_3N_4$硬度高，有良好耐磨性，摩擦系数小（只有 $0.1 \sim 0.2$），本身具有润滑性；$Si_3N_4$的热膨胀系数小，有优越的抗高温蠕变性能；虽然它的最高适用温度不及 $Al_2O_3$，但它的强度在 1200℃时仍不下降，这是 $Al_2O_3$无法做到的。

由于 $Si_3N_4$具有很高的共价键能，它是一种难烧结材料，采用反应烧结和热压烧结可获得致密组织，故强度较高；反应烧结时，制品的尺寸精度较高。

由反应烧结法制得的氮化硅用于耐磨、耐腐蚀的泵和阀，如盐酸泵、三氯化铁泵、泥沙泵等。氮化硅耐高温，又有较好的抗热冲击性和耐磨性，可用作高温轴承。它也是测量铝液温度的热电偶套管的理想材料。用它还可制作输送铝液的电磁泵管路、阀门等。

氮化硅用于制作燃气轮机转子叶片，可以提高进口燃气的温度和压力，从而提高发动机功率、降低燃料消耗，还可大大减轻发动机的自重。

热压氮化硅常用于制作形状简单的制品，如金属切削刀具。

（2）氮化硼（BN）陶瓷　氮化硼（BN）有六方氮化硼（HBN）、立方氮化硼（CBN）和密排氮化硼三种。

HBN 结构与石墨相似，故又称"白石墨"。HBN 具有优良的耐热性，热导率与不锈钢相当，热稳定性好。在2000℃的温度下仍然是绝缘体，是理想的高温绝缘材料和散热材料。与石墨相似，HBN 硬度低，有自润滑性，由于其具有高温绝缘性能，故常用它制造热电偶套管和半导体散热绝缘零件。由于它有优良的热稳定性和化学稳定性，因此被用于制作熔炼半导体 GaAs、GaP 的单晶坩埚及一般冶金的高温容器和管路。HBN 的硬度低，可进行车、铣、刨等切削加工，制品直线度公差为 1mm/1000mm，又因有自润滑性，故可用来制作高温轴承和玻璃制品成型模具。

采用静压触媒法，在高温、高压的条件下，可使 HBN 转化为 CBN 。CBN 的硬度与金刚石相似，是优良的耐磨材料，常用作磨料和金属切削刀具。用 CBN 制作的刀具可以加工高速钢、合金工具钢、耐磨铸铁以及各种镍基、钴基合金，使用寿命是硬质合金刀具和其他陶瓷刀具的数十倍。

**5. 碳化物陶瓷**

典型的碳化物陶瓷材料有碳化硅（SiC）、碳化硼（$B_4C$）、碳化钛（TiC）、碳化锆（ZrC）等。这些碳化物的共同特点是熔点较高，如 TiC 的熔点高达

3460℃、WC 为 2720℃、ZrC 为 3450℃，SiC 的气化点为 2600℃。除高熔点外，碳化物陶瓷还具有较高的硬度，良好的导电性、导热性及化学稳定性，可作为耐热材料、超硬材料、耐磨材料和耐腐蚀材料，在尖端科学及工业领域有广泛的应用。

（1）碳化硅（SiC）陶瓷　碳化硅（SiC）是一组熔点很高的材料，很多碳化物的熔点（或升华）都在 2500℃ 以上。在高温下所有碳化物都会氧化，但大多数碳化物的抗氧化能力都比高熔点金属强，比石墨和硅略好一些。大多数碳化物都有良好的导电性，很多碳化物具有很高的硬度。

SiC 和 $Si_3N_4$ 类似，同样是键能高而稳定的共价晶体，故也用反应烧结和热压烧结两种工艺来制备。SiC 的最大特点是高温强度高，它的抗弯强度在 1400℃ 时仍可保持在 500~600 MPa 的水平，故它的热稳定性好，同时也耐磨、耐腐蚀、抗蠕变。

碳化硅由于其强度高，故成为温度高于 1500℃ 时的良好工程材料，如用作火箭尾管的喷嘴，浇注金属用的喉嘴及热电偶套管、炉管等高温零件。此外，还试验性地用作燃气轮机叶片、轴承等零件。

由于其热传导能力高，碳化硅也被用作高温热交换器的材料和核燃料的包封材料等。

（2）碳化硼（$B_4C$）陶瓷　碳化硼（$B_4C$）是一种黑色的粉末。碳化硼晶体中，碳原子和硼原子的原子半径均很小，且很接近，所以具有强的共价键结合。

碳化硼陶瓷的莫氏硬度值为 9.3，是仅次于金刚石和立方氮化硼的超硬材料，可以用作磨料、切削刀具、耐磨零件喷嘴、轴承、车轴等；它的研磨效率可达到金刚石的 60%~70%，是刚玉研磨能力的 1~2 倍。碳化硼的熔点高达 2450℃；密度低，仅为 2.55g/cm³，是钢的 1/3。它可以用来制造防弹衣或防弹装甲。碳化硼的导热性好、热膨胀系数低，能吸收热中子，可以制造高温热交换器，核反应堆的控制剂。碳化硼的化学稳定性好，有高的抗酸性与抗碱性，可以制作化学器皿、熔融金属坩埚等。

## 7.4　工程结构陶瓷材料在航空工程中的应用

燃气轮机和火箭发动机等高温部件，通常用推力-重量比或热效率作为衡量该系统先进性的指标，这些指标受到现在使用的超耐热合金性能的限制。而陶瓷材料的不可燃烧性、高耐热性、高化学稳定性、不老化性以及高硬度和良好的耐压性提供了突破这种限制的可能。工程结构陶瓷材料在航空航天领域的应用见表 7-2。

表 7-2　工程结构陶瓷材料在航空航天领域的应用

| 零部件 | 使用温度/℃ | 陶瓷材料 | 性能 |
|---|---|---|---|
| 火箭、导弹的导流罩 | ≥1600 | $Al_2O_3$ | 耐高温和高强度 |
| 火箭尾喷管喷嘴 | 1600~1700 | SiC | 高温强度高 |
| 火焰导管 | 1400 | $Si_3N_4$ | 热稳定性高 |
| 涡轮叶片 | 1400 | SiC，$Si_3N_4$ | 热稳定性和热强度高 |
| 雷达天线保护罩 | ≥1000 | $Al_2O_3$，$ZrO_2$ | 透过雷达微波 |
| 燃烧室内壁、喷嘴 | 2000~3000 | BeO，SiC，$Si_3N_4$ | 耐蚀、抗热冲击 |
| 瞄准陀螺仪轴承 | 800 | $Al_2O_3$ | 耐磨 |
| 探测红外线窗口 | 1000 | MgO（透明），$Y_2O_3$ | 高红外线穿透率 |

## 习题与思考题

1. 什么是陶瓷？普通陶瓷与特种陶瓷有什么不同？
2. 陶瓷材料的生产工艺主要包括哪几个阶段？
3. 哪些制品适合注浆成型？注浆成型的特点有哪些？
4. 碳化硅陶瓷的性能如何？在工程中有哪些应用？
5. 简述陶瓷材料在航空领域的应用。

# 第8章

✈

# 复 合 材 料

现代科技推动航空和宇航工业的发展，要求材料结构具备密度小、刚度大、耐高温、绝缘性、无磁性等特点。单一材料已很难满足对性能的综合性要求和高指标要求，因此人们通过将两种或两种以上的材料经过特定的复合工艺结合，使各组分材料取长补短、协同作用，形成一种兼备各材料优点的复合材料。

人类在很早之前就开始使用复合材料，例如以天然树脂虫胶、沥青作为黏合剂制作层合板；以砂、砾石作为廉价骨料，以水和水泥固结的混凝土材料。混凝土的拉伸强度比较好，但比较脆，如处于拉伸状态就容易产生裂纹，而导致脆性断裂。若在混凝土中加入钢筋、钢纤维之后，就可以大大提高混凝土的拉伸强度及弯曲强度，这就是钢筋混凝土复合材料。20 世纪初，人们用苯酚与甲醛反应，制成酚醛树脂，再把酚醛树脂与纸、布、木片等复合在一起制成层压制品，具有很好的电绝缘性能及强度。20 世纪 40 年代，由玻璃纤维增强合成树脂的复合材料——玻璃钢出现，是现代复合材料发展的重要标志。由此，纤维复合材料发展成为具有工程意义的材料。至 20 世纪 60 年代，玻璃纤维复合材料开始应用于火箭发动机壳体、燃料用高压容器以及直升机旋翼桨叶等。除了玻璃纤维，人们还发现可用硼纤维、碳纤维、碳化硅纤维、芳纶（kevlar）纤维材料增强，这使得复合材料的综合性能得到了进一步提高。20 世纪 70 年代末期发展的用高强度、高模量的耐热纤维与金属复合，特别是与轻金属复合而成的金属基复合材料，克服了树脂基复合材料耐热性差和不导电、导热性低等不足，广泛用于航空航天等尖端技术领域。20 世纪 80 年代开始逐渐发展陶瓷基复合材料，采用纤维补强陶瓷基体以提高韧性。以上三类树脂基、金属基、陶瓷基复合材料的耐热性能好、强度高，既可用于要求强度高、密度小的场合，又可用于制作在高温环境下仍要保持高强度的构件，因此它们的开发与应用越来越受到人们的重视。

本章介绍复合材料的基本概念以及在航空工业中常用的复合材料。

## 8.1 复合材料简介

### 8.1.1 复合材料的分类及组成

国际标准化组织（International Organization for Standardization，ISO）将复合

材料定义为由两种或两种以上物理和化学性质不同的物质组合而成的一种多相固体材料。复合材料既可保持原材料的某些特点，又能发挥组合后的新特征，它可以按需要设计、复合成为综合性能优异的新型材料。在复合材料中，通常有一相为连续相，称为基体；另一相为分散相，称为增强材料。分散相是以独立形态分布在整个连续相中的，而两相之间存在着相界面。分散相可以是增强纤维，也可以是弥散的或分散的填料。

复合材料的种类较多，通常根据以下三种情况进行分类。

（1）按基体材料分类　根据基体材料的不同，复合材料可分为金属基、树脂基和陶瓷基三大类。金属基复合材料的基体是金属，如铝、钛等。树脂基复合材料的基体是树脂，如热固性树脂、热塑性树脂等。陶瓷基复合材料的基体是陶瓷。

（2）按增强材料种类及形状分类　根据增强材料种类及形状的不同，复合材料可分为纤维增强、颗粒增强、叠层增强等类型。纤维增强复合材料是由增强纤维材料，如玻璃纤维、碳纤维、芳纶纤维等，与基体材料经过缠绕、模压或拉挤等成型工艺而形成的复合材料。颗粒增强复合材料是一种新型的结构材料，其特点是用于增强的质点是非连续的，与纤维增强复合材料相比，其刚度和强度略低，但材料各向同性较好，加工制备工艺相对简单。叠层增强复合材料是指不同类型的增强组分以叠层结构形式组成的复合材料，其增强组分可为纤维、片材或蜂窝芯材，其基体可为树脂或金属。

（3）按性能分类　依据复合材料性能的不同，可将复合材料分为结构复合材料和功能复合材料。结构复合材料是指以承受力的作用为主要用途（多用于结构零件）的复合材料。因此，力学性能（强度、硬度、塑性、韧性等）是结构复合材料的主要性能指标。功能复合材料是指除力学性能以外还提供其他物理性能（如导电、超导、半导、磁性、压电、隔热等）的复合材料。

## 8.1.2 复合材料的强化机制

复合材料的制作是将两种或两种以上的原材料组合，以达到所需的性能指标，比如金属与非金属（如玻璃与塑料），图8-1所示为常见的材料所组成的复合材料。它不是组成相的简单组合，而是涉及物理、化学、力学、生物等相互作用的过程。按照增强材料的种类和性质，复合材料的强化机制可以分为弥散强化机制、颗粒强化机制和纤维强化机制三种。

（1）弥散强化　弥散强化复合材料由弥散颗粒、基体复合而成。粒子直径为 $0.01 \sim 0.1 \mu m$，体积分数为 $1\% \sim 5\%$。载荷主要由基体承担，弥散微粒阻碍基体的位错运动。强化效果取决于粒子直径、体积分数。

（2）颗粒强化　颗粒增强复合材料由尺寸较大（$>1 \mu m$）的坚硬颗粒及基体

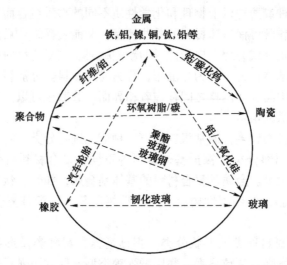

图 8-1　两种或两种以上的材料所组成的复合材料

复合而成，粒子直径为 $1\sim50\mu m$，体积分数>20%。其强化机理是基于颗粒阻碍基体位错运动强化及不均匀变形引起位错增殖强化。与弥散强化机制的不同点在于载荷主要由基体承担，但颗粒也承受载荷并约束变形。其强化效果取决于粒子直径、体积分数。

（3）纤维强化　纤维增强复合材料由高强度、高模量、连续（长）纤维或不连续（短）纤维与机体复合而成。基体通过界面将载荷有效地传递到增强相（晶须、纤维等），不是主承力相；纤维承受由基体传递来的有效载荷，为主承力相。直径很细的纤维可作为增强材料，在树脂基和金属基复合材料中，能够阻碍基体分子链和位错的运动，因此能够强化基体。纤维位于基体中，受到基体的保护，不易破损；在承载力的过程中，难以产生裂纹从而增强承载能力。

### 8.1.3　复合材料的特点

复合材料是由多相材料复合而成，其共同的特点是：

1）通过各组分性能的互补和关联可以获得单一组分材料所不能达到的综合性能，使一种材料具有多种性能。例如，玻璃纤维增强环氧基复合材料，既具有类似钢材的强度，又具有塑料的介电性能和耐腐蚀性能。

2）可按对材料性能的需要进行材料的设计和制造。例如，针对方向性材料强度的设计、针对某种介质耐腐蚀性能的设计等。

3）可制成所需的任意形状的产品，可避免多次加工工序。例如，可避免金属产品的铸模、切削、磨削等工序。

性能的可设计性是复合材料的最大特点。影响复合材料性能的因素很多，主要取决于增强材料的性能、含量及分布状况，基体材料的性能、含量，以及它们之间的界面结合情况，作为产品还与成型工艺和结构设计有关。因此，不论对哪一类复合材料（即使是同一类复合材料），其性能都不是一个定值。

## 8.2 树脂基复合材料

树脂基复合材料是以有机聚合物为基体的纤维增强材料，通常使用玻璃纤维、碳纤维、硼纤维等纤维增强体。树脂基复合材料良好的性能使得复合材料在航空航天、汽车、机械电子、建筑、体育器材等领域有非常广泛的应用。

树脂基复合材料首先出现在美国，在 1970 年以后，人们一边研究玻璃纤维复合材料新的应用领域，一边研究开发出了一种新的复合材料——树脂基复合材料。这种新的树脂基复合材料相比于以前的玻璃纤维复合材料有更大的优势，它与玻璃纤维复合材料的性能相比有更进一步的提升。研究出的树脂基复合材料在投入使用以后取得了很好的成绩，美国的里尔芳 2100 号八座商用机的零件全部由树脂基复合材料制作而成，仅重 567kg；哥伦比亚号航天飞机，整个机体的众多核心部件由树脂基复合材料构成；波音 767 大型客机的部分部件也由树脂基复合材料制造，这三件作品是树脂基复合材料发展以来较为显著的成果。

### 8.2.1 树脂基复合材料的分类和特点

按纤维的性质可以把树脂基复合材料分为玻璃纤维增强树脂、碳纤维增强树脂、硼纤维增强树脂、晶须增强树脂等。

1. 玻璃纤维增强树脂基复合材料

以玻璃纤维作为增强相的树脂基复合材料在我国俗称玻璃钢。这种材料是用短切的或连续纤维及其织物增强热固性或热塑性树脂基体，经复合而成。按照塑料的性质可以分为热塑性玻璃钢和热固性玻璃钢。

热固性玻璃钢由体积分数为 60%~70% 的玻璃纤维与 30%~40% 的热固性树脂组成。主要特点：密度小、强度高、比强度超过一般的高强度钢，耐腐蚀、绝缘、绝热等。但弹性模量低，仅在 300℃ 以下使用。主要用于制造自重轻的受力构件和要求无磁性、绝缘、耐腐蚀的零件。

热塑性玻璃钢由体积分数为 20%~40% 的玻璃纤维与 60%~80% 的热塑性树脂组成。具有高强度和高冲击韧性，良好的低温性能及较低的热膨胀系数。

2. 碳纤维增强树脂基复合材料

碳纤维增强树脂基复合材料是由碳纤维与聚酯、酚醛、环氧、聚四氟乙烯等树脂组成的复合材料。其具有如下特点：

1）弹性模量高。其弹性模量高于玻璃钢 3~6 倍，在与玻璃钢承受相同的应力时，产生较小变量，因而在设计时允许在极限应力下使用。

2）比模量、比强度高。碳纤维及树脂使其比强度及比模量要优于钢、铝及玻璃钢。图 8-2 所示为碳纤维增强树脂基复合材料与其他材料的性能对比图。

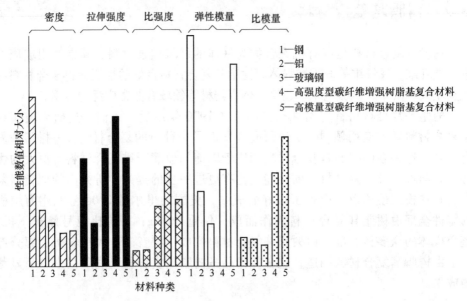

图 8-2　碳纤维增强树脂基复合材料与其他材料的性能对比图

3）耐磨性能好。摩擦系数较低，导热性好，通常可用其制备齿轮、轴承、密封圈等耐磨零件。

但是它同时具有以下缺点：碳纤维和基体结合强度低，各向异性严重。目前碳纤维增强树脂基复合材料由于性能优于玻璃钢，主要用于航天和航空工业中制作飞机机身、螺旋桨、发电机的护环材料等。

3. 硼纤维增强树脂基复合材料

硼纤维增强树脂基复合材料具有优越的弹性模量和较高的强度，此外还具有一定的耐热性。相比于铝合金及钛合金，硼纤维的拉伸、压缩、剪切比强度等性能要明显占据优势。但是这种复合材料的各向异性十分明显，横向力学性能与纵向力学性能间相差十几倍甚至几十倍，这种特性决定了在实际应用中通常采用多向叠层。

硼纤维增强树脂基复合材料除了具有高的比强度和比模量之外，相对于碳纤维增强树脂基复合材料来讲，还具有较大的热膨胀系数以及不易与铝合金发生电化学腐蚀等特点。因此国外已将其应用于损伤铝合金结构的修复。目前国外已有商品化生产的硼纤维/环氧预浸带，但国内对硼纤维增强树脂基复合材料的研究较少。

4. 晶须增强树脂基复合材料

晶须为单晶增强体，直径为 0.13~25μm，通常长径比超过 20。晶须高度的结构完整性源于其单晶体形貌特征和较小的直径（通常为亚微米级），这就赋予晶须很高的弹性模量和强度。晶须在所有现有的增强体中具有最高的比强度和比模量。晶体的无缺陷性也形成较好的蠕变阻力，因此，与它们的同类纤维相比，晶须具有较好的高温性能。但晶须增强树脂基复合材料价格昂贵，其产量较低。考虑到其制备成本，可利用晶须来实现玻璃钢复合材料的增强，利用氮化硅晶须提高环氧树脂的抗拉强度及弹性模量。

## 8.2.2　树脂基复合材料的制备技术

树脂基复合材料的成型工艺方法主要包括手糊成型、喷涂成型、模压成型、拉挤成型、缠绕成型、袋压成型等几种。

1. 手糊成型法

手糊成型法是树脂基复合材料制造的最基本方法，多用于玻璃纤维/聚酯树脂复合材料的产品制造。如浴缸、船艇、房屋设备等。图 8-3 所示为手糊成型法的工艺示意图，其工艺流程是：先在清理好或经过表面处理的模具成型面上涂抹脱模剂，然后用刷子或滚轮等工具将树脂涂抹在模具成型面上，随后在其上铺放裁剪好的玻璃纤维布等增强材

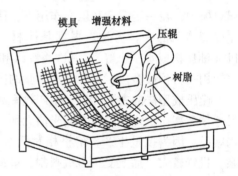

图 8-3　手糊成型法的工艺示意图

料，使树脂均匀渗透到玻璃纤维布里。重复此过程直到达到产品要求的厚度。然后将铺层完成后的制品送进固化炉实现固化。

手糊成型法的特点是设备、工具等成本低，能用长纤维布和短纤维布，能适应多品种及大型制品的成型。但是，由于以人工为主，生产效率低，不易实行大批量生产，仅适用于小批量产品的制造。

2. 喷涂成型法

喷涂成型法是在手糊成型法的基础上改进的一种成型法，为半机械化手糊法。其工艺原理如图 8-4 所示，它是将含有固化剂的树脂体系和含有引发剂的树脂体系分别从喷枪的两个喷嘴中喷涂到型腔内，与此同时，运用喷枪上的切割器将连续纤维切成短纤维，待喷涂到规定的厚度之后，便可利用辊筒滚压，将其压实，固化成型制品。与手工成型法相比，喷涂成型法省略了人工铺层涂抹的过程，易于实行自动控制生产，工艺生产率高。但是，它仅适用于制造短纤维增强

复合材料制品。

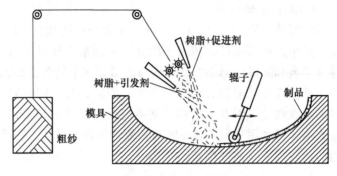

图 8-4　喷涂成型工艺原理

### 3. 模压成型法

模压成型法是将一定量的模压料（粉粒状、团状、片状等模压料）放入金属对模中，在一定温度和压力作用下，使模压料塑化或熔化，流动充满模腔，固化成型制品的一种方法。根据基体材料的不同，需要的基本设备是一台压力机（油压机或水压机等）；其次将纤维和树脂等放入底模时，需要预成型，有时也使用一台预成型机；另外根据树脂的固化条件，有时需要固化炉。

模压成型法的主要优点：生产效率高，便于实现专业化和自动化生产；产品尺寸精度高，重复性好；表面光洁无须二次修饰；流动性好，可成型异型复杂结构制品；因为批量生产，价格相对低廉。模压成型的不足之处在于模具制造复杂，投资较大，加上受压力机限制，最适合于批量生产中小型复合材料制品。随着金属加工技术、压力机制造技术及合成树脂工艺性能的不断改进和发展，压力机吨位和台面尺寸不断增大，模压料的成型温度和压力也相对降低，使得模压成型制品的尺寸逐步向大型化发展，目前已能生产大型汽车部件、浴盆、整体卫生间组件等。

### 4. 拉挤成型法

拉挤成型法是将浸渍树脂胶液的连续玻璃纤维束、带或布等，在牵引力的作用下，经过浸胶、挤压成型、加热固化、定长切割，连续生产玻璃钢线型制品的一种方法。这种工艺最适于生产各种断面形状固定不变的玻璃钢型材，如棒、管、实体型材（工字形、槽形、方形型材）和空腹型材（门窗型材、叶片等）等。图 8-5 所示是典型的拉挤成型生产系统示意图。

拉挤成型是复合材料成型工艺中的一种特殊工艺，其优点是：①生产过程完全实现自动化控制，生产效率高、质量稳定；②拉挤成型制品中纤维含量可高达80%，浸胶在张力下进行，能充分发挥增强材料的作用，产品强度高；③制品纵、横向强度可任意调整，可以满足不同力学性能制品的使用要求；④工艺过程中无边角废料，产品不需后加工，故较其他工艺省工、省原料、能耗低；⑤产品质量稳定，重复性好，长度可任意切断。拉挤成型工艺的缺点是产品形状单调，只能生产线形型材，而且横向强度不高。

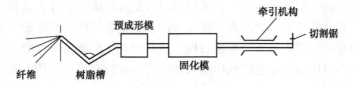

图 8-5　拉挤成型生产系统示意图

### 5. 缠绕成型法

缠绕成型法是树脂基复合材料的主要制造方法之一。它是一种在控制张力和预定线型的条件下，应用专门的缠绕设备将连续纤维或布带浸渍树脂胶液后连续、均匀且有规律地缠绕在芯模或内衬上，然后在一定温度的环境下使之固化，成为一定形状制品的复合材料成型方法。连续纤维的浸胶可以是先做成预浸带的方式存放起来，成型时再用已浸有树脂的预浸带缠绕于芯模制得制品；也可以是经过胶槽浸胶后直接缠绕于芯模上制得制品；还可以是浸胶后经烘烤装置使纤维上的胶液得到初步的交联反应再不间断地缠绕于芯模上制得制品。这三种方式，第一种是干法成型，第二种是湿法成型，第三种是半干法成型。三种方式各有特点，目前是以湿法缠绕的方式应用最为广泛。纤维缠绕成型的生产工艺流程如图 8-6 所示。

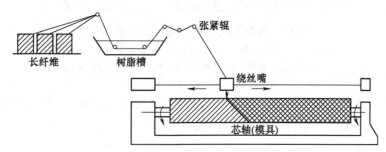

图 8-6　纤维缠绕成型的生产工艺流程

缠绕成型的优点：①能够按产品的受力状况设计缠绕规律，使其充分发挥纤维的强度；②比强度高，一般来讲，纤维缠绕压力容器与同体积、同压力的钢质容器相比，重量可减轻 40%~60%；③可靠性高，纤维缠绕制品易实现机械化和自动化生产，工艺条件确定后，缠绕出来的产品质量稳定，尺寸精确；④生产效率高、成本低。但这种方法适应性小，不能缠绕任意结构形式的制品，特别是表面有凹陷的制品；且缠绕成型需要有缠绕机、芯模、固化加热炉、脱模机等，需要的投资大，技术要求高，因此，只有大批量生产才能获得较理想的技术经济效益。

6. 袋压成型法

袋压成型法为低压成型工艺，其成型过程是在纤维预制件上铺覆柔性橡胶或塑料薄膜，并使其与模具之间形成密闭空间，将组合体放入热压罐或热箱中，在加热的同时对密闭空间抽真空形成负压，进行固化、脱模、修整而获得制品。大气压力的作用可以除去复合结构中的滞留空气、空隙和多余树脂，使制品表面更加致密。

袋压成型法分为压力袋法和真空袋法两种。

1）压力袋法是将经手糊后未固化的制品表面放上一个橡胶袋，固定好上盖板或密绳网，防止橡胶袋无限膨胀，然后通过压缩空气或蒸汽，使材料表面承受一定压力，同时受热固化而得到制品。

2）真空袋法是将手工铺放好的未固化制品加盖一层真空袋膜，制品处于真空袋膜和模具之间，密封周边后抽真空，使制品中的气泡和挥发物排除。由于真空袋法的真空压力较小，故此法适用于聚酯和环氧复合材料制品的成型。其产品的铺设方式以及排列顺序如图 8-7 所示。

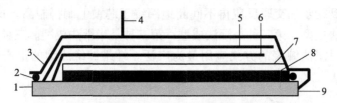

图 8-7　真空袋法产品的铺设方式及排列顺序
1—模具　2—密封胶带　3—真空袋膜　4—真空泵口　5—透气毡
6—带孔隔离膜　7—脱模布　8—产品　9—压敏胶带

真空袋法产生的压力小，只适于强度和密度受压力影响小的树脂体系如环氧树脂等。对于酚醛树脂等，固化时有低分子物逸出，利用此方法难以获得结构致密的制品。

## 8.2.3　常用的航空树脂基复合材料

航空树脂基复合材料主要是指高性能树脂基复合材料，因其比强度高、比模量高、疲劳性能好、热膨胀系数小、抗振性能强、耐腐蚀等特点而备受推崇。自20 世纪 60 年代中期问世以来，航空树脂基复合材料已广泛用于飞机结构，获得了显著的减重效果。目前，航空树脂基复合材料已成为继铝、钢、钛之后迅速发展的四大航空结构材料之一。

### 1. 玻璃钢

玻璃钢的特点是密度小、强度高、耐腐蚀，同时还具备隔音及电磁波穿透能力，在航空工业应用较多。飞机上许多部件都可以用玻璃钢制作，如飞机上使用的防弹油箱、起落架、机门、座椅、行李架、隔板以及飞机发动机的叶轮、定子叶片和压气机机匣等。

1956 年，美国发射先锋号火箭所使用的第二级发动机壳体首先采用玻璃钢，接着在北极星、民兵、宇宙神等中、远程导弹上也都先后使用了玻璃钢发动机壳体。火箭发动机壳体、液体发动机燃料箱大都采用过玻璃钢制作。我国生产的歼-6、歼-8、轰-6 等飞机的雷达罩也是用玻璃钢制成的。波音 787 型客机大量采用玻璃纤维复合材料（见图 8-8），占到飞机结构总重的 5%，被很多人称之为"塑料飞机"。该复合材料具有更好的耐蚀性，这使得提高客舱湿度成为可能，从而提升飞行中乘客的舒适度。

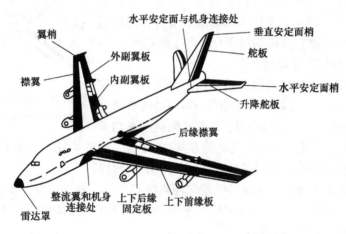

图 8-8　波音 787 型客机上使用玻璃钢的部位

### 2. 碳纤维增强复合材料

碳纤维与酚醛树脂的复合制品耐热性最好，可用于宇宙飞行器外表的防热层。环氧树脂基复合材料强度高，多用于承力构件。1982 年和 1983 年两次飞行的哥伦比亚号航天飞机上的巨大遥控机械手要受宇宙碎块剧烈冲击，因而要求其有高的比刚度、耐辐射等性能。机械手总重 410kg，而占其总长 86% 的巨臂是用碳纤维复合材料制成的，质量只有 48kg。除了碳纤维复合材料，这是任何其他材料都不能达到的效果。与铝合金相比，使用碳纤维复合材料制造飞机垂直尾翼和水平尾翼（见图 8-9），可使结构重量分别减少 30% 和 20%。动力螺旋桨推进器（见图 8-10）、轴承、齿轮以及机身的一些局部构件、机舱地板、发动机压气机片也可用此材料来制作。

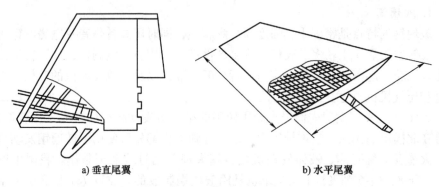

a) 垂直尾翼                     b) 水平尾翼

图 8-9   碳纤维增强复合材料制造的飞机垂直尾翼和水平尾翼

利用具有较高疲劳性能的碳纤维复合材料制作的直升机桨、叶，其使用寿命比金属桨、叶长 3 倍。利用碳纤维的导电特性，支撑飞机的某些部件，通电后产生的热量可以融化飞机高空飞行时产生的积冰。

图 8-10   碳纤维增强复合材料制作的动力螺旋桨推进器

3. 硼纤维增强复合材料

硼纤维增强复合材料最初是用在高性能飞机及宇宙飞船的构件上。例如，美国空军 F-15 飞机和海军 F-14 飞机的垂直尾翼、稳定器，B-1 飞机机翅纵向通材，CH-54B 直升机、F-4707 飞机的方向舵，F-5 飞机的襟翼、飞机着陆装置门，T-39A 飞机机翼箱等都使用硼纤维与环氧树脂复合材料。

表 8-1 列出了硼纤维及碳纤维增强环氧树脂在飞行器方向舵、安定面、襟翼等具体部件上的应用，可有效减轻这些部件的重量（减重 20%～47%），从而提高飞机的航程、载荷等性能。

表 8-1   硼纤维、碳纤维复合材料的飞行器上的具体应用实例

| 部件名称 | 材料名称 | 质量减轻 | 研制单位名称 |
|---|---|---|---|
| F-4 方向舵 | 硼纤维增强环氧树脂 | 35% | 麦克唐纳公司 |
| F-111 安定面 | 硼纤维增强环氧树脂 | 25% | 通用动力公司 |
| F-111 翼端 | 硼纤维增强环氧树脂 | 35% | 格鲁曼飞机工程公司 |
| F-5 起落架门 | 硼纤维增强环氧树脂 | 29% | 诺斯罗普飞机公司 |
| F-14 安定面 | 硼纤维增强环氧树脂 | 91kg | 格鲁曼飞机工程公司 |
| A-4 襟翼 | 硼纤维增强环氧树脂 | 32% | 道格拉斯飞机工程公司 |
| C-5A 端翼 | 硼纤维增强环氧树脂 | 21% | 洛克希德飞机工程公司 |
| F-39A 机翼箱 | 硼纤维增强环氧树脂 | 37% | 北美航空公司 |
| 波音 707 襟翼前缘 | 硼纤维增强环氧树脂 | 25% | 波音公司 |

（续）

| 部件名称 | 材料名称 | 质量减轻 | 研制单位名称 |
|---|---|---|---|
| A-4 襟翼 | 碳纤维增强环氧树脂 | 47% | 道格拉斯飞机工程公司 |
| A-4 安定面 | 碳纤维增强环氧树脂 | 32% | 道格拉斯飞机工程公司 |
| Vc-10 副翼支柱 | 碳纤维增强环氧树脂 | 43% | 英国皇家航空研究中心 |
| F-5 翼端 | 碳纤维增强环氧树脂 | 21% | 诺斯罗普飞机公司 |
| 波音 737 扰流器 | 碳纤维增强环氧树脂 | 20% | 波音公司 |

此外，采用硼纤维与环氧树脂带材可对飞机金属机体进行修补。目前已经应用该材料对美国军用飞机 C-130 和 C-141 机体的龟裂及金属疲劳部分进行修补。近年来，商用飞机、客运飞机等同样存在老化问题，也会因长期运行出现龟裂及金属疲劳，这给硼纤维增强复合材料的应用带来生机。采用硼纤维增强复合材料修补飞机有以下特点：①不需要分解机体就可进行修补，这样可缩短修理、停飞时间，为航空公司带来效益；②在修补时，不需要铆钉和螺栓等，可用树脂黏接修补，这样可避免因铆钉、螺栓孔穴产生龟裂与应力；③可使用超声波和涡流进行非破坏性试验检查，不会发生触电；④可延长疲劳寿命，减少维修成本。

## 8.3　金属基复合材料

当复合材料的主要组分为金属、合金或金属间化合物时，就得到金属基复合材料（Metal Matrix Composite，MMC）。金属基复合材料的发展与现代科学技术和高技术产业的发展密切相关，特别是航空、航天、电子、汽车以及先进武器系统等领域的迅速发展对 MMC 材料提出了更高的性能要求。表 8-2 列出了常见金属基复合材料的力学性能，这类材料除了具有高比强度、高比模量和低膨胀系数等与树脂基复合材料相似的特点外，还具有良好的耐热性、高韧性、抗老化性、高导电性和高导热性，同时还能抗辐射、阻燃、不吸潮、不放气以及保持尺寸稳定。因此，在某些应用场合比树脂基复合材料更有竞争优势。这些优良的性能使金属基复合材料从诞生之日起就成为新材料家族中的重要一员，国内外对于 MMC 的研究日益活跃。

表 8-2　常见金属基复合材料的力学性能

| 复　合　材　料 | 增强相含量<br>（%） | 抗拉强度<br>/MPa | 拉伸模量<br>/GPa | 密度<br>/g·cm$^{-3}$ |
|---|---|---|---|---|
| 纤维增强硼/铝 | 50 | 1200~1500 | 200~220 | 2.6 |
| 碳纤维/铝 | 35 | 500~800 | 100~150 | 2.4 |

(续)

| 复 合 材 料 | 增强相含量<br>（%） | 抗拉强度<br>/MPa | 拉伸模量<br>/GPa | 密度<br>/g·cm⁻³ |
|---|---|---|---|---|
| 纤维增强碳化硅/铝 | 35~40 | 700~900 | 95~110 | 2.6 |
| 化学蒸气沉积纤维增强碳化硅/铝 | 50 | 1300~1500 | 210~230 | 2.85~3.0 |
| 纤维增强三氧化二铝/铝 | 50 | 900 | 130 | 2.9 |
| 颗粒增强三氧化二铝/铝 | 50 | 650 | 220 | 3.3 |
| 颗粒增强碳化硅／铝 | 20 | 400~510 | 100 | 2.8 |
| 晶须增强碳化硅/铝 | 18~20 | 500~620 | 96~138 | 2.8 |
| 纤维增强硼/钛 | 45 | 1300~1500 | 220 | 3.7 |
| 化学蒸气沉积纤维增强碳化硅/钛 | 35 | 1500~1750 | 210~230 | 3.9 |

## 8.3.1 金属基复合材料的分类和特点

金属基复合材料是以金属（Al、Mg、Ti、Cu 等）为基体，以纤维、晶须、颗粒等为增强体（SiC、Al₂O₃、BC、C 等）制成的复合材料。在金属基复合材料制备过程中，金属基体与增强体在高温复合过程中会发生不同程度的界面反应，其反应程度受工艺方法及温度参数的影响极大。金属基复合材料具备高比强度、高比模量、良好的导热、导电性、耐磨性、高温性、低热膨胀系数、高尺寸稳定性等优异的综合性能，因此在航空航天、电子、汽车、先进武器系统等领域均具有广泛的应用前景，将对装备性能的提高发挥巨大作用。

1. 金属基复合材料的分类

金属基复合材料可根据基体及增强体的不同进行划分。

（1）按基体分类　可分为铝基复合材料、镍基复合材料、钛基复合材料。

1）铝基复合材料。这是在金属基复合材料中应用最广泛的一种。在制造铝基复合材料时通常并不是使用纯铝，而是使用各种铝合金，因为铝合金比纯铝具有更好的综合性能。铝基复合材料增强体有长纤维、短纤维、晶须和颗粒增强物，与其他金属基复合材料相比，铝基复合材料的性能特点是轻质、高强、高韧性、导热性好、适用的制备方法多、工艺灵活性大、易于塑性加工、制造成本低，这些特点为其在工程上的应用创造了有利的条件。目前已经研制成功的长纤维铝基复合材料主要有以下五种：硼-铝复合材料、碳化硅-铝复合材料、碳（石墨）-铝复合材料、氧化铝-铝复合材料和不锈钢丝-铝复合材料。颗粒增强铝基复合材料是金属基复合材料中最成熟的一个品种，它具有高比模量、高比强度、良好的塑性、较高的疲劳极限以及耐高温、抗腐蚀等性能。常用的增强颗粒主要包括碳化硅、四氮化三硅、三氧化二铝、碳化钛、二硼化钛、氮化铝、碳化四硼及石墨颗粒或金属颗粒等。

随着纳米技术的发展，人们发现了碳纳米管（CNTs）、石墨烯（GR）、氮化硼纳米管（BNNTs）等在微观尺度上具有十分优异的刚度和强度，将它们与铝基体复合，有望在宏观上发挥这些优异性能，获得很高的增强效率和增强效果。另一方面，纳米尺寸的增强体和基体结构能够在铝基中发挥尺寸效应，通过利用材料中的位错、晶界等微观缺陷，以及应力-应变分配行为等的作用来调控材料性能。

2）镍基复合材料。金属基复合材料最有前景的应用之一是做燃气轮机的叶片，希望能进一步提高燃气轮机的工作温度。这类零件在高温和接近现有合金所能承受的最高应力下工作，因此成为复合材料研究的一个主攻方向。对于像燃气轮机叶片这类零件，必须采用更加耐热的镍、钴、铁基材料。由于制造和使用温度较高，制造复合材料的难度和纤维与基体之间反应的可能性都增加了。

镍的高温性能优良，因此在研制高温复合材料时，镍也是优先考虑的基体。同时，对增强纤维的要求是在高温下具有足够的强度和稳定性，符合这些要求的纤维有氧化物、碳化物、硼化物和难熔金属。常用增强体以单晶氧化铝（蓝宝石）为主，它的突出优点是，高弹性模量、低密度、纤维形态的高强度、高熔点、抗氧化性和良好的高温强度。

3）钛基复合材料。钛基复合材料以其高比强度、比刚度以及良好的耐高温、耐腐蚀性能，在航空、航天、汽车等领域有着广阔的应用前景，引起了材料研究者的广泛兴趣。对飞机结构来说，当速度从亚音速提高到超音速时，钛比铝合金显示出了更大的优越性。国外对钛基复合材料的研究已有近50年的历史，发展相当迅速，开发的原位合成工艺、纤维涂层等制备技术已经成功用于制备高性能钛基复合材料。

钛基复合材料分为连续纤维增强和颗粒（晶须）增强钛基复合材料两大类，这两种复合材料都要求基体材料具有较好的力学和加工成形性能。钛基复合材料中最常用的增强体是硼纤维，这是由于钛与硼的热膨胀系数比较接近，界面上的内应力可以达到最小。

（2）按纤维（增强体）划分　可分为非连续增强复合材料、连续纤维增强复合材料、层状复合材料。

1）非连续增强复合材料。非连续增强金属基复合材料以短纤维、晶须、颗粒为增强体，与金属基体复合后能显著提高金属的耐磨性、耐热性、高温力学性能和弹性模量，降低线膨胀系数等。其制造方法简便、制造成本低，既可以用常规的液态金属搅拌、粉末冶金、真空压力浸渍等方法制备，也可用锻造、铸造、轧制、挤压等加工方法进行加工成型，在民用工业中的应用领域十分广阔。

2）连续纤维增强复合材料。连续纤维增强金属基复合材料中的纤维具有很高的强度、弹性模量，是复合材料的主要承载体。而基体金属的强度和弹性模量远远低于纤维，主要起固定纤维、传递载荷并赋予其特定形状的作用。基体本身应与纤维有良好的相容性和塑性，而并不要求基体本身有很高的强度。如碳纤维增强铝基复合材料中纯铝或含有少量合金元素的铝合金作为基体比高强度铝合金要好得多，使用后者制成的复合材料性能反而低，这与基体和纤维的界面状态、脆性相的存在、基体本身的塑性有关。此外，连续纤维增强金属因纤维排布有方向性，其性能有明显的各向异性，可通过不同方向上纤维的排布来控制复合材料构件的性能。连续纤维增强金属基复合材料要考虑纤维的排布、体积分数等，制造工艺复杂、难度大、成本高。

3）层状复合材料。它指韧性和成型性能较好的金属基体中含有重复排列的高强度、高弹性模量片层状增强相的复合材料。其结构组元呈现各向异性与均匀性特点，如碳化硼片增强钛、胶合板等。层状复合材料的强度和大尺寸增强物的性能比较接近，而与晶须或纤维类小尺寸增强物的性能差别较大，其增强的效果要小于纤维增强的效果。

**2. 金属基复合材料的特点**

与传统的金属材料相比，金属基复合材料具备较高的比强度与比刚度；它比高分子基复合材料更具导电性与耐热性；同时比陶瓷材料更具韧性与抗冲击性。由于在金属基体（铝、镁、钛等）上增加了陶瓷（长纤维、短纤维、晶须或颗粒）增强体，金属基复合材料具备高比强度、高弹性模量、高韧性、高导电性、高导热性、低膨胀系数小、高表面稳定性等强大的综合力学性能。以 SiCw/Al 复合材料和铝合金（6061-T6）的力学性能为例，两种材料的性能对比见表 8-3。从表中可看出，SiCw/Al 复合材料的拉伸强度、屈服强度、弹性模量等各项力学性能要明显强于铝合金。

表 8-3　SiCw/Al 复合材料和铝合金（6061-T6）的力学性能对比

| 力学性能 | SiCw/Al 复合材料 | 铝合金（6061-T6） |
|---|---|---|
| 拉伸强度/MPa | 415~585 | 310 |
| 屈服强度/MPa | 380~415 | 275 |
| 弹性模量/GPa | 103~131 | 69 |
| 切变模量/GPa | 34~43 | 26 |
| 泊松比 | 0.32 | 0.33 |
| 密度/g·cm$^{-3}$ | 2.85 | 2.77 |

## 8.3.2　金属基复合材料的界面性能

金属基复合材料界面是指增强体与金属基体接触所构成的界面，是增强体与基体连接的纽带及应力等信息传递的桥梁。由于金属基复合材料都是在金属熔点附近的高温下制备，导致增强材料与基体间发生不同程度的相互作用和界面反应，形成不同结构和结合强度的界面，将对材料的性能起着决定性的作用。深入研究和掌握界面反应和界面影响性能的规律，有效地控制界面的结构和性能，是获得高性能金属基复合材料的关键。

一般情况下，金属基复合材料是以界面的化学结合为主，有时也会有两种或两种以上界面结合方式并存的现象。另外，即使是相同的组分、相同的工艺制备的复合材料，对应于不同的部位其界面结构也有较大的差别。

### 1. 界面的结合机制

根据增强材料与基体的相互作用情况，界面可以归纳为Ⅰ型、Ⅱ型、Ⅲ三种类型，见表8-4。

Ⅰ型界面指的是增强体与基体金属间既不溶解也不反应，相对而言比较平整，而且只有分子层厚度；界面除了原组成物质外，基本上不含其他物质。

Ⅱ型界面表示增强体与基体金属间可溶解但不反应，界面为原组成物质构成的犬牙交错的溶解扩散界面，基体的合金元素和杂质可能在界面上富集或贫化。

Ⅲ型界面指增强体与基体相互反应，生成界面反应产物。由于界面有微米或亚微米级厚度的界面反应产物，反应层一般不均匀。

**表8-4　金属基复合材料体系的界面类型**

| 界面类型 | 体　系 |
| --- | --- |
| Ⅰ型 | C/Cu, W/Cu, $Al_2O_3$/Cu, $Al_2O_3$/Ag, B (BN)/Al, B/Al[①], SiC/Al[①], 不锈钢/Al[①] |
| Ⅱ型 | W/Cu(Cr), W/Nb, C/Ni[②], V/Ni[②], 共晶体[③] |
| Ⅲ型 | W/Cu(Ti), C/Al(>100℃), $Al_2O_3$/Ti, B/Ti, SiC/Ti, $Al_2O_3$/Ni, $SiO_2$/Al, B/Ni, B/Fe, B/不锈钢 |

① 表示伪Ⅰ型界面。

② 该体系在低温下生成 $Ni_4V$。

③ 当两组元溶解度极低时划为Ⅰ类。伪Ⅰ型界面指的是虽然在理论上来说该体系增强体与基体间应发生化学反应，但由于基体金属氧化膜的存在阻碍反应的发生，若氧化膜完整就属于Ⅰ型界面；但材料制备工艺过程中因温度过高或保温时间过长致基体氧化膜发生破坏，组分之间将发生化学反应，变成Ⅲ型界面。

### 2. 界面结合力

为使材料具有良好的性能，需要在增强材料与基体界面上建立一定的结合力。只有结合力适中的复合材料才能呈现出高强度和高塑性。金属基复合材料界面的结合力有三类：

（1）机械结合力　指摩擦力，取决于增强材料的表面粗糙度以及基体的收缩，所有复合材料都有机械结合力。基体与增强材料之间完全依靠机械结合力连接的结合形式为机械结合。Ⅰ类界面属于这种结合形式，具有这类结合界面的复合材料力学性能差，不适合作为结构复合材料。

（2）物理结合力　包括范德华力和氢键，在金属基复合材料中表现为溶解和润湿结合。这是基体与增强材料之间发生润湿，并伴随一定程度的相互溶解而产生的一种结合形式，是靠原子（分子）范围内电子的相互作用产生的。Ⅱ类界面多属于这种结合形式。

（3）化学结合力　化学键是基体与增强材料之间发生化学反应，在界面上形成化合物而产生的一种结合形式。Ⅲ类界面属于这种结合形式。

三种结合形式在不同工艺下会发生转变，例如：对于固态扩散结合制备的 $B_f/Al$ 复合材料，开始为机械结合，当进行高温热处理时，部分界面被破坏，发生化学反应，两种类型界面共存。

3. 金属基复合材料界面的物理化学特性

（1）润湿现象　不同的液滴放到不同的固体表面上，会发生两种现象，一种是液滴当即铺展开并覆盖固体表面，另一种是液体仍然团聚成球状不铺开；这两种现象分别称为润湿现象或浸润、润湿性不好或不浸润。液态基体对固态增强体的润湿是制备良好金属基复合材料的必要条件，润湿性不好会导致细小的颗粒无法均匀地分散在液态基体中。对于采用液态搅拌法制备的颗粒增强金属基复合材料来说，润湿性能尤其重要。

润湿现象以液体对固体的润湿角或它们之间的接触角 $\theta$ 来表征（见图 8-11）。将液滴放在固体表面上，达到力学平衡时，杨氏方程式成立，即

$$\gamma_{sv} - \gamma_{sl} = \gamma_{lv} \cos\theta$$

$$\cos\theta = \frac{\gamma_{sv} - \gamma_{sl}}{\gamma_{lv}}$$

式中　$\gamma_{lv}$——液-气表面张力；

$\gamma_{sl}$——固-液界面张力；

$\gamma_{sv}$——固、气表面张力。

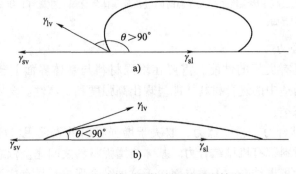

图 8-11　液体对固体表面的浸润情况

改善润湿性的措施有：

1）改变增强体的表面状态和结构以增大 $\gamma_{sv}$，即对增强体进行表面处理，包括机械、物理和化学清洗，电化学抛光和涂覆等。最有效的办法是进行表面涂覆处理，如在碳纤维上涂覆 Cu、Ni、Cr 等金属涂层，涂覆 $SO_2$、碳化物等化合物涂层。

2）改变金属基体的化学成分以降低 $\gamma_{sl}$，最有效的方法是向基体中添加合金元素。如在 Al-C 系中添加能与碳生成碳化物的元素，如 Ti、Ta、Nb、Zr、Hf、Cr 等都能改善铝对碳纤维的润湿性；在 Ni-$Al_2O_3$ 系中向 Ni 中添加 Ti、Cr 等，能改善 Ni 对 $Al_2O_3$ 的润湿性。

3）改变温度，通常升高温度能减小液态基体与固态增强体间的接触角，改善润湿性。但温度不能过高，否则将促进基体与增强体之间的化学反应，严重影响复合材料的性能。

4）改变环境气氛，固体或液体表面吸附的不同气体能改变 $\gamma_{sv}$ 和 $\gamma_{lv}$。当在氧化性气氛中制造 Ni-$Al_2O_3$ 复合材料时，也能降低接触角而提高材料的性能。

5）提高液相压力，提高液相压力可以改善其对固体的润湿性。液态金属不能自发渗入纤维束中，只有在一定压力作用下克服阻力，金属才能渗入。各种类型的加压浸渍工艺便是在此基础上发展起来的。

（2）基体与增强体间的化学相容性　化学相容性是指组成复合材料的各组元（基体和增强体）之间有无化学反应及反应速度的快慢，主要包括热力学相容性和动力学相容性两个方面。基体和增强体的化学反应，即二者不相容是金属基复合材料发展上的主要技术障碍之一。

热力学相容性的关键因素是温度，除了极少数体系外，金属基复合材料的基体与增强物在热力学上是不相容的。

4. 界面结构及界面反应

（1）有界面反应产物的界面微结构　对于大多数金属基复合材料而言，其在制备过程中将发生不同程度的界面反应。轻微界面反应对于材料性能而言有利，能有效改善金属基体与增强体之间的浸润与结合；严重界面反应对于材料性能而言十分有害，将造成增强体的损伤和形成脆性界面相等，可能形成界面反应层。界面反应通常发生在局部区域，呈现粒状、棒状、片状等。图 8-12 所示为碳/铝复合材料典型界面微结构。当制备材料的工艺参数适宜时，发生轻微界面反应，界面只会形成少量细小的 $Al_4C_3$ 反应物，如图 8-12a 所示。当制备时的温度过高、冷却速度过慢时，将导致严重的界面反应发生，形成大量条块状 $Al_4C_3$ 反应产物，如图 8-12b 所示。

（2）有元素偏聚和析出相的界面微结构　金属基复合材料中的金属基体通常是金属合金，其中金属合金元素与基体金属可能生成金属化合物析出相，比如

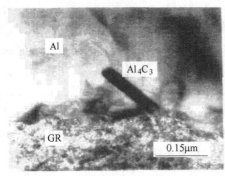
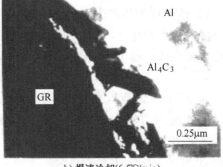

a) 快速冷却(23℃/min)　　　　　　　　b) 慢速冷却(6.5℃/min)

图 8-12　碳/铝复合材料典型界面微结构

铝合金中加入铜、镁、锌等元素会生成细小的 $Al_2Cu$、$Al_2CuMg$、$Al_2MgZn$ 等时效强化相。增强体的吸附作用使得基体金属合金元素在增强体表面聚集，促使界面区析出相的生成。在碳纤维增强铝或镁复合材料中均可发现界面上有 $Al_2Cu$、$Mg_{17}Al_{12}$ 化合物析出相存在。图 8-13 所示为碳/铝（含镁）复合材料界面析出物形貌，可清晰看到界面上条状和块状的 $Mg_{17}Al_{12}$ 析出相（$\gamma$ 相）。

1）增强体与基体直接进行原子结合的界面结构。增强体与基体直接进行原子结合，形成清洁、平直的界面，界面上既无反应产物，也无析出相。该种界面结构常见于自生增强体金属基复合材料，如 $TiB_2$/NiAl 自生复合材料，该材料的界面高分辨电子照片如图 8-14 所示。

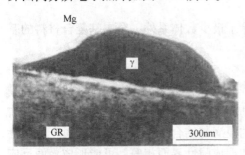
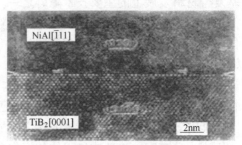

图 8-13　碳/铝（含镁）复合材料　　　图 8-14　$TiB_2$/NiAl 自生
　　　　　界面析出物形貌　　　　　　　　　　　复合材料（HRTM）

2）其他类型的界面结构。金属基复合材料基体合金中不同合金元素在高温制备过程中会发生元素的扩散、吸附和偏聚，在界面微区形成合金元素浓度梯度层。元素浓度梯度层的厚度、元素浓度梯度层的大小与元素的性质、加热过程中的温度和时间有密切关系。如用电子能量损耗谱测定经加热处理的碳化钛颗粒增强钛合金复合材料中的氧化钛颗粒表面，发现存在明显的碳浓度梯度。

由于金属基复合材料组成体系和制备方法的特点，多数金属基复合材料的界面结构比较复杂，即使同一种复合材料也存在不同类型的界面结构，既有增强体与基体直接原子结合的清洁、平直界面结构，也有界面反应产物的界面结构，还有析出物的界面结构等。

## 8.3.3 金属基复合材料的制备方法

金属基体所具备的耐热性与延展性两大特点，影响着金属基复合材料的制备，通常加工温度高并且制备工艺复杂，这带来了新的困难，如基体与增强材料间易产生不利的化学反应、金属基体对增强材料的润湿性差、增强材料难以按设计要求在基体中均匀分布。因此，在选择复合材料的制备工艺时，必须注意：①使用工艺能使增强体均匀分布于基体中，能够满足复合材料结构和强度设计要求，使增强体的强度功能充分发挥，材料综合性能得以提升；②可制备出具有理想界面结构和性能的复合材料，尽可能避免制造过程中，在界面处产生的有害化学反应；③设备投资要少，工艺简单，减少后续加工工序。

金属基复合材料的制备方法通常分为固态法、液态法、原位自生成法、热喷镀法等，这些制造方法的适用体系和适用范围见表8-5。

表8-5 金属基复合材料主要制造方法的适用体系和适用范围

| 制造方法 | | 适用体系 | | 典型的复合材料及产品 |
|---|---|---|---|---|
| | | 增强材料 | 金属基体 | |
| 固态法 | 粉末冶金法 | $SiC_P$、$Al_2O_3$、$SiC_W$、$B_4C_P$等 | Al、Cu、Ti | $SiC_P/Al$、$SiC_W/Al$、$TiB_2/Ti$、$Al_2O_3/Al$等 |
| | 热压固结法 | B、SiC、C、W | Al、Cu、Ti、耐热合金 | $SiC_P/Ti$、$C_f/Al$等零件、管、板等 |
| | 热轧法、热拉法 | C、$Al_2O_3$ | Al | $C_f/Al$、$Al_2O_3/Al$棒、管等 |
| 液态法 | 挤压铸造法 | $SiC_P$、$Al_2O_3$、C等纤维、短纤维、晶须 | Al、Cu、Zn、Mg等 | $SiC_P/Al$、$SiC_W/Al$、$C_f/Al$、$C_f/Mg$等零件、板、锭 |
| | 真空压力浸渍法 | 各种纤维、短纤维、晶须 | Al、Cu、Mg、Ni合金 | $C_f/Al$、$C_f/Mg$、$C_f/Cu$、$SiC_P/Al$、$SiC_P + SiC_W/Al$等零件、板、锭、坯 |
| | 搅拌铸造法 | $SiC_P$、$Al_2O_3$、短纤维 | Al、Zn、Mg | 铸件、锭、坯 |
| | 共喷沉积法 | $SiC_P$、$Al_2O_3$、$B_4C_P$、TiC等颗粒 | Al、Ni、Fe等 | $SiC_P/Al$、$Al_2O_3/Al$等板坯、锭坯、管坯零件 |

（续）

| 制造方法 | | 适用体系 | | 典型的复合材料及产品 |
| --- | --- | --- | --- | --- |
| | | 增强材料 | 金属基体 | |
| 其他新型方法 | 原位自生成法 | | Al、Ti | 铸件 |
| | 电镀及化学镀法 | $SiC_p$、$B_4C$、$Al_2O_3$颗粒、C纤维 | Ni、Cu 等 | 表面复合层 |
| | 热喷镀法 | $SiC_p$、TiC 等颗粒 | Ni、Fe | 管、棒等 |

（1）固态法　固态制备方法的特点是整个工艺过程中处于较低温度，金属基体与增强材料均处于固态，可抑制金属与增强体之间的界面反应。金属基体往往以粉末或金属箔的形式与增强材料（纤维、晶须、颗粒等）按预先设计要求以一定的含量、分布、方向混合排布在一起，再经加热、加压，复合黏结在一起，形成复合材料。这类制备方法的工艺主要有：粉末冶金法、热压固结法、轧制法、拉拔法、爆炸焊接法等。

1）粉末冶金法。固态制备法中，粉末冶金法是最早用来制造金属基复合材料的方法。早在 1961 年，Koppenaal 等人就利用粉末冶金法制备碳纤维增强的铝基复合材料，但由于性能很低，且无有效措施加以提高，这种方法主要用于制造颗粒或晶须增强金属基复合材料。

粉末冶金法是一种成熟的工艺方法，具体流程是将合金粉末与增强材料（颗粒、晶须）按照设定好的设计比例在一定条件下进行均匀的混合，然后再压坯、烧结或者挤压成型，或者用混合粉末直接进行热压或热挤压成型，从而获得复合材料及坯件。与铸造法相比，粉末冶金工艺中，颗粒（晶须）的含量不受限制，颗粒大小也可在较大范围内进行选择。但材料的成本较高，制造大尺寸的零件和坯料还有一定的困难。图 8-15 所示为粉末冶金法的工艺流程，该工艺适于制造 $SiC_p/Al$、$SiC_w/Al$、$Al_2O_3/Al$、$TiB_2/Ti$ 等金属基复合材料零部件、板材或锭坯等。常用的增强材料有 $SiC_p$、$SiC_w$、$Al_2O_3$、$B_4C_p$ 等颗粒、晶须及短纤维等。常用的基体金属有 Al、Cu、Ti 等。

2）热压固结法。热压固结法的基本原理是先将纤维增强纤维与金属基体制成复合材料预制片，然后将增强纤维与金属箔片按设计要求切割成型后排布在模具内，在惰性气氛下加热、加压，使金属与增强体紧密黏合在一起，此时发生基体金属与增强体之间元素的相互扩散，最终制成复合材料零件。也可将金属粉末预先包在增强纤维上，再进行热压成型。其特点是在较低的温度下形成的制品具有较致密、纤维损伤小、成型速度快、结合界面良好等特点。热压法适于制造 B/Al、SiC/Al、SiC/TiC/Al、C/Mg 等复合材料零部件、管材和板材等，是目前制造直径较粗的硼纤维和碳化硅纤维增强铝基、钛基复合材料的主要方法，其产

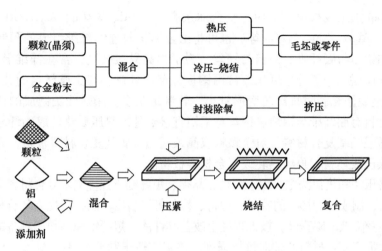

图 8-15 粉末冶金法工艺流程

品已成功应用到航空发动机主舱框架承力柱、发动机叶片、火箭部件等部件。热压固结法也是制造钨丝-超合金、钨丝-铜等复合材料的主要方法之一。热压固结法制备航空发动机叶片的工艺流程如图 8-16 所示。

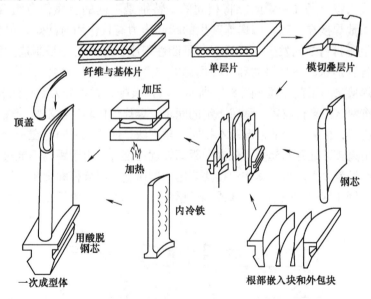

图 8-16 热压固结法制备航空发动机叶片的工艺流程

3）热轧法、热挤压法和热拉法。热轧法、热挤压法及热拉法都是金属材料塑性成形加工工艺，也用于复合材料的制造。

热轧法主要用来将已复合好的颗粒、晶须、短纤维增强金属基复合材料锭坯进一步热轧加工成板材，适用的复合体系有 $SiC_p/Al$、$W/Cu$、$Al_2O_3/Al$、$W/Al$、$SiC_w/Cu$、$Al_2O_{3w}/Cu$、$W/Cu$ 等。也可将由金属箔与连续纤维组成的预制片制成板材，如铝箔与硼纤维、铝箔与钢丝。为了提高黏接强度，常在纤维上涂覆银、镍、铜等涂层，为了防止氧化，常用钢板包覆再轧制。与金属材料的轧制相比，长纤维-金属箔轧制时每次的变形量小，轧制道次多。用热轧法制成的比较成功的复合材料有硼纤维与铝箔、钢丝与铝箔直接热轧或热压后热轧成硼纤维增强铝和钢丝增强铝基复合材料。对于颗粒或晶须增强金属基复合材料板材，先经粉末冶金或热压成坯料，再经热轧成复合材料板材。

热挤压法和热拉法主要用于颗粒、晶须、短纤维增强金属基复合材料坯料的进一步加工，制成各种形状的管材、型材、棒材等。挤压、热拔将提高复合材料的组织均匀性及降低缺陷程度，极大程度上改善其性能，短纤维和晶须所具备的择优取向将极大提高复合材料的轴向抗拉强度。该工艺适于制造 $C/Al$、$Al_2O_3/Al$ 复合材料棒材和管材等。常用的增强材料为 B、$SiC_w$ 等；常用的基体金属有 Al 等。

4）爆炸焊接法。爆炸焊接法是利用炸药作为能源生产金属复合材料的一种很有实用价值的高新技术。它利用炸药爆炸产生的强大脉冲应力，通过碰撞材料发生的塑性变形、黏接处金属的局部扰动以及热过程使材料焊接而形成复合材料。它的最大特点是在一瞬间能将相同的、特别是不同的金属任意组合，简单、迅速和强固地焊接在一起，因爆炸产生的瞬间压力高且作用时间短、材料的温度低，所以组分材料之间发生界面反应的可能性很小；最大用途是制造大面积的各种组合、各种形状、各种尺寸和各种用途的双金属及多金属复合材料。

爆炸焊接法的工艺原理如图 8-17 所示，其按装配方式可分为平行法和角度法。平行法是将两试件平行放置，预留一定的间距，爆炸焊接时试件随炸药爆炸的推进依次形成连接，接头各处的情况基本相同。角度法是使两试件间存在一个夹角，由两试件间距离较近处开始起焊，依次向距离较远处推进，由于距离不能过大，故试件的尺寸也不能太大。目前爆炸焊接法多用来制造金属层合板和金属丝增强金属基复合材料，例如钢丝增强铝、铂丝或钨丝增强钛、钨丝增强镍等复合材料。

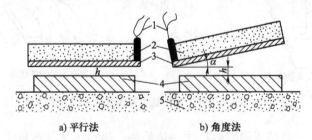

a）平行法　　　　　　b）角度法

图 8-17　爆炸焊接法的工艺原理

1—雷管　2—炸药　3—缓冲层　4—覆板　5—基板　$\alpha$—安装角　$h$—间隙

（2）液态法　液态法是制备金属基复合材料的主要方法，此法较成熟，多种不同类型的金属基复合材料均可采用。液态法的共同特点是，在高温下的金属处于熔融状态，其流动性强，能有效促使金属与增强体间有效的填充与分散。其制备工艺特点是：温度高，极易发生严重界面反应，在制备过程中需要有效控制界面反应。工艺类型包括真空压力浸渍法、挤压铸造法、搅拌铸造法、共喷沉积法等。

1）真空压力浸渍法。其成型方法是基于真空与惰性气体的共同作用，促使熔融金属渗入预制件中，以制备金属基复合材料。图8-18所示为典型真空压力浸渍设备结构图。此法工艺过程：首先将增强物制成预制件，放入模具，将基体金属放入坩埚。装有预制件的模具和装有基体金属的坩埚装入浸渍炉内，紧固和密封炉体，通过真空泵将预制件模具和炉腔抽成真空，然后通电加热预制件和基体金属。当炉内通入惰性气体后，由于模具内继续保持真空，金属液将迅速吸入模腔内。随着压力不断升高，液态金属渗入预制件中，充填增强物之间的空隙，完成浸渍，形成复合材料。

真空压力浸渍法的工艺特点：适用面广，不受限于增强材料的形状、尺寸及含量，适用于Al、Mg、Zn、Cu、Ni、Fe等基体的金属基复合材料，可用于颗粒、晶须、短纤维等增强复合材料的制备；成型材料组织致密，基本上无气孔、疏松等铸造缺陷；工艺简单，通过控制温度、压力等参数可避免严重的界面反应；可一次成型金属基复合材料零件，基本不需要后续加工工艺。

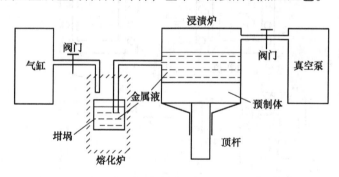

图8-18　真空压力浸渍设备结构图

2）挤压铸造法。挤压铸造也称液态模锻，是将金属液浇注铸型后，加压使金属液在压力下凝固成形，获得毛坯或零件的方法。复合材料在熔融状态下压力复合，结合度较高，因此力学性能优异。其工艺原理如图8-19所示，将一定量的液体金属（或半固态金属）浇入金属型腔内，通过冲头以高压（50~100MPa）作用于液体金属上，使之充型、成形和结晶凝固，并产生一定塑性形变，从而获得优质铸件。

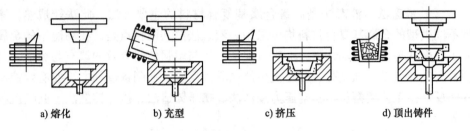

a) 熔化        b) 充型        c) 挤压        d) 顶出铸件

图 8-19　挤压铸造成型的工艺原理

　　挤压铸造法的工艺特点：①用于实现陶瓷短纤维、颗粒、晶须增强铝、镁基复合材料的零部件的批量制造；②高压促进熔体对增强材料的润湿，无需对增强材料表面做预处理；③材料利用率高，节能效果显著；④熔体与增强材料在高温下的接触时间短，不易发生严重的界面反应。

　　3）搅拌铸造法。搅拌铸造法是一种适合于工业规模生产颗粒增强金属基复合材料的制备技术。其工艺原理：将颗粒增强物直接加入到熔融的金属液中，通过一定方式的搅拌使颗粒增强物均匀地分散在金属熔体中，与金属基体复合成颗粒增强金属基复合材料熔体后可铸造成锭坯铸件。图 8-20 所示为 $SiC_p/AZ91$ 镁基复合材料的搅拌铸造工艺流程。

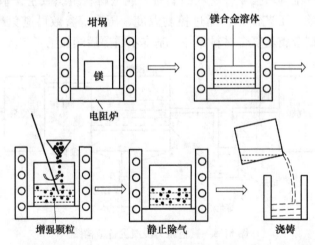

图 8-20　$SiC_p/AZ91$ 镁基复合材料的搅拌铸造工艺流程

　　搅拌铸造法的关键取决于加入的增强颗粒直径与搅拌方式。颗粒的大小直接影响与金属熔体间的润湿性，一般粒径为 $10\sim30\mu m$ 的颗粒与金属的浸润性差，不易进入及均匀分散于金属熔体，极易导致团聚；另外，强烈的金属搅拌容易造成金属液态氧化和大量吸气。

　　克服工艺难点的主要措施：①有效的机械搅拌。强烈的搅动使液体金属以高的剪切速率流过颗粒表面，能有效地改善金属与颗粒之间的浸润性。②颗粒增强物的表面处理。对颗粒进行加热处理，在高温下使有害物质挥发去除，同时在表面形成极薄的氧化层，如 SiC 颗粒经高温氧化形成一层 SiO$_2$ 表面层，可有效改善 SiC 的浸润性。③在金属熔体中添加合金元素。如在铝熔液中加入 Ca、Mg、Li 可以降低铝熔液的表面张力，提高铝与陶瓷颗粒的浸润性。④复合过程的气氛控制。一般采用真空、惰性气体保护来防止复合过程中的吸气和氧化。

4）共喷沉积法。共喷沉积法是指液态金属基体通过特殊的喷嘴在惰性气体气流的作用下雾化成细小的液态金属流，同时将颗粒加入，共同喷向成型模具的衬底上，凝固形成金属基复合材料。其工艺过程包括基体金属熔化、液态金属雾化、颗粒加入及与金属雾化流的混合、沉积和凝固等工序。共喷沉积法的装置主要由熔炼室、雾化沉积室、颗粒加入器、气源、控制台组成（见图 8-21）。

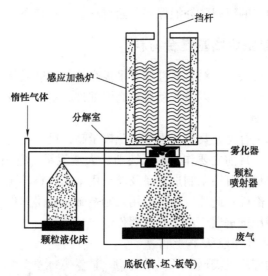

图 8-21　共喷沉积法的装置简图

共喷沉积法的特点是可快速成型，适用面广，适用于 Al、Cu、Fe、Ni、Co 基体及金属间化合物，增强颗粒可以为 SiC、Al$_2$O$_3$、TiC、Cr$_2$O$_3$、石墨等，可以制备圆棒、锭、板材、管材等；冷却速度快（金属液滴的冷却速度达 103 ~ 106℃/s），所得复合材料基体金属的组织与快速凝固相近，晶粒细，无宏观偏析，组织均匀。

（3）其他新型方法　包括原位自生成法、放电等离子烧结、物理气相沉积法、化学气相沉积法、化学镀和电镀法及复合镀法等。

1）原位自生成法。原位自生成法是指增强材料在复合材料制造过程中，在基体中自己生成和生长的方法，增强材料以共晶的形式从基体中凝固析出，也可以与加入的相应元素发生反应，或者由合金熔体中的某种组分与加入的元素或化合物之间的反应生成。前者得到定向凝固共晶复合材料，后者得到反应自生成复合材料。原位自生成法制成的复合材料中增强体表面无污染，基体和增强体的相溶性良好，界面结合强度较高，有优异的力学性能。

2）放电等离子烧结。放电等离子烧结是近来发展的一种新型快速烧结技术，它通过将特殊电源控制装置发生的 ON-OFF 直流脉冲电压加到粉体试料上，利用放电加工及脉冲放电时粉体间产生的火花放电现象，引发烧结促进作用（放电冲击压力、焦耳加热和高温等离子）实现致密化的快速烧结。

在传统的液相或固相烧结中，由于粉末颗粒表面具有惰性化合物膜，且颗粒间无主动作用力，因而烧结时间较长。放电等离子烧结技术克服了上述缺点，而且由于高速扩散和表面活化作用，可在较低的烧结温度和较短的烧结时间下完成，获得细小、均匀的组织，并能保持原始材料的自然状态。

### 8.3.4 常用的航空金属基复合材料

金属基复合材料兴起于对材料性能要求极高的航空航天领域，主要应用于飞机、卫星、导弹等结构件，以及发动机耐高温部件、蓄电池极板等。

1. 铝基复合材料

纤维增强铝基复合材料具有比强度、比模量高，尺寸稳定性好等一系列优异性能，但价格昂贵，目前主要作为航天飞机、人造卫星、空间站等的结构材料。颗粒增强铝基复合材料可用来制造卫星及航天用结构材料、飞机零部件、金属镜光学系统、汽车零部件；此外，还可以用来制造微波电路插件、惯性导航系统的精密零件、涡轮增压推进器、电子封装器件等。

金属基复合材料在航天器上首次也是最著名的成功应用是美国 NASA 采用硼纤维增强铝基（50% Bf/6061Al）复合材料作为航天飞机轨道器中段（货舱段）机身构架的加强桁架管形支柱（见图 8-22）。

由于硼-铝复合材料的相对密度比钛小，刚度比钛合金大，故它的比强度比钛还要高，而且还有良好的耐蚀性，可安全地用于 300℃ 或更高的温度。目前硼-铝主要用途是用来制造航

图 8-22 航天飞机轨道器中段机身复合材料管形支柱

空发动机叶片，飞机、航天器的大型壁板以及一些长梁和加强肋等。在美国哥伦比亚号航天飞机构件中，该种复合材料用于制造主骨架、肋条、桁架支柱、制动

器支撑架等构件共 300 件，总质量达 150kg，使用硼-铝复合材料比原来的铝合金构件质量减轻了 44%。俄罗斯航空材料研究所将硼-铝复合材料用于安-28 飞机的机体结构上，零件质量减少约 25%。此外，硼-铝复合材料还用来制造喷气发动机风扇叶片、飞机机翼蒙皮和结构支撑件、飞机垂直尾翼和起落架部件。

SiC/Al 复合材料用来制造飞机、发动机和卫星的结构件，如飞机上长 3m 的 Z 形加强板、战斗机尾翼平衡器、卫星支架以及超轻高性能太空望远镜的管、棒、桁架等。早在 20 世纪 80 年代，美国洛克希德·马丁公司将 25%SiC$_p$/6061Al 复合材料用作飞机上承放电子设备的支架，其比刚度比替代的 7075 铝合金约高 65%。F-16 战斗机的腹鳍使用碳化硅颗粒增强铝基（6062Al）复合材料，代替了原有的 2214 铝合金蒙皮，刚度提高 50%，使寿命由原来的数百小时提高到设计的全寿命 8000h，寿命提高幅度达 17 倍。此外，F-16 战斗机上部机身有 26 个可活动的燃油检查口盖（见图 8-23），其寿命只有 2000h，并且每年都要检修 2~3 次。采用了碳化硅颗粒增强铝基复合材料后，刚度提高 40%、承载能力提高 28%，预计平均翻修寿命可高于 8000h，裂纹检查期延长为 2~3 年。

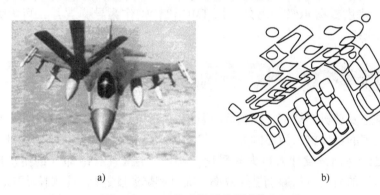

a)                    b)

图 8-23　F-16 战斗机及其燃油检查口盖

石墨纤维增强铝基复合材料在 20~500℃ 时的轴向拉伸强度可达 690MPa，而在 500℃ 时轴向比强度比典型钛合金高 1.5 倍。石墨-铝的基体可以是纯铝、变形铝合金和铸造铝合金。石墨-铝用于结构材料，可用来制作飞机蒙皮、直升机旋翼桨叶以及重返大气层运载工具的防护罩和涡轮发动机的压气机叶片等。60%石墨纤维（P100）/6061 铝基复合材料被成功地用于哈勃太空望远镜的高增益天线悬架，这种悬架长达 3.6m，具有足够的轴向刚度和超低的轴向线胀系数，能在太空运行中使天线保持正确位置，由于这种复合材料的导电性好，所以具有良好的波导功能，保持飞行器和控制系统之间的信号传输，并抗弯曲和振动。

2. 镍基复合材料

镍基复合材料是以镍及镍合金为基体制造的。由于镍的高温性能优良，因此这种复合材料主要用于制造高温下工作的零部件。镍基变形高温合金复合材料被广泛地用来制造航空喷气发动机、各种工业燃气轮机的热端部件，如工作叶片、导向叶片、涡轮盘和燃烧室等。

3. 钛基复合材料

钛基复合材料将基体钛合金的塑性和成型性与增强体的优越承载能力和刚性结合起来，使其即使在 600~800℃ 的高温下，仍具有卓越的强度、韧度、刚度和蠕变抗力。未来发动机的低压压气机转子/静子叶片、机闸、压气机和涡轮的整体叶环、涡轮轴、排气喷管等零部件都是钛基复合材料的潜在用户。例如，使用 SiC-6SiC/Ti 基复合材料（见图 8-24）制造整体叶环代替压气机

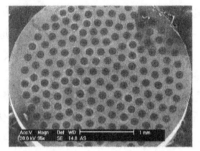

图 8-24　SiC-6SiC/Ti 基复合材料电子显微形貌

盘和叶片，减重高达 70% 以上；制造的风扇叶片减重 15%；制造的低压涡轮轴减重 30%，刚度提高 40%。另外，用 TMC 代替钢作为导弹翼片，可大大改善导弹的工作温度。

## 8.4　陶瓷基复合材料

目前航空发动机燃烧室、涡轮等高温结构的材料仍以高温合金为主，但以单晶合金为代表的金属材料耐温能力仍与发动机燃烧温度相差较大。为弥补材料耐温能力不足的问题，设计人员大多采用"热障涂层+气膜冷却"的主动冷却方案。但冷却气的引入直接影响燃烧效率，而且燃烧温度越高，影响作用越大。因此，耐温能力的提升是实现发动机更新换代的最根本解决途径。陶瓷材料耐温能力高、力学性能好、密度低，很早就被认为是发动机高温结构的理想材料，但由于陶瓷韧性差，一旦损坏会引起发动机灾难性后果，因而限制了其应用。为提高陶瓷材料的韧性，材料学家经过不懈努力研发出了陶瓷基复合材料。

### 8.4.1　陶瓷基体及增强材料

陶瓷基复合材料的基体主要有氧化物陶瓷、氮化物陶瓷、碳化物陶瓷和玻璃或水泥等无机非金属材料，如氧化铝、氧化锆、氮化硅、氮化硼、碳化硅、碳化锆、碳化铬、碳化钨、碳化钛等都是常用的陶瓷基体材料。

陶瓷基复合材料的增强体有纤维、晶须和颗粒，如碳纤维及晶须、碳化硅纤维及晶须、氧化铝纤维及晶须、氮化硅纤维及晶须等。

1. 纤维增强陶瓷基复合材料

在陶瓷材料中，加入第二相纤维制成复合材料是克服陶瓷脆性的重要手段，按纤维排布方式的不同，又可将其分为单向排布纤维陶瓷基复合材料和多向排布纤维陶瓷基复合材料。

（1）单向排布纤维陶瓷基复合材料　单向排布纤维陶瓷基复合材料的显著特点是具有各向异性，即沿纤维长度方向的纵向性能要大大优于其横向性能。在实际构件中，主要是使用其纵向性能。在单向排布纤维增强陶瓷基复合材料中，裂纹的扩展必须克服由于纤维的加入而产生的拔出功和纤维的断裂功，这使得材料的断裂更为困难，从而起到了增韧的作用。这一过程如图 8-25 所示。

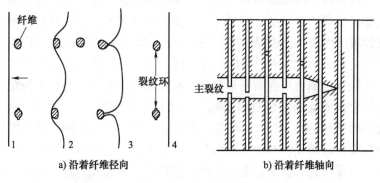

图 8-25　裂纹垂直于纤维方向扩展示意图

（2）多向排布纤维陶瓷基复合材料　单向排布纤维增强陶瓷只适用于单轴应力的场合。而许多陶瓷构件则要求在二维及三维方向上均具有优良性能，这就要进一步研究多向排布纤维增强陶瓷基复合材料。

二维多向排布纤维增强复合材料的纤维排布方式有两种：一种是将纤维编织成纤维布，浸渍浆料后，根据需要的厚度将单层或若干层进行热压烧结成型，如图 8-26 所示。这种材料在纤维排布平面的二维方向上性能优越，而在垂直于纤维排布面方向上的性能较差。一般应用在对二维方向上有较高性能要求的构件上。另一种是纤维分层单向排布，层间纤维成一定角度，如图 8-27 所示。

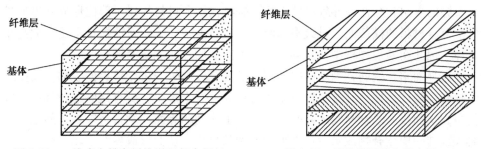

图 8-26　二维多向排布纤维增强复合材料　　　　图 8-27　纤维分层单向排布图

三维多向编织纤维增强陶瓷是为了满足某些情况下的性能要求而设计的。这种材料最初是从宇航用三向 C/C 复合材料开始的，现已发展到三向石英/石英等陶瓷复合材料。

2. 晶须和颗粒增强陶瓷基复合材料

纤维增强陶瓷基复合材料虽然性能优越，但它的制备工艺复杂，而且纤维在基体中不易分布均匀。因此近年来又发展了短纤维、晶须和颗粒增强陶瓷基复合材料。目前常用的是 $SiC$、$Si_3N_4$、$Al_2O_3$ 晶须，常用的基体为 $ZrO_2$、$SiO_2$、$Si_3N_4$、$Al_2O_3$ 及莫来石等。晶须增韧效果不随温度而变化，因此，晶须增韧被认为是高温结构陶瓷基复合材料的主要增韧方式。晶须增韧陶瓷基复合材料的性能与基体和晶须的选择、晶须的含量及分布等因素有关。研究表明，复合材料的断裂韧性随晶须含量的增加而增大。但是，随着晶须含量的增加，由于晶须的桥连作用而导致烧结致密化困难，使复合材料的性能下降。采用颗粒来代替晶须制成复合材料可克服上述缺点，颗粒增强陶瓷基复合材料在原料的混合均匀化及烧结致密化方面均比晶须增强陶瓷基复合材料要容易。当所用的颗粒为 $SiC$、$TiC$ 时，基体材料采用最多的是 $Si_3N_4$、$Al_2O_3$。目前，这些复合材料已广泛用于刀具制造。

晶须与颗粒对陶瓷材料的增韧均有一定的作用，且各有利弊：晶须的增强增韧效果好，但含量高时会致使密度下降；颗粒可克服晶须的这一弱点，但增强增韧效果不如晶须。

## 8.4.2 陶瓷基复合材料的微观结构和性能

（1）陶瓷基复合材料的界面和界面设计　陶瓷基复合材料通常在高温环境下制备，由于增强体与基体的原子扩散，易在界面上形成固溶体和化合物。其界面具备一定厚度，与基体及增强体之间能较好地结合，但具备脆性特点。

陶瓷基复合材料的界面应满足：①强到足以传递轴向载荷并具有较高的横向强度。②弱到足以沿界面发生横向裂纹及裂纹偏转直到纤维的拔出。因此，陶瓷基复合材料界面要有一个最佳的界面强度。

强的界面黏结往往导致脆性破坏，裂纹在复合材料的任一部位形成并迅速扩散至复合材料的横截面，导致平面断裂。这是由于纤维的弹性模量不是大大高于基体，因此在断裂过程中，强界面结合不产生额外的能量消耗。

若界面结合较弱，当基体中的裂纹扩展至纤维时，将导致界面脱粘，发生裂纹偏转、裂纹搭桥、纤维断裂以至于最终导致纤维拔出。所有这些过程都要吸收能量，从而提高复合材料的断裂韧性。为了达到弱界面，常常将颗粒、晶须或纤维表面镀一层化合物或碳等易被剪切断裂的物质，从而形成界面相。

图 8-28 所示为陶瓷基复合材料的界面示意图。为了获得最佳界面结合强度，

希望避免界面化学反应或尽量降低界面的化学反应程度和范围。

（2）陶瓷基复合材料的室温力学性能 主要的室温力学性能包括拉伸强度和弹性模量、断裂韧度、压缩及弯曲强度等。

1）拉伸强度和弹性模量。对陶瓷基复合材料来说，陶瓷基体的失效应变低于纤维的失效应变，因此最初的失效往往是基体中晶体缺陷引起的开裂。图 8-29 所示为纤维增强陶瓷基复合材

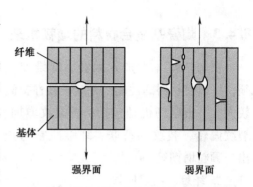

图 8-28 陶瓷基复合材料的界面示意图

料的应力-应变曲线，材料的拉伸失效有两种：第一种为突然失效。如纤维强度较低，界面结合强度高，基体微裂纹穿过纤维扩展，导致突然失效。第二种情况，如果纤维较强，界面结合较弱，基体裂纹沿着纤维扩展。纤维失效前纤维/基体界面在基体的裂纹尖端和尾部脱粘。因此，基体开裂并不导致突然失效，材料的最终失效应变大于基体的失效应变。

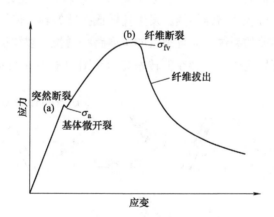

图 8-29 纤维增强陶瓷基复合材料的应力-应变曲线

2）断裂韧度。纤维拔出与裂纹偏转是复合材料韧性提高的主要机制。纤维含量增加，阻止裂纹扩展的势垒增加，断裂韧度增加。但当纤维含量超过一定量时，纤维局部分布不均，相对密度降低，气孔率增加，其抗弯强度反而降低。图 8-30 所示为 CF/LAS 复合材料的断裂韧度和抗弯强度随纤维含量的变化曲线。

3）压缩及弯曲强度。对于脆性材料，用弯曲和压缩试验更能表征材料的强度性能。

### 8.4.3 陶瓷基复合材料的增韧机理

在陶瓷基体中加入颗粒、纤维或晶须，可以使材料的性能，尤其是韧性提高较大。一般增韧机理包括：微裂纹增韧、裂纹偏转、裂纹的桥联、纤维脱粘与拔出、颗粒增韧等。

**1. 纤维、晶须增韧**

（1）裂纹弯曲和偏转 在扩展裂纹尖端应力场中的增强体会导致裂纹发生弯曲，从而干扰应力场，导致基体的应力强度降低，起到阻碍裂纹扩展的作用。随着增强体长径比和体积比增加，裂纹弯曲增韧效果增加。

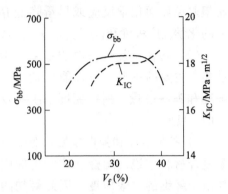

图 8-30 CF/LAS 复合材料的断裂韧度和抗弯强度随纤维含量的变化曲线

另外，由于纤维周围的应力场，基体中的裂纹一般难以穿过纤维，而仍按原来的扩展方向继续扩展。相对来讲，它更易绕过纤维并尽量贴近纤维表面扩展，即裂纹偏转。裂纹可绕着增强体倾斜发生偏转或扭转偏转。偏转后裂纹所受的拉应力往往低于偏转前的裂纹，而且裂纹的扩展路径增长，裂纹扩展中需消耗更多的能量，因而起到增韧作用。裂纹偏转增韧示意图如图 8-31 所示。

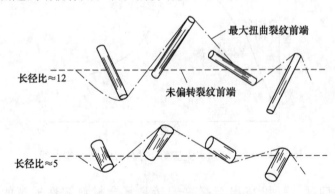

图 8-31 裂纹偏转增韧示意图

（2）脱粘和纤维拔出 复合材料在纤维脱粘后产生了新的表面，因此需要能量。尽管单位面积的表面能很小，但所有脱粘纤维总的表面能则很大。且纤维体积比越大、界面强度越弱，通过纤维脱粘达到的增韧效果是最佳的。

纤维拔出是指靠近裂纹尖端的纤维在外应力作用下沿着它和基体的界面滑出的现象（见图 8-32）。纤维必须在脱粘后才能拔出。纤维拔出会使裂纹尖端应力松弛，从而减缓了裂纹的扩展。纤维拔出需外力做功，因此起到增韧作用。纤维拔出是更重要的增韧机理。

（3）纤维桥接 对于特定位向和分布的纤维，裂纹很难偏转，只能沿着原来的扩展方向继续扩展。这时紧靠裂纹尖端处的纤维并未断裂，而是在裂纹"两岸"搭起小桥，使"两岸"连在一起（见图8-33）。这会在裂纹表面产生一个压应力，以抵消外加应力的作用，从而使裂纹难以进一步扩展，起到增韧作用。随着裂纹的扩展，裂纹生长的阻力增加，直到在裂纹尖端形成一定数量的纤维搭桥区，这时达到稳态韧化。

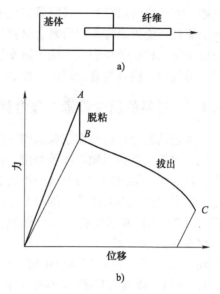

图 8-32 纤维拔出示意图

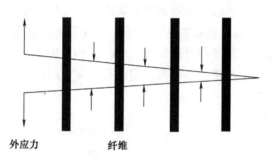

图 8-33 纤维桥接示意图

**2. 颗粒增韧**

用颗粒作为增韧剂，制备颗粒增韧陶瓷基复合材料，其原料的均匀分散及烧结致密化都比短纤维及晶须复合材料简便易行。因此，尽管颗粒的增韧效果不如晶须与纤维，但如果颗粒种类、粒径、含量及基体材料选择得当，仍有一定的韧化效果，同时会带来高温强度、高温蠕变性能的改善。从增韧机理上分，颗粒增韧分为非相变第二相颗粒增韧、延性颗粒增韧、纳米颗粒增韧、相变增韧。

非相变第二相颗粒增韧主要是通过添加颗粒使基体和颗粒间产生弹性模量和热膨胀失配来达到强化和增韧的目的，此外，基体和第二相颗粒的界面在很大程度上决定了增韧机理和强化效果，目前使用较多的是氮化物、碳化物等颗粒。延性颗粒增韧是在脆性陶瓷基体中加入第二相延性颗粒来提高陶瓷的韧性，一般加入金属粒子。金属粒子作为延性第二相引入陶瓷基体内，不仅改善了陶瓷的烧结性能，而且能够以多种方式阻碍陶瓷中裂纹的扩展，如裂纹的钝化、偏转、钉扎及金属粒子的拔出等，使得复合材料的抗弯强度和断裂韧度得以提高。相变增韧是由于第二相粒子在裂纹尖端附近发生相变而引起体积膨胀，从而降低裂纹尖端的应力集中，提高复合材料的韧性。

## 8.4.4 常用的航空陶瓷基复合材料

陶瓷基复合材料在航空领域的应用则主要包括发动机、喷口导流叶片、机翼前缘、涡轮叶片和涡轮罩环等部位，如用其制成的隔热瓦能很好地解决航天飞机再次进入大气层时舱体与空气摩擦而温度过高的问题。

在发动机上得到应用的陶瓷基复合材料主要有碳化硅纤维增强碳化硅复合材料（SiCf/SiC）和氧化物纤维增强氧化物复合材料（Ox/Ox）两种。SiCf/SiC 复合材料由碳化硅纤维（一般直径为 12μm）、纤维表面界面层（厚度为 0.2~0.5μm）、碳化硅基体三部分组成。该类材料抗氧化能力高、质轻（密度为 2.1~2.8g/cm³），高温（1200~1400℃）燃气寿命达几千小时，远高于高温合金的使用温度，是军用/商用航空发动机核心机热端结构最理想的材料。

Ox/Ox 复合材料是指以氧化物陶瓷为基体，与氧化物纤维（直径一般为 10~12μm）复合的一类材料。该材料比 SiCf/SiC 的耐温能力略低（1150℃左右），但由于不存在氧化问题，其寿命可达到上万小时，加之密度低（约 2.5g/cm³）、价格合理，是涡轴、燃气轮机核心机高温结构及涡喷、涡扇发动机尾喷管结构（见图 8-34）的优选材料。

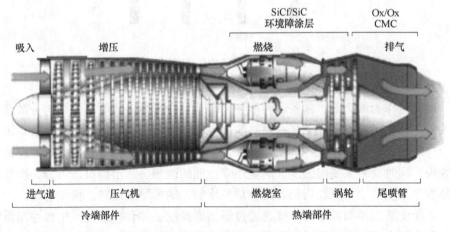

图 8-34 陶瓷基复合材料在军用/商用航空发动机中的应用

未来航空领域，轻量化和耐高温将成为人们持续关注的重点。随着超音速、极超音速和可回收航天器的问世，陶瓷基复合材料将在动力系统和航空结构件等领域扮演更重要的角色。

## 习题与思考题

1. 简述复合材料的概念、特点、分类和性能。
2. 简述金属基复合材料的种类、性能及其在航空航天领域中的应用。
3. 简述树脂基复合材料的种类、性能及其在航空航天领域中的应用。
4. 简述陶瓷基复合材料的种类、性能及其在航空航天领域中的应用。
5. 简述金属基复合材料的制备方法。
6. 简述树脂基复合材料的制备方法。
7. 简述陶瓷基复合材料的增韧机理。

# 第9章

# 零件选材及工艺路线设计

目前随着工程技术的发展，机械零件的结构、受力、功能、使用环境等变得越来越复杂，对零件的可靠性要求也日益提高。而在实际生产中，往往由于选材错误和加工不当，导致零件在使用过程未达预期寿命而过早失效，使生产遭受较大损失。因此，了解选材的正确思路，掌握合理的工艺路线设计，准确分析零件在使用过程中遇到的各种材料问题，并及时为已出现故障寻求补救对策，是对机械类工程技术人员的基本素质要求。

本章介绍了零件失效形式与分析、选材原则和方法、零件热处理工序安排以及零件加工工艺路线设计，为工程材料的合理选用提供必要的基础知识。同时，本章也是贯穿《航空工程材料及应用》全课程的"纲"（见图9-1），既是对前几章内容的补充，又综合阐述了材料的结构、性能、加工、使用状况及其在机械工程中的实际应用问题。

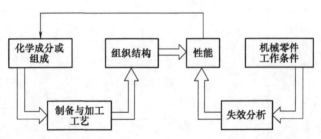

图9-1　贯穿《航空工程材料及应用》全课程的"纲"

## 9.1　机械零件的失效分析

任何一台机械设备都是由许多个零件组成，这些零件在工作时都具有一定的功能，或传递运动、力矩或能量（如组成齿轮机构、带传动机构、链传动机构的零件），或实现特定的动作轨迹（如组成凸轮机构的零件），或保持一定的几何形状等等。机械零件的失效是指零件在使用过程中，由于某种原因导致其形状或性能发生改变而丧失规定的功能。

在航空史上，由于关键零件材料失效造成的空难事件并不罕见。从 1948 年到 1954 年，美国"马丁 202"型运输机、F-86 喷气式战斗机、英国"维金"号喷气机及"彗星"Ⅰ型客机接连因疲劳损坏引发多起空难事件；1978 年冬，美国麦道公司研制的 DC-10 喷气客机从华盛顿机场起飞，随后因机翼引擎的"派龙"固定螺杆发生脆性断裂导致全机坠毁，该事故造成 275 人遇难，图 9-2 所示为 DC-10 客机坠毁过程分析。1986 年 1 月甚至发生了美国宇航史上最严重的一次事故，"挑战者"号宇宙飞船在升空 73s 后发生爆炸，事后调查认为是助推火箭的喷口密封圈在低温下发生硬化、脆裂，使氢气泄露，事故最终造成七名宇航员全部罹难……这一桩桩惨痛的航空事故在警醒人们的同时，更应该使人们反思如何才能避免灾难的发生。针对此需要，在零件使用条件日渐严苛的今天，工程技术人员需对零件进行失效分析、确定失效机理和原因、提出预防和改进措施，这对提高产品的质量与可靠性、避免事故发生具有重要意义。

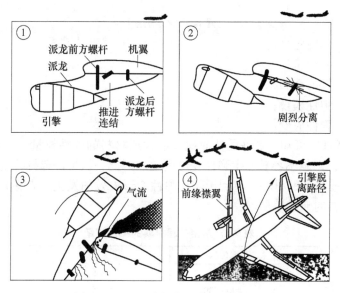

图 9-2　DC-10 喷气客机坠毁过程分析

## 9.1.1　失效形式

零件在工作时的受力情况一般比较复杂，往往承受多种应力的复合作用，因而造成零件的不同失效形式。根据零件破坏的外观特征，其失效模式主要有以下三种类型：变形失效、断裂失效、表面损伤。

1. 变形失效

（1）弹性变形失效　对于理想弹性变形，施加外力会导致原子偏离平衡位置，在微观上表现为原子间距改变，在宏观上表现为材料的变形；若去除外力，在原子间作用力影响下，原子又回到原来的平衡位置，宏观变形消失。这种弹性变形"可逆性"是材料在受外力作用时的必然结果，一般不会引起零件损坏。但在一些精密设备中，对零件的形状尺寸和匹配关系有严格要求，当弹性变形量超过规定的数值（即使在弹性极限以内），会造成零件的非正常匹配关系而导致失效。如齿轮轴的过量弹性变形会影响齿轮的正常啮合，加速磨损，增加噪声，减少寿命；镗床的镗杆若发生过量弹性变形，加工出的零件就不能保证精度，甚至造成废品；轴类零件发生弯扭弹性变形时，若产生的挠度过大会造成轴承的严重偏载，导致传动受阻；弹簧的过量弹性变形会影响其减振和储能驱动作用，使构件失稳……以上种种因零件刚性不足，在受力过程中产生过量弹性变形，妨碍设备正常发挥原有功能而导致的失效，称为过量弹性变形失效。

根据胡可定律，单向受压（拉）的均匀截面杆件，应力-应变关系的表达式为

$$R = P/A = E\varepsilon_e \qquad (9\text{-}1)$$

式中　$R$——弹性应力；

　　　$P$——外载荷；

　　　$A$——杆的截面积；

　　　$E$——弹性模量；

　　　$\varepsilon_e$——弹性应变。

由式（9-1）可知，零件的截面积 $A$ 越大或材料的弹性模量 $E$ 越高，则弹性应变 $\varepsilon_e$ 越小，即越不容易发生弹性变形失效。因此，从零件选材的角度考虑，优先选用弹性模量高的材料，有利于防止弹性变形失效的发生。表 9-1 列出了部分常用工程材料的弹性模量。

表9-1　常用工程材料的弹性模量

| 材　料 | $E/\text{GPa}$ | 材　料 | $E/\text{GPa}$ |
|---|---|---|---|
| 金刚石 | 1000 | 铜合金 | 120~150 |
| 硬质合金 | 400~530 | 钛合金 | 80~130 |
| 碳化硅（SiC） | 450 | 铝合金 | 69~79 |
| 氧化铝（$Al_2O_3$） | 390 | 石英玻璃 | 94 |
| 碳化钛（TiC） | 380 | 混凝土 | 45~50 |
| 氮化硅（$Si_3N_4$） | 289 | 木材（纵向） | 9~16 |
| 低合金钢 | 200~207 | 聚酯塑料 | 1~5 |
| 奥氏体不锈钢 | 190~200 | 有机玻璃 | 3.4 |
| 铁及低碳钢 | 196 | 尼龙 | 2~4 |
| 铸铁 | 170~190 | 聚丙烯 | 1.32~1.42 |
| 碳纤维复合材料 | 70~200 | 聚乙烯 | 0.2~0.7 |
| 玻璃纤维复合材料 | 7~45 | 橡胶 | 0.01~0.1 |

（2）塑性变形失效 若零件承受的外加应力超过其屈服极限，即如式（9-2）所示，对于脆性材料，会发生断裂；对于塑形材料，会发生塑性变形。当零件产生的塑性变形量大到足以妨碍设备正常发挥预定功能时，称之为塑性变形失效。塑性变形失效会导致零件的尺寸和形状发生不可恢复的改变，并破坏零件之间的相互配合关系。例如用紧固螺栓连接压力管道或压力容器时，所施加的夹紧力过大会引起螺栓塑性伸长，进而导致预紧力减小甚至丧失，配合面松动，造成螺栓失效。

$$R = P/A \geq R_{eL} \tag{9-2}$$

式中　$P$——外载荷；

　　　$A$——零件横截面积；

　　　$R_{eL}$——屈服极限。

在设计机械零件进行强度计算时，为了增加零件工作的可靠性，许用应力 $[R]$ 取值一般小于材料屈服极限，即

$$[R] \leq \frac{R_{eL}}{k} \tag{9-3}$$

式中　$k$——安全系数，数值大于1。

所以，当外载荷一定时，塑性变形失效的发生取决于零件的屈服极限 $R_{eL}$、截面积大小 $A$ 以及安全系数 $k$。从选材的角度考虑，为了避免塑性变形，零件应选用屈服极限高的材料。表9-2列出了部分常用工程材料的屈服极限。

**表9-2　常用工程材料的屈服极限**

| 材　　料 | 屈服极限/MPa | 材　　料 | 屈服极限/MPa |
|---|---|---|---|
| 金刚石 | 50000 | 铜合金 | 60~960 |
| 碳化硅（SiC） | 10000 | 铝合金 | 120~627 |
| 氧化铝（$Al_2O_3$） | 5000 | 碳纤维复合材料 | 640~670 |
| 碳化钛（TiC） | 4000 | 玻璃纤维复合材料 | 100~300 |
| 压力容器钢 | 1500~1900 | 钢筋混凝土 | 410 |
| 低合金钢（淬-回火） | 500~1980 | 有机玻璃 | 60~110 |
| 碳钢（淬-回火） | 260~1300 | 尼龙 | 52~90 |
| 铸铁 | 220~1030 | 聚苯乙烯 | 34~70 |
| 奥氏体不锈钢 | 286~500 | 聚乙烯（高密度） | 6~20 |
| 铁素体不锈钢 | 240~400 | 泡沫塑料 | 0.2~10 |
| 钛及其合金 | 180~1320 | 天然橡胶 | 3 |

从表9-2中可以看出，金刚石和各种氧化物、碳化物、陶瓷材料的屈服极限较高。这类材料极脆，在做拉伸试验时，当应力远低于其屈服极限时就已发生脆性断裂（较大的脆性使这类材料难以发挥出高强度的特点），所以无法通过拉伸

试验来测定屈服极限这一力学性能指标，表中给出的数据是根据硬度值推算的。低合金钢的强度仅次于陶瓷，成为理想的结构材料，广泛用于机械制造、运输动力及航空工业等方面。高分子材料的强度虽然较低，但由于材料密度较小，故其比强度较高。

2. 断裂失效

断裂失效指零件因断裂而无法实现其预期功能的现象，这是机械产品中最具危险性的一种失效形式，因为它不但使零件无法工作，有时还会导致严重的事故。

(1) 韧性断裂失效　韧性断裂又叫塑性断裂，即零件断裂之前，其断裂部位会发生较为明显的塑性变形。机械构件由于韧性断裂造成的失效，通常与应力过载有关（即零件危险截面处的实际应力超过材料的强度极限）。金属韧性断裂的主要宏观特征为缩颈，如低碳钢圆柱试样被拉断后，会呈现典型的杯锥状断口（见图 9-3a）。在扫描电镜下观察，断裂的断口上覆盖着大量显微孔坑、微坑或微孔等，称为"韧窝"。韧窝（见图 9-3b）是金属塑性断裂的主要微观特征，它是材料在微区范围内塑性变形产生的微孔，经形成、长大、聚集、连接后，在断口表面上所留下的痕迹。因此，韧性断裂本质上属于微孔聚集性断裂。

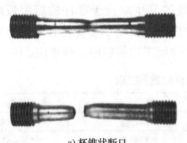

a) 杯锥状断口　　　　　　　b) 典型的韧窝形貌

图 9-3　韧性（塑性）断裂

韧性断裂的主要原因是外载荷超过了材料的强度极限，故选取适当强度的工程材料，并合理设置零件的工作载荷，可有效预防韧性断裂失效。表 9-3 列举了部分常用工程材料的抗拉强度。

表 9-3　常用工程材料的抗拉强度

| 材　　料 | $R_m$/MPa | 材　　料 | $R_m$/MPa |
|---|---|---|---|
| 压力容器钢 | 1500~2000 | 铜合金 | 250~1000 |
| 低合金钢（淬-回火） | 680~2400 | 铜 | 250 |
| 碳钢（淬-回火） | 500~1800 | 铝合金 | 120~670 |
| 镍合金 | 400~2000 | 铝 | 40 |

（续）

| 材　　料 | $R_m$/MPa | 材　　料 | $R_m$/MPa |
|---|---|---|---|
| 奥氏体不锈钢 | 760~1280 | 镁合金 | 125~380 |
| 铸铁 | 400~1200 | 有机玻璃 | 110 |
| 铁素体不锈钢 | 500~800 | 聚碳酸酯 | 60 |
| 低碳钢 | 430 | 聚苯乙烯 | 40~70 |
| 钢筋混凝土 | 410 | 木材（纵向） | 35~55 |
| 碳纤维复合材料 | 640~670 | 天然橡胶 | 30 |
| 玻璃纤维复合材料 | 100~300 | 泡沫塑料 | 0.2~10 |

（2）脆性断裂失效　脆性断裂失效，是一种突然发生的断裂现象；因其在断裂前几乎不发生宏观可见的塑性变形，没有任何征兆，故危害极大。脆性断裂通常在具有体心立方和密排六方结构的金属中出现，只有特定条件下才会在面心立方金属中发生。脆性断口通常与正应力垂直，断口表面平齐而光亮（见图9-4），一般可观察到放射状线条纹或人字纹花样（见图9-5）。

图9-4　脆性断裂

图9-5　典型的脆性断口

（3）疲劳断裂失效　疲劳断裂失效是材料在远低于屈服点的交变应力作用下，产生裂纹且裂纹逐渐扩展，导致最终断裂的现象。材料疲劳断裂特点虽然类似脆性断裂（破坏时外观没有明显的征兆，迅速、突然且不易察觉），但疲劳断口明显区别于其他类型断口。

疲劳断口的宏观形貌（见图9-6），按照疲劳破坏过程的先后顺序可以分为三个区：a源区（疲劳裂缝的形成）、b扩展区（裂纹扩展，形成海滩纹路）、c

图9-6　疲劳断口宏观形貌

瞬断区（最终断裂）。其中，a 区和 b 区比较光滑平整；c 区凹凸不平。疲劳断口的微观形貌（见图 9-7），在电子显微镜下可观察到一条条微细间隔的平行弧线，称之为疲劳条纹。疲劳条纹的凸侧指向疲劳裂纹的扩展方向，条纹间距代表每经历一次应力循环后裂纹前进的距离。虽然从外观上看，微观特征的疲劳条纹和宏观的海滩纹路比较相似，但二者的尺度不同，在每一条海滩纹路内都可能包含着无数条疲劳条纹。另外，若将疲劳破坏的断口对接，一般都能吻合得很好（见图 9-8），说明材料破坏之前无明显的塑性变形，即使是塑性很好的材料亦如此。

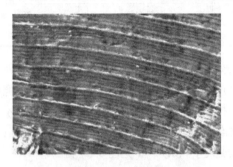 

图 9-7　疲劳断口的疲劳条纹形貌　　　　图 9-8　疲劳断口纵向形貌

疲劳破坏的主要原因是，当材料存在杂质、孔洞、表面划痕或其他能引起应力集中的缺陷时，易产生微裂纹，且微裂纹随应力循环次数的增加而逐步扩展，进而使零件有效面积逐渐减小，直至未断裂的零件截面积不足以承受外载荷作用而突然断裂。因此，对零件表面可进行淬火、化学热处理、喷丸、滚压等表面强化处理，使其表面产生残余压应力，提高疲劳抗力；或减小工件表面粗糙度值，降低应力集中；或减少材料在热处理、焊接、锻造、铸造过程中产生的各种缺陷；或合理选材，选取疲劳强度高的材料……以上措施都可有效防止疲劳失效。表 9-4 列出了部分常用工程材料的疲劳极限（强度），从该表中可以看出，金属材料的疲劳强度较高，而高分子材料和陶瓷材料的疲劳强度相对较低。

表 9-4　常用工程材料的疲劳极限（强度）

| 材　　料 | 疲劳极限（强度）$R_{-1}/\text{MPa}$ | 材　　料 | 疲劳极限（强度）$R_{-1}/\text{MPa}$ |
|---|---|---|---|
| 超高强度钢（淬-回火） | 784~882 | 304 不锈钢 | 200 |
| 钛合金（TiAl4V） | 627 | QT400-17 | 196 |
| 60 弹簧钢 | 559 | HT400 | 118 |
| GCr15 | 549 | 7A04（时效） | 157 |
| 40CrNiMo（调质） | 529 | 2A12（时效） | 137 |
| 30CrNi3（调质） | 480 | H68 | 147 |
| 35CrMo（调质） | 470 | ZL102 | 137 |

（续）

| 材　料 | 疲劳极限（强度）$R_{-1}/\text{MPa}$ | 材　料 | 疲劳极限（强度）$R_{-1}/\text{MPa}$ |
|---|---|---|---|
| 45钢（正火） | 274 | ZL301 | 49 |
| 25钢（正火） | 176 | 聚乙烯 | 12 |
| 12Cr13不锈钢 | 216 | 聚苯乙烯 | 10 |

**3. 表面损伤**

表面损伤失效指零件在工作过程中由于磨损、疲劳、腐蚀等原因，使其工作表面附近的材料受到严重损伤而造成的失效。这种表面层失效形式主要包括磨损失效和腐蚀失效。

磨损失效指两个相互接触的零部件发生相对运动时，其表面材料由于机械、物理或化学作用而脱离母体，造成零部件尺寸变化、精度降低而无法正常工作的现象（见图9-9）。腐蚀失效指材料表面与周围活性介质发生化学或电化学反应而导致零件结构完整性和性能改变，引起表面损伤的现象（见图9-10）。

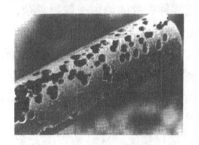

图9-9　齿轮表面被严重磨损　　　　图9-10　地下管道腐蚀形貌图

## 9.1.2　失效分析

失效问题遍布航空航天、汽车、船舶等各类制造行业，小到锂电池损耗、螺钉断裂，大到桥梁倒塌、容器损坏、飞机爆炸等。据估算，每年世界各国因失效造成的直接经济损失高达GDP的2%~4%，损失巨大，因此失效分析的研究一直受到人们的广泛重视。失效分析是一门面向工程、面向应用、面向未来的新兴学科，它具有综合性（涉及多个学科群和交叉学科）和经济性（与国民经济发展联系密切）两个基本特点。

材料失效分析工作和材料破坏过程的因果关系如图9-11所示。对材料破坏过程而言，首先材料由于某些原因开始发生破坏，破坏进行的阶段即为材料的破坏机理，破坏结束后形成失效的零部件。而材料失效分析可看作对材料破坏的一个回溯过程，即由破坏的结果（失效零部件）观察其宏观破坏特征，并借助各种成分、组织、性能等检测分析，进而推断其破坏机理，最终确定破坏原因。简而言之，材料失效分析的基本思路即为探索"What—How—Why"的过程，先鉴定因"何物"于"何种状况"下失效（What）；再推断"如何"失效（How）；最后确定"为何"失效（Why）。

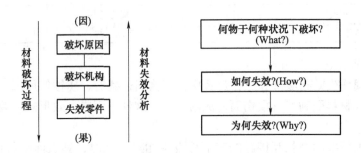

图 9-11　材料失效分析基本思路

1. 失效原因

造成零件失效的原因一般很复杂，主要从设计、选材、加工、装配使用这几方面来考虑。

（1）设计不合理　最常见的情况有以下两种：①错误设计零件尺寸和几何结构，例如当零件中存在尖角、缺口等，会导致局部应力集中，这往往是构件破坏的起始点。②错误估算工作条件，如对实际的工作载荷估算不足，导致组件承载能力设计不足，零部件超负荷工作。

（2）选材错误　材料是零件安全工作的基础，因材料而导致失效主要表现在两方面：其一是材质欠佳，如金属中存在气孔、晶粒粗大、夹杂物、杂质含量超标等冶金缺陷；其二是选材不当，主要是由于设计者对材料的性能指标和应用场合缺乏一个全面的了解。常见情况是，设计者仅根据材料的常规性能指标作出判断，而这些指标与材料的实际失效形式并不符合。

（3）加工工艺不当　大多数零件在制造过程中都会经过车削、铣削、刨削、磨削、热处理等加工工序，若这些加工工艺不合理，就会给零部件带来各种冷加工和热加工缺陷，这往往是导致失效的主要原因。比如零件表面加工不良时，会导致表面粗糙度值增加，耐磨性、配合质量、疲劳强度降低；铸造时浇注系统不合理，或砂型、型芯和涂料配制不当，或浇注温度过低等，会在铸件中形成气孔（见图 9-12），使铸件报废。锻造时送进量较小而压下量较大时会形成折叠（见图 9-13），破坏材料的连续性，降低锻件的承载能力；热处理工艺不当时，会产生氧化与脱碳、淬火开裂（见图 9-14）、硬度不足、回火脆性等问题。

图 9-12　铸造过程中的气孔缺陷

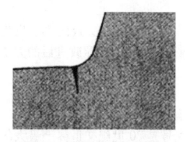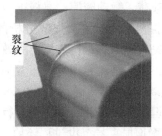

裂纹

图 9-13　典型锻件的初生折叠　　　　图 9-14　45 钢锥套淬火裂纹的宏观形貌

（4）装配使用不当　零件安装时对中不准、固定不紧、配合错误或维护不及时、操作不当等，都会对零部件造成损害，并加重作业的安全隐患。例如，在研究轴承的使用寿命时发现，轴承质量对其性能的影响仅占到25%，其他如润滑、安装和维护等因素实际上对轴承寿命的影响更大。在各种提前失效的轴承中，有36%是因为润滑脂的技术应用不当造成的，有16%是因为装配不当（常见情况是用力过大）和错误使用装配工具造成的。因此某些重要设备要求采用机械法、液压法或温差法来正确高效地完成轴承安装和拆卸，以实现机件工作时间最大限度地延长。

虽然以上只讨论了四种导致零件失效的因素，但需要说明的是，实际情况中工件失效的原因不一定是单一的，而可能是多种因素共同作用的结果。但在每一个失效事件中，都有一个导致失效的主要原因，据此可吸取经验教训，提出防止失效的主要措施，提高产品质量和可靠性，这就是研究失效的意义。

2. 失效分析内容

失效分析的工作就是"侦探+医生"，类似于材料诊断学。"工欲善其事，必先利其器"，失效分析人员需通过各种测试仪器和试验方法，如成分测试、力学性能测试、无损探伤等，对断口或缺陷进行综合分析，查明失效原因，并采取预防措施防止同类失效情况再次发生。失效分析主要包含以下五项内容：

（1）判定失效模式　失效模式指零部件失效后，可观察的、可测量的失效的宏观形貌特征，比如韧性断裂、疲劳损伤等。

（2）界定失效缺陷　失效缺陷通常与材料缺陷相关，如裂纹、夹杂物、磨损带、腐蚀坑等。在详细了解零件的材质状况、机械加工工艺、热处理质量、装配水平、使用及维护情况的基础上，分析判断缺陷的性质、形状、大小和分布，这是确定失效原因的重要环节。

（3）鉴定失效机理　失效机理指构件失效的物理、化学、机械等变化过程和内在原因，即失效的微观机制。比如磨损失效模式下的接触疲劳、腐蚀磨损、磨粒磨损、黏着磨损、冲蚀磨损等。

（4）确定失效原因　失效原因是促使失效机理起作用的主要因素，例如过载、疲劳载荷、微动摩擦、电极电位差等。

（5）提出解决对策　失效分析的最终目的是防止同类失效的再次发生，因此在确定失效原因后，还要提出失效预防的改进措施，并按照改进后的方法进行模拟试验，直至确保实际运行正常为止。

3. 失效分析案例

以泰坦尼克号沉船事故为例进行失效分析。

（1）泰坦尼克号沉没过程还原　泰坦尼克号是 20 世纪初世界上最大的豪华客轮，船体长 260m、宽 28m、高 51m、重量 46328 吨、动力 3000 匹马力、总耗资 7500 万英镑，可运载 3300 名乘客。除此之外，泰坦尼克号还具备当时最先进的安全技术，它有着一英寸钢板构成的双层船壁和十六个水密隔舱构成的防水系统，因而当时被认为是一艘"永不沉没"的巨轮。它的首航于 1912 年 4 月 10 日从英国南部的南安普顿港出发，直达美国纽约，航速为 40.7km/h（见图 9-15）。但在 4 月 14 日晚 11 时 40 分，号称"永不沉没"的泰坦尼克号在横渡大西洋途中不幸与一块漂浮的大冰山相撞，导致船体左侧五个前舱壳体破裂进水，并于 2 小时 40 分钟后完全沉入海中（沉船过程见图 9-16）。游轮上的 2208 名船员和旅客中，只有 705 人生还，这是迄今为止世界上发生的最严重的一次航海事故。

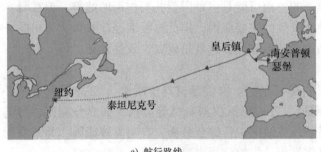

a）航行路线　　　　　　　　　　　　b）出发时

图 9-15　泰坦尼克号首航

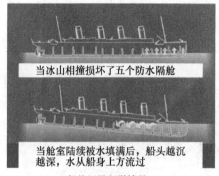

a) 船体沉没断裂情景

b) 沉没在大西洋海底的船头

图 9-16 泰坦尼克号沉船过程

（2）泰坦尼克号船板备用件的检验 1985 年 9 月，美国海洋学家在大西洋海底 3700m 深处首次发现泰坦尼克号残骸，之后海洋打捞专家对游轮进行多次探险打捞。1996 年 8 月，一支国际考察队从海底打捞出泰坦尼克号船身钢板，随后科学家对其成分、组织和性能进行检测分析。

图 9-17 泰坦尼克号船身钢板的冲击试样断口照片

1）宏观分析。从船身钢板的断口（见图 9-17）可以看出，其断裂处无明显塑性变形，是典型的脆性断裂。

2）化学成分分析。为便于分析比较，表 9-5 列出了泰坦尼克号船身钢板和符合 ASTM A36 标准（美标碳素结构钢，相当于国内的 Q235 钢）的同类材料的化学成分对比。

表 9-5 泰坦尼克号船身钢板和 ASTM A36 钢成分对比 （单位:%）

| 材料名称 | C | Si | P | Cu | S | Mn |
|---|---|---|---|---|---|---|
| 泰坦尼克号船身钢板 | 0.21 | 0.017 | 0.045 | 0.024 | 0.069 | 0.47 |
| ASTM A36 | 0.20 | 0.007 | 0.012 | 0.01 | 0.037 | 0.55 |

从上表中可以看出，泰坦尼克号钢板的硫（S）、磷（P）含量比现代钢板高得多；高硫、磷含量的同时，其锰（Mn）含量较低、Mn/S 比值（6.8/1）比现代钢（14.9/1）低得多。以上这些都将导致该钢材的低温脆性。

3）组织分析。泰坦尼克号船身钢材和 ASTM A36 钢金相组织对比如图 9-18 所示。从该图可以看出，泰坦尼克号船身钢材中带有带状结构，尤其是纵向组织更加明显。此外，纵向的带状结构更接近于纤维状，很可能是热轧钢板所致，其平均晶粒直径为 60μm，横向晶粒的平均直径为 42μm。相比之下，ASTM A36 钢的平均晶粒直径要小得多，仅为 26μm。细化晶粒不仅能有效减少应力集中，还能使材料的强度提高，韧性、塑性得到改善。

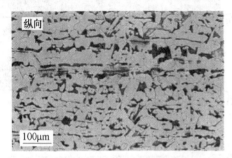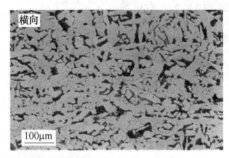

a) 泰坦尼克号钢板纵向与横向的金相组织

b) 现代船体用钢A36的金相组织

图 9-18　泰坦尼克号船身钢材和 ASTM A36 钢金相组织对比

另外，泰坦尼克船身钢材的扫描电镜测试结果（见图 9-19）表明，钢材中包含铁素体、片状珠光体以及拉长的硫化锰（MnS）颗粒等非金属夹杂物。

4）冲击韧性测试。分别选取泰坦尼克号钢板的纵向、横向试样以及 ASTM A36 钢材对比试样，进行不同温度范围（-55~180℃）的摆锤式冲击试验，结果如图 9-20 所示。从图中可以看出，泰坦尼克号钢板的冲击韧性明显

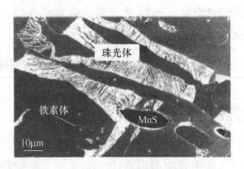

图 9-19　泰坦尼克号船身钢材的扫描电镜测试结果

差于 A 36 钢。另外，随着温度的降低，材料的冲击能下降；若定义冲击能降到 20J 时的温度为韧-脆转变温度，则泰坦尼克号船板的韧-脆转变温度（纵向试样

为32℃、横向试样为56℃）远高于 A 36 钢材（-27℃）。显然，泰坦尼克号船板不适于低温使用。

（3）事故调查结论（失效模式、机理、缺陷与起因的关系） 通过对泰坦尼克号船板备用件的成分、组织、性能进行检验，发现其具有较低的 Mn/S 比，较高的有害元素磷含量，并且组织内存在大量的硫化锰（MnS）夹杂物脆性相，以上这些都降低了该钢材的韧脆转变温度。事故发生时大西洋的水温是-20℃，而船板的纵、横向韧脆转变温度分别为 32℃、56℃，由此可以推定，游轮与冰山相撞时的失效特征是脆性断裂（失效模式）。再加上船在

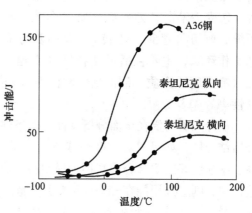

图 9-20 泰坦尼克号船板和 A36 钢的摆锤式冲击试验结果

海上航行会受到海浪的影响，船体在水流波动和冰山持续碰撞的情况下，承受周期性外力，外力在夹杂物处引发了很多裂纹（失效缺陷），带裂纹的钢板随后快速发生疲劳扩展（失效机理），最终造成了船身断裂。综上，泰坦尼克号钢板的失效很可能是其材料内部大量的硫化锰（MnS）夹杂物和冰山撞击、水流波动的相互作用下，发生的周期性金属疲劳而引起的（失效起因）。

## 9.2 机械零件的选材原则

在机械零件设计和制造过程中，除了标准零件可查阅手册选用外，绝大多数要考虑材料的选用问题，因为它直接影响产品的质量、使用寿命及生产成本。判断选材是否合理的基本原则是：能否满足必需的使用性能，能否具有优良的工艺性能，能否实现最低的生产成本。工程技术人员需要在了解我国资源和生产力的基础上，从实际情况出发，寻求三者之间的统一，以保证产品经久耐用、易于加工、经济效益最佳。

### 9.2.1 使用性原则

使用性能指材料为满足使用所必备的力学性能、物理性能或化学性能，对机械零件而言主要考虑的是其力学性能。使用性能是保证零件设计功能实现、可靠耐用的必要条件，故通常情况下是选材时的首要考虑原则。按照使用性原则选材须重点考虑零件的工作条件和失效形式，主要分析步骤如下。

（1）明确工作条件，初步确定使用性能　零件的性能须适应其工作条件。由于工况不同，零件的工作条件是极其复杂的，一般主要考虑以下三方面内容：①受力情况，如载荷性质（静载、动载、交变载荷）、载荷形式（拉伸、压缩、剪切和弯曲、扭转）、大小及分布状况（均匀分布、集中分布）等。②工作环境，主要包括温度特性（常温、高温、低温或变温）和环境介质状况（有无腐蚀介质、润滑剂、摩擦等）。③特殊性能要求，如导热性、导电性、磁性等。

设计人员需要在全面分析零件工作条件的基础上确定其使用性能，若零件是轻质结构件，如风机轮、叶轮或飞机上的高强度零件等，应选用密度小、强度高、耐蚀性好的铝合金或某种工程塑料。若零件要求弹性、密封、减振、防震等条件时，则应选用能在-50~150℃温度范围内处于高弹态和优良伸缩性的橡胶材料，如4001耐热橡胶板或3302-1酚醛层压板等。但上述分析只是初步的主观预判，难免会对实际工作条件下的某些因素存在低估或遗漏的情况，因此下一步还需要进行失效分析。

（2）进行失效分析，最终确定使用性能　经过实践证明，失效分析能暴露零件的最薄弱环节，找出产生失效的主导因素，从而准确地确定零件的主要使用性能指标。例如，曲轴是发动机的主要旋转机构，长期以来人们认为，汽车柴油发动机曲轴的主要使用性能是高冲击韧性和耐磨性，应选用45钢。通过失效分析发现，曲轴的失效形式主要为疲劳断裂，其主要使用性能为疲劳强度。因此，以疲劳强度为主要使用性能指标设计、制造的曲轴，不仅质量和寿命显著提高，而且可以选用价格低的球墨铸铁制造。

表9-6列出了几种常见机械零件的工作条件、失效形式和使用性能要求。

表9-6　常见机械零件的工作条件、失效形式和使用性能要求

| 零件 | 工作条件 | | 主要失效形式 | 主要使用性能 |
| --- | --- | --- | --- | --- |
| | 载荷形式 | 载荷性质 | | |
| 紧固螺栓 | 拉、剪应力 | 静载 | 过量塑性变形，断裂 | 塑性，强度 |
| 弹簧 | 扭、弯应力 | 交变、冲击 | 弹性丧失，疲劳破坏 | 屈强比，弹性极限，疲劳极限 |
| 传动齿轮 | 压、弯应力 | 循环，冲击 | 齿断裂，过度磨损，接触疲劳 | 表面高强度、硬度及疲劳极限；心部强度、韧性 |
| 冷作模具 | 复杂应力 | 交变，冲击 | 过度磨损，脆断 | 硬度，足够的强度、韧性 |

（3）使用性能要求的指标化　确定零件使用性能要求后，还需将使用性能要求指标化，即把对零件的使用性能要求转化为实验室可测量的某些具体材料性能指标，如硬度、强度、塑性、韧性等具体数值，然后再按照这些数据查询材料性能手册进行选材。

在选材中，还应注意以下几点：

1）加工工艺对零件性能的影响。材料的力学性能不仅取决于化学成分，也取决于其在制造过程中所经历的各种工艺方法。以热处理工艺为例，即使对于同样成分的共析钢材料，通过不同的淬火冷却速度和温度，也会得到不同的组织和力学性能。所以在合理选材后，还应确定合适的加工工艺参数，以保证零件质量，发挥材料潜力。

2）材料的尺寸效应。尺寸效应指随着零件截面尺寸增大，其力学性能下降的现象。例如，轧制时随着厚度的增加，轧制力无法渗透到钢板心部，造成中心部位塑性变形较小、致密度差，无法有效消除钢板中心的冶金缺陷，从而使钢板的力学性能大幅度下降；再如淬火时，钢板淬透性随其厚度增加而下降，这是因为工件在热处理冷却时，尺寸越大，心部、表层的冷却速度差异也越大，组织和性能的差异也随之变大，最终导致工件的整体力学性能下降。

3）结构形状对零件性能的影响。试验所用试样大多都表面光滑、形状简单，但实际使用的零件通常存在焊缝、裂纹、台阶、油孔、键槽等不可避免的"缺口"。缺口处容易引起应力集中，导致零件的实际力学性能低于试样的性能。例如，正火45钢光滑试样的弯曲疲劳极限为280MPa，若用其分别制造带圆角、直角键槽的轴，则弯曲疲劳极限分别降低至220MPa、140MPa。故性能指标的应用必须结合零件的实际情况加以修正。

## 9.2.2　工艺性原则

在机械零件制造过程中，即使材料的使用性能再好，但若这种材料难以加工，也是不可取的。选用工艺性能良好的材料可以提高加工效率、降低成本。因此，必须进一步了解材料的各种工艺性能，以制定合乎工艺性能的加工工艺路线。根据工艺方法的不同，金属材料的工艺性能主要包括铸造性能、压力加工性能、焊接性能、切削加工性能和热处理性能等。

（1）铸造性能　铸造性能指合金在铸造成型过程中获得优质铸件的能力，通常用流动性、收缩性等指标来衡量。从图9-21中可以看出，铁碳合金相图中固液两相线的间距越小、越接近共晶成分，其流动性越好。因此，铸铁的铸造性能优于铸钢。对于受力简单、形状复杂，尤其是具有复杂内腔的零部件，常选用含有共晶体的铸铁、铸造铝合金等材料，如机床床身、汽车轮毂、发动机缸盖等。

（2）压力加工性能　压力加工性能指利用外力作用（如锻造、冲压、挤压、轧制等）使金属产生塑性变形，从而获得优质毛坯或零件的难易程度。金属的塑性越好，变形抗力越小，越易进行压力加工。因此，铸铁一般不可压力加工；铝合金和铜合金在室温下即可进行压力加工；钢在加热条件下有较好的压力加工性能，且该性能随着钢中碳及合金元素的含量增高而变差。

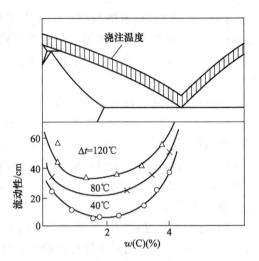

图 9-21　铁碳合金流动性随成分变化图

（3）焊接性能　焊接性能指金属接受焊接的能力，也称为焊接性，通常用焊接接头的强度和焊缝处产生裂纹、气孔、脆性等缺陷的倾向来衡量。焊接性能主要与材料的化学成分有关（其中碳的影响最大），一般钢中碳的质量分数越高，可焊性越差，所以常把钢中碳的质量分数高低作为衡量其焊接性的重要因素。

碳含量影响焊接性的主要原因是，随钢中碳的质量分数增加，材料淬硬倾向增大，塑性下降，容易产生焊接裂纹。对铸件而言，灰口铸铁的焊接性远差于碳钢，故一般只对铸件进行补焊。

（4）切削加工性能　切削是工业生产中应用最为广泛的一种金属加工方法，可加工性指对工件进行切削加工的难易程度。这种难易程度是比较出来的，有一定的相对性。因此，同一工件材料在不同的条件下（如使用机床、加工方法、要求的精度不同），其可加工性的衡量指标也不同，主要考虑以下几方面：①已加工零件表面质量。加工后表面质量好的材料，其表面粗糙度小或冷作硬化程度低，更适宜进行切削加工，在精加工时，常以此作为加工指标。②切削力或切削温度。在相同切削条件下，切削抗力小或切削温度低的材料，其加工性能好；反之较差。在粗加工时，当工艺系统刚度或机床动力不足时，常用此项指标来衡量。③排屑的难易程度。容易断屑的材料，其切削加工性好；反之较差。在自动机床上加工时，常以此项指标来衡量。

实践证明，在切削加工时，为了不致发生"粘刀"和使刀具严重磨损这两种情况，通过热处理控制钢的硬度范围是必要的，一般认为金属材料的硬度在 170~230HBW，并具有足够的脆性时较易切削。碳的质量分数在 0.25% 以下时，由于碳的质量分数过低，退火钢吸附大量柔软的铁素体，钢的延展性非常好，切屑易黏着刀刃而形成积屑瘤，而且切屑是撕裂断裂，以致表面粗糙度变差，刀具的寿命也受到影响，因此碳的质量分数过低的钢不宜在退火状态切削加工。随着碳的质量分数增加，退火钢中铁素体量减少而珠光体量增多，钢的延展性降低而硬度和强度增加，从而使钢的可加工性有所改善。

生产上，碳的质量分数≤0.25%的低碳钢大多在切削加工前进行正火处理。碳的质量分数超过0.6%时属于高碳钢范围，它们大多先通过球化退火获得合格的球化组织，使硬度适当降低之后再进行切削加工。对于中碳钢，碳的质量分数在0.25%~0.5%之间时，为了获得较好的表面粗糙度，经常采取正火处理获得较多的细片状珠光体，使硬度适当提高些；碳的质量分数在0.5%~0.6%时，宜采取一般退火处理，以获得比正火处理略低的硬度，易切削加工。表9-7列出了几种不同金属材料的可加工性。

表9-7  几种不同金属材料的可加工性

| 等级 | 金属种类 | 可加工性 |
|---|---|---|
| 1 | 大部分有色金属（铝、镁合金） | 极容易加工 |
| 2 | 易切削钢（退火15Cr） | 容易加工 |
| 3 | 30钢（正火） | |
| 4 | 灰铸铁、45钢 | 一般 |
| 5 | 20Cr13钢（调质） | |
| 6 | 65Mn钢（调质）、45钢（调质） | 难以加工 |
| 7 | W18Cr4V、1Cr18Ni9Ti | |
| 8 | 耐热合金 | |

（5）热处理工艺性能  首先区分材料是否可通过热处理达到强化效果，如部分变形铝合金、单相奥氏体不锈钢等材料一般无法通过淬火、回火等热处理工艺获得改善的力学性能。对于可以通过热处理进行强化的金属（尤其是钢），热处理工艺性能至关重要，它指材料接受热处理的能力，包括淬透性、淬硬性、淬火变形和开裂的倾向等。一般合金钢的热处理工艺性能（如淬透性）比碳钢好，故合金钢广泛用于制造有较高强度要求且形状结构复杂的重要机械零件和构件。

选材时，工艺性能和使用性能相比，通常处于次要地位。但在某些特殊情况，如大批量生产时，应优先考虑工艺性能。例如，24SiMnWV和18CrMnTi相比，虽然前者的力学性能比后者优异得多，但因24SiMnWV正火后硬度较高，不利于切削加工，因而无法解决大批量生产的问题，限制了其应用和发展。相反，某些使用性能一般的材料，如易切削钢，由于其具备优良的切削加工性能，因此极容易在自动车床进行加工生产，被广泛用来制备承载较小且用量较大的零件。

### 9.2.3 经济性原则

经济性原则指在保证产品质量的前提下，尽量把总成本降至最低，使产品在市场上具有强竞争力。产品的经济性具体表现在材料价格、加工成本、国家资源、维护/维修/回收以及对环境污染等几方面。其中，材料价格在产品的总成本中占到30%~70%，因此工程设计人员要密切关注材料的市场价格。表9-8列出了常用金属材料的相对价格，从表中可以看出，碳钢和铸铁的价格相对较低，因此在保证使用性能不变的前提下，可以优先考虑选用这两种价格较便宜的材料。此外，还可以对废金属进行回收再利用，全球约35%~40%的钢铁产业使用的都是回收钢材，这样可以节省资源，降低生产成本。

表9-8  常用金属材料的相对价格

| 材　　料 | 相对价格 | 材　　料 | 相对价格 |
|---|---|---|---|
| 灰铸铁件 | 0.6 | 铸造铜合金 | 8~10 |
| 球墨铸铁件 | 0.7 | 铸造铝合金 | 8~10 |
| 可锻铸铁件 | 0.7 | 工程塑料 | 5~15 |
| 碳素结构钢 | 1 | 普通黄铜 | 13~17 |
| 碳素工具钢 | 1.6 | 铬镍不锈钢 | 15 |
| 易切削钢 | 1.7 | 铝青铜 | 19 |
| 低合金高强度结构钢 | 1.2~1.7 | 高速工具钢 | 16~20 |
| 弹簧钢 | 1.6~1.9 | 钛合金 | 50~80 |
| 滚动轴承钢 | 2.1~2.9 | 硬质合金 | 150~200 |
| 低合金工模具钢 | 3~4 | | |

此外，随着时代的发展和社会的进步，制造行业对环境的污染问题日渐突出，选材时必须对此有所考虑。目前，人们提出的有"生态环境材料"概念，指同时具有优良的使用性能和极佳的环境协调性（如资源耗费少、环境污染小、循环再利用效率高），甚至能够改善环境的材料。生态环境材料的研究开发将有望解决资源不足、生态失衡等一系列问题，推动社会经济的可持续发展。

## 9.3  机械零件的加工工艺路线

材料的工艺性能与其加工工艺路线密切相关，具体的工艺性能就是人们在加工生产过程中不断总结、提炼出来的。在相同参数的情况下，正确的加工路线可以极大地提高工作效率，故产品设计人员需要在了解材料工艺性能的基础上，为零部件制定合理的加工工艺路线。

与陶瓷材料以及高分子材料相比，金属材料的工艺路线要更加复杂和多变，故下面仅对后者进行讨论。

**1. 性能要求不高的普通金属零件**

工艺路线一般为：毛坯→正火或退火→切削加工→零件。

正火与退火通常安排在毛坯制造之后、粗加工（如切削加工）之前，作用不仅是为了消除锻造、铸造工艺中产生的内应力、组织缺陷，也为了调整硬度、改善切削加工性能，同时还能赋予零件必要的使用性能。对于性能要求不高的普通结构零件，若正火或退火即能满足性能要求时，则以正火或退火作为最后一步热处理工艺。对于一些大型的或形状复杂的钢件（铸件），淬火存在开裂危险，通常也以正火（退火）作为最后一步热处理工艺。

**2. 性能要求较高的精密金属零件**

对于性能要求较高的金属零件，根据热处理在整个零件加工过程当中的工序位置不同，可将热处理分为预备热处理和最终热处理两大类，其加工路线一般为以下两种：

毛坯→预备热处理（正火、退火）→粗加工→最终热处理（淬火、回火、化学热处理）→精加工→零件。

毛坯→预备热处理（正火、退火）→粗加工→预备热处理（调质）→精加工→最终热处理（表面热处理）。

（1）预备热处理　预备热处理主要包括退火、正火、调质等，目的是为了使下一步工序能够更好地实施，其工序位置多在粗加工前后。例如对于低（中、高）碳钢材料，正火（退火）能调整硬度，使下一步切削加工能够更好地进行；中碳钢材料经调质（即淬火+高温回火）后，内部能获得均匀细小的回火索氏体组织，这样可保证零件心部的力学性能，为后续氮化或表面淬火工序减少变形做组织准备。

1）退火、正火一般安排在毛坯生产之后。铸、锻、焊等毛坯生产的加工温度很高，生产出的毛坯晶粒粗大，而且往往有很高的残余应力。因此，它们一般都需退火或正火以消除内应力、细化晶粒、改善组织、改善切削加工性能，并为最终热处理做组织准备。对精密零件或加工硬化严重的材料，可以在切削加工之间安排退火工艺，以消除应力或降低硬度。

退火、正火零件的加工路线一般为以下两种：

毛坯生产（铸、锻、焊、冲压等）→退火或正火→切削加工。

毛坯生产→退火或正火→切削加工→中间退火→切削加工。

2）调质。作为预备热处理，调质主要是为了保证表面淬火或化学热处理（如氮化）零件心部的力学性能，以及为易变形零件最终热处理做组织准备。其一般安排位置为：毛坯生产→正火或退火→粗加工→调质→精加工→表面热处理。

调质过程中零件有变形、氧化、脱碳等缺陷，可在精加工时去除，但粗加工时要留有足够的余量。必要时可在调质后增加校直工序，以纠正过大的变形。

（2）最终热处理　最终热处理包括各种淬火、回火、渗碳和渗氮处理等，其决定了零件的最终组织和使用性能。这类热处理的目的是提高材料的硬度、耐磨性和强度等，常安排在精加工前后。零件经最终热处理后硬度较高，一般除磨削外，不宜进行其他的切削加工。

1）淬火。淬火有整体淬火和表面淬火两种，二者的工序位置相同。其中表面淬火应用较广，其不仅变形、氧化程度小，而且能够获得较高的表面强度和耐磨性，同时内部保持良好的韧性、抗冲击性。

整体淬火件的加工路线一般为：毛坯生产→退火或正火→粗加工→淬火、回火→精加工（磨削）。

表面淬火件的加工路线一般为：粗加工→调质→半精加工→表面淬火、低温回火→精加工（磨削）。

2）渗碳。低碳钢和低合金钢多采用渗碳淬火。渗碳后工件表层的组织是珠光体和渗碳体，硬度较低，所以在渗碳后必须进行淬火、低温回火处理，这样可以使表层得到马氏体和渗碳体，硬度和耐磨性大大提高。由于渗碳工件的淬火变形大，且渗碳层深度范围为 $0.5\sim2mm$，所以渗碳后的淬火工序一般安排在半精加工和精加工之间。其工艺路线一般为：毛坯生产→正火→粗加工→渗碳→半精加工→淬火+低温回火—精加工。

以上是针对整体渗碳而言，对于某些需要局部渗碳的零件，其非渗碳部位可采用镀铜防渗或多留加工余量，渗碳后再去除该处渗碳层的工艺方案。

3）渗氮。渗氮工艺常用于性能要求较高且具备高尺寸精度和表面粗糙度的精密金属零件。在渗氮之前，工件经过调质处理，是为了保证材料心部的力学性能。因为渗氮层很薄（一般小于 $0.7mm$），所以为了减少渗氮时的变形，在切削加工之后，氮化前一般需要进行消除应力的去应力退火。氮化后不再进行淬火、回火处理，因为渗氮温度低于回火温度，所以渗氮对原来的热处理几乎没有影响。如果先渗氮，再淬火，那么淬火高温就会严重影响渗氮层，有开裂和剥落的危险，故渗氮放在热处理工序的最后。其工艺路线一般为：粗加工→调质→粗加工→去应力退火→粗磨→渗氮→精磨。

实际生产中，可根据实际情况对热处理工序进行调整。几种常用零件热处理工序的安排见表9-9。

表 9-9　几种常用零件热处理工序的安排

| 零件 | 二维图 | 热处理技术条件 | 工艺路线 |
|---|---|---|---|
| 连杆螺栓 | $\phi16$ 130 | 调质处理，硬度 263～322HBW，组织为回火索氏体，不允许有块状铁素体 | 锻造→退火或正火→粗加工→调质→精加工 |
| 尾锥套 | 225 Ra 0.4 $\phi62^{-0.030}_{-0.101}$ $\phi44$ 125 90 | 硬度为 42HRC | 锻造→正火→粗、半精加工→淬火、回火→精磨 |
| 汽轴 | 930 $\phi125$ $\phi35$ $\phi46$ a | 调质（或正火）处理，硬度 187～241HBW，a 处中频表面淬火，硬度>52HRC，淬硬层深 4～6mm | 锻造→调质（或正火）→校直→粗、半精加工→中频表面淬火→低温回火→校直→磨削 |
| 辊轮 | 105 $\phi50$ $\phi60$ 展开图 | 渗碳，渗碳层深度 0.9mm，表面硬度>56HRC | 车削（外圆留磨削余量，端面留防渗余量）→铣→渗碳→车削（两端去渗碳层）→精加工内孔→淬火、回火→精加工（内孔及小孔）→磨（外圆及槽） |
| 磨床轴 | M36 Ra 0.025 $\phi60$ M24 700 | 渗氮，渗层深度 0.9mm，硬度 900HV，心部硬度 28～33HRC | 锻造→退火→粗车→调质→精车→去应力退火→粗磨外圆（留精磨余量）→渗氮→精磨 |

## 9.4　典型工件的选材及工艺路线设计

机械零件类别众多，结构和性能要求各异，而满足这些要求的材料也有很多。本节以齿轮类、轴类、弹簧类、刃具类典型零件为代表，介绍其选材方法及工艺路线的制定，这对于一般常用零部件的生产具有重要的参考价值。

### 9.4.1　齿轮类零件

齿轮几乎存在于所有的机器中，它是一种极其普通而又十分重要的零件，主要用于传递动力、调节速度。

1. 齿轮的工作条件、失效方式及性能要求

（1）工作条件　齿轮的工作条件总结如下：

1）齿轮工作时，通过齿面传递动力，在啮合齿面上相互滚动和滑动，承受较大的接触应力，并伴有强烈摩擦。

2）由于传递扭矩，齿根承受较大的交变弯曲应力。

3）由于变速、起动或啮合不良，齿部承受一定冲击作用。

（2）失效形式　根据齿轮的上述工作特点，其主要失效形式有以下几种：

1）疲劳断裂。主要起源在齿根（断口形貌见图 9-22），常常由一齿断裂引起数齿断裂，甚至更多齿断裂。它是齿轮最严重的失效形式。

2）过载断裂。主要是冲击载荷过大而造成的，如图 9-23 所示。

图 9-22　齿轮根部的贝壳状疲劳断口形貌　　　　图 9-23　过载造成断齿

3）齿面磨损。由于齿面接触区摩擦，使齿厚变小，齿隙增大，如图 9-24 所示。

4）麻点剥落。在交变接触应力作用下，齿面发生接触疲劳破坏，即齿面产生微裂纹并逐渐发展，引起点状剥落（或称麻点），如图 9-25 所示。

图 9-24 齿面严重磨损、齿厚变小　　图 9-25 齿轮表面出现点状剥落

（3）性能要求　根据工作条件和失效形式，齿轮材料应具有如下性能：

1）高的弯曲疲劳强度和接触疲劳强度，特别是齿根部要有足够的强度，使工作时所产生的弯曲应力不致造成疲劳断裂。

2）齿面有高的硬度和耐磨性，使齿面在受到接触应力后不致发生麻点剥落。

3）齿轮心部要有足够的强度和韧性。

**2. 齿轮类零件选材及工艺路线**

齿轮材料要求的性能主要是疲劳强度，尤其是弯曲疲劳强度和接触疲劳强度。表面硬度越高，疲劳强度也越高。另外，为防止轮齿受冲击过载断裂，齿轮心部应有足够的强度和韧性。从以上两方面考虑，可选用调质钢或渗碳钢。它们经表面强化处理后，表面有高的强度和硬度，心部有好的韧性，能满足使用要求。此外，这类钢的工艺性能好，经济性上也较合理，所以是比较理想的齿轮材料。

（1）调质钢齿轮　调质钢主要用于制造工作条件较好、载荷不大、对冲击韧度要求一般的中低速传动齿轮。如车床、钻床、铣床等机床的变速箱齿轮、车床挂轮齿轮等，通常采用 45、40Cr、45Mn2 等钢制造，热处理工艺路线为：下料→ 锻造→正火→粗加工→调质→半精加工→表面淬火+低温回火→精磨。

在上述工艺路线中，预备热处理的正火工艺是为了得到合适的硬度，便于机械加工，同时改善锻造组织，为调质处理做好准备。

调质处理后得到的组织是回火索氏体，它使齿轮有较高的综合力学性能和疲劳强度；为了更好地发挥调质效果，将调质安排在粗加工后进行，在调质过程中出现变形、氧化等缺陷可在精加工时去除。

表面淬火及低温回火处理是决定齿轮表面质量的关键工序。表面淬火得到马氏体，使表面体积膨胀，造成较大的残余压应力，显著提高耐磨性和疲劳强度，延长齿轮的使用寿命。为了消除淬火应力、稳定组织，表面淬火后进行低温回火。

（2）渗碳钢齿轮　主要用于制造高速、重载、冲击较大的重要齿轮，如汽车、拖拉机齿轮等。汽车齿轮主要分装在主减速器和差速器中（见图 9-26）。在变速箱中，通过不同的齿轮组合来改变发动机曲轴和主轴齿轮的速比；在差速器中，通过齿轮增加扭矩，在转弯时调节左右轮的转速。由于发动机的全部动力均通过齿轮传给车轴，驱动汽车运行，所以汽车齿轮常在高转速、高负荷以及转速和负荷不断交变的情况下工作，故其在耐磨性、疲劳强度、心部强度以及冲击韧度等方面的要求比机床齿轮要高得多。这种情况下采用调质钢高频淬火已无法满足使用要求，所以须用合金渗碳钢来做重要齿轮。表 9-10 列出了汽车、拖拉机齿轮常用钢种及热处理方法。

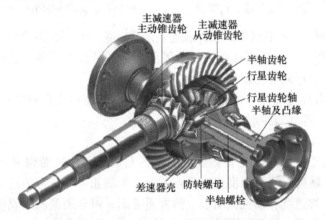

图 9-26 桑塔纳轿车主减速器和差速器

**表 9-10 汽车、拖拉机齿轮常用钢种及热处理方法**

| 序号 | 齿轮类型 | 常用钢种 | 热 处 理 | |
| --- | --- | --- | --- | --- |
| | | | 主要工序 | 技术条件 |
| 1 | 汽车变速箱和分动箱齿轮 | 40Cr | 碳氮共渗 | 层深：>0.2mm<br>表面硬度：51~61HRC |
| | | 20CrMnTi<br>20CrMo 等 | 渗碳 | 层深：<br>$m_n \leqslant 3$ 时，0.6~1.0mm<br>$3 < m_n \leqslant 5$ 时，0.9~1.3mm<br>$m_n > 5$ 时，1.1~1.5mm<br>（$m_n$：法面模数，$m_s$：端面模数）<br>齿面硬度：58~64HRC<br>心部硬度：<br>$m_n \leqslant 5$ 时，32~45HRC<br>$m_n > 5$ 时，29~45HRC |
| 2 | 汽车驱动桥差速器行星及半轴齿轮 | 20CrMo<br>20CrMnTi<br>20CrMnMo | 渗碳 | 同序号 1 中渗碳工序 |

（续）

| 序号 | 齿轮类型 | 常用钢种 | 热 处 理 | |
| --- | --- | --- | --- | --- |
| | | | 主要工序 | 技术条件 |
| 3 | 汽车驱动桥主动及从动圆锥齿轮 | 20CrMnTi 20CrMnMo | 渗碳 | 渗层深度按图纸要求，硬度要求同序号1中渗碳工序 |
| | 汽车驱动桥主动及从动圆柱齿轮 | 20CrMnTi 20CrMo | | 层深： $m_s \leqslant 5$ 时，0.9~1.3mm； $5 < m_n \leqslant 8$ 时，1.0~1.4mm； $m_s > 8$ 时，1.2~1.6mm 齿面硬度：58~64HRC 心部硬度： $m_s \leqslant 8$ 时，32~45HR $m_s > 8$ 时，29~45HRC |
| 4 | 汽车起动机齿轮 | 15Cr 20Cr 20CrMo 20CrMnTi | 渗碳 | 层深：0.7~1.1mm 表面硬度：58~63HRC 心部硬度：33~43HRC |
| 5 | 汽车曲轴正时齿轮 | 35、40、45、40Cr | 正火 | 硬度：149~179HBW |
| | | | 调质 | 硬度：207~241HBW |
| 6 | 汽车发动机凸轮轴齿轮 | 灰口铸铁 HT150 HT200 | | 硬度：170~229HBW |
| 7 | 拖拉机传动齿轮，动力传动装置中的圆柱齿轮，圆锥齿轮及轴齿轮 | 20Cr 20CrMo 20CrMnMo 20CrMnTi 30CrMnTi | 渗碳 | 层深：不小于模数的0.18倍，但不大于2.1mm 各种齿轮渗层深度的上下限不大于0.5mm，硬度要求同序号1、2 |
| | | 40Cr 45Cr | 碳氮共渗 | 同序号1中碳氮共渗工序 |
| 8 | 汽车里程表齿轮 | 20 Q215 | 碳氮共渗 | 层深：0.2~0.35mm |
| 9 | 汽车拖拉机液压泵齿轮 | 40，45 | 调质 | 硬度：28~35HRC |
| 10 | 拖拉机曲轴正时齿轮，凸轮轴齿轮，喷油泵驱动齿轮 | 45 | 正火 | 硬度：156~217HBW |
| | | | 调质 | 硬度：217~255HBW |
| | | 灰口铸铁 HT150 | | 硬度：170~229HBW |

以汽车驱动桥主动圆锥齿轮为例来说明，该齿轮可采用 20CrMnTi、20CrMnMo 等合金渗碳钢制造，其加工工艺路线如下：

下料→锻造→正火→粗加工→渗碳、淬火+低温回火→喷丸处理→精磨。

在上述工艺路线中，渗碳是为了提高齿轮表面的碳的质量分数，以保证淬火后得到高硬度和良好耐磨性的高碳马氏体组织。淬火是为了即使表面有高硬度，还能使心部获得足够的强度和韧性。低温回火是消除淬火应力、减少齿轮的脆性、获得回火马氏体组织的必要工序。喷丸处理不仅可清除表面氧化皮，而且可使齿面形成压应力，提高材料的疲劳强度。这样，加工后的齿轮表面硬度高、耐磨性好；心部韧性好、耐冲击，达到"外硬内韧"的要求。

## 9.4.2 轴类零件

轴类零件是机械设备中最主要的零件之一，包括各种传动轴、机床主轴、丝杠、光杠、曲轴、偏心轴、凸轮轴等。其主要作用是支撑旋转零件，传递运动和转矩。因此，轴质量的好坏将直接影响机器的工作寿命和运转精度。轴类零件在工作时承受多种应力的作用，故选取的材料应具备优良的综合力学性能。并且，局部承受摩擦的部位（如轴颈处）要求有一定的硬度，以提高其耐磨能力。

1. 轴类零件的工作条件、失效方式及性能要求

（1）工作条件 尽管不同设备中各类轴的大小、载荷、环境各不相同，但其在工作中具有以下共同特征：

1）传递扭矩、承受交变扭转载荷、交变弯曲载荷和拉、压载荷。

2）轴颈或花键处承受较大的摩擦和磨损。

3）承受一定的过载或冲击载荷。

（2）失效形式 轴类零件的一般失效方式有长期交变载荷下的疲劳断裂（包括扭转疲劳和弯曲疲劳断裂，见图 9-27）；大载荷或冲击载荷作用引起的过量变形，甚至断裂（见图 9-28）；轴套、轴承、轴瓦或其他零件相对运动时产生的表面过度磨损（见图 9-29）等。

图 9-27 活塞杆弯扭疲劳断口

图 9-28 飞机螺旋桨驱动齿轮轴扭断

（3）性能要求　轴类零件的性能要求如下：

1）具有良好的综合力学性能，即有足够的强度和韧性，以防过量变形和脆性断裂。

2）具有高的疲劳强度，防止其在交变载荷长期作用下发生疲劳断裂。

3）具有良好的耐磨性，轴颈或花键处承受强烈磨损，故应有足够的硬度以增加耐磨性。

4）具有良好的工艺性能，如切削加工性、淬透性。

图 9-29　轴颈被硬粒子磨损

**2. 轴类零件选材**

对于载荷较小的一般轴类零件，可选用优质碳素结构钢，如 35、40、45、50 钢等，其中 45 钢最常用。如果载荷较大并要求限制轴的外形、尺寸和重量，或轴颈的耐磨性等要求高时常采用中、低碳合金钢，如 20Cr、20CrMnTi、40Cr、40CrNi、40MnB 等。合金钢比碳钢具有更好的力学性能和热处理性能，价格也较贵。除了上述碳钢和合金钢外，还可以采用球墨铸铁作为轴的材料，特别是曲轴可选用球墨铸铁材料。

以 CA6140 车床主轴为例进行选材，其简图如图 9-30 所示。该主轴受交变弯曲和扭转复合应力作用，但载荷和转速均不高，冲击载荷也不大，所以具有一般综合力学性能即可满足要求。另外，大端的轴颈、锥孔与卡盘、顶尖之间有摩擦，这些部位要求有较高的硬度和耐磨性。根据以上分析，该车床主轴可选用 45 钢（载荷较大时可用 40Cr 钢），工艺路线如下：

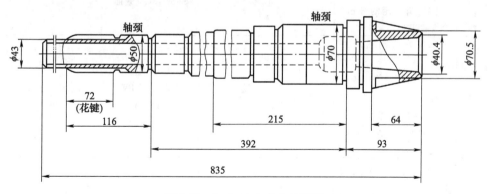

图 9-30　CA6140 车床主轴简图

下料→锻造→正火→粗加工→调质→精加工→表面淬火→低温回火→精加工。

若这类机床主轴承受较大的冲击载荷和疲劳载荷时，则可采用合金渗碳钢（20CrMnTi、20SiMnVB、18Cr2Ni4W 等）制造，其工艺路线如下：

下料→锻造→正火→粗加工→渗碳、淬火+低温回火→喷丸处理→精磨。

其他机床主轴的工作条件、选材及热处理工艺汇总见表 9-11 中。

表 9-11　机床主轴的工作条件、选材、热处理工艺汇总

| 序号 | 工作条件 | 材料 | 热处理工艺 | 硬度要求 | 应用举例 |
|---|---|---|---|---|---|
| 1 | （1）在滚动轴承中运转<br>（2）低速，轻或中等载荷<br>（3）精度要求不高<br>（4）稍有冲击载荷 | 45 | 正火或调质 | 220~250HBW | 一般简易机床主轴 |
| 2 | （1）在滚动轴承中运转<br>（2）转速稍高，轻或中等载荷<br>（3）精度要求不太高<br>（4）冲击、交变载荷不大 | 45 | 整体淬硬<br><br>正火或调质+局部淬火 | 40~45HRC<br><br>≤229HBS（正火）<br>220~250HBW（调质）<br>46~52HRC（局部） | 龙门铣床、立式铣床、小型立式车床主轴 |
| 3 | （1）在滚动或滑动轴承内运转<br>（2）低速，轻或中等载荷<br>（3）精度要求不很高<br>（4）有一定的冲击、交变载荷 | 45 | 正火或调质后轴颈局部表面淬火整体淬硬 | ≤229HBW（正火）<br>220~250HBW（调质）<br>46~57HRC（表面） | CB3463、CA6140、C61200 等重型车床主轴 |
| 4 | （1）在滚动轴承中运转<br>（2）中等载荷，转速略高<br>（3）精度要求不太高<br>（4）交变、冲击载荷不大 | 40Cr<br>40MnB<br>40MnVB | 调质后局部淬硬 | 40~45HRC<br>220~250HBW（调质）<br>46~52HRC（局部） | 滚齿机、组合机床主轴 |
| 5 | （1）在滑动轴承内运转<br>（2）中或重载荷，转速略高<br>（3）精度要求较高<br>（4）有较高的交变、冲击载荷 | 40Cr<br>40MnB<br>40MnVB | 调质后轴颈表面淬火 | 220~280HBW（调质）<br>16~55HRC（表面） | 铣床、M74758 磨床砂轮主轴 |

（续）

| 序号 | 工作条件 | 材料 | 热处理工艺 | 硬度要求 | 应用举例 |
|---|---|---|---|---|---|
| 6 | （1）在滚动或滑动轴承内运转<br>（2）轻、中载荷，转速较低 | 50Mn2 | 正火 | ≤240HBW | 重型机主轴 |
| 7 | （1）在滑动轴承内运转<br>（2）中等或重载荷<br>（3）轴颈部分需有更高的耐磨性<br>（4）精度很高<br>（5）交变应力较大，冲击载荷较小 | 65Mn | 调质后轴颈和头部局部淬火 | 250~280HBW（调质）<br>56~61HRC（轴颈表面）<br>50~55HRC（头部） | M1450 磨床主轴 |
| 8 | 工作条件同序号7，但表面硬度要求更高 | GCr15<br>9Mn2V | 调质后轴颈和头部局部淬火 | 250~280HBW局部（调质）<br>≥59HRC | MQ1420、MB1432A磨床砂轮主轴 |
| 9 | （1）在滑动轴承内运转<br>（2）重载荷，转速很高<br>（3）精度要求极高<br>（4）有很高的交变、冲击载荷 | 38CrMoAl | 调质后渗氮 | ≤260HBW（调质）<br>≥850HV（渗氮表面） | 高精度磨床砂轮轴，T68 镗杆，T4240A 坐标镗床主轴 |
| 10 | （1）在滑动轴承内运转<br>（2）重载荷，转速很高<br>（3）高的冲击载荷<br>（4）很高的交变压力 | 20CrMnTi | 渗碳淬火 | ≥50HRC（表面） | Y7163 齿轮磨床、CG1107 车床、SG8630 精密车床主轴 |

## 9.4.3 弹簧零件

弹簧是一种弹性元件，多数机械设备均离不开弹簧。弹簧利用本身的弹性，在受载后产生较大变形，当外载卸除后，变形消失弹簧恢复原状。弹簧在产生变形后恢复原状时，能够把机械功或动能转变为变形能，或把变形能转变为机械功或动能。利用弹簧的这种特性可以满足一些特殊机械的要求。弹簧的种类很多，按形状分主要有螺旋弹簧、板弹簧、片弹簧和涡卷弹簧等，如图 9-31 所示。

a) 螺旋弹簧　　　　　　b) 板弹簧　　　　　　c) 片弹簧　　　　　　d) 涡卷弹簧

图 9-31　各类弹簧照片

弹簧主要有以下几种功能：

1）缓冲或减振，例如车辆的缓冲弹簧、联轴器中的弹簧等。

2）控制机械的运动，例如内燃机中的阀门弹簧、制动器、离合器上的弹簧等。

3）储存和释放能量，例如钟表、玩具中的发条等。

4）测力，如弹簧秤、测力器中的弹簧等。

**1. 弹簧的工作条件、失效方式及性能要求**

（1）工作条件　弹簧的工作条件如下：

1）弹簧在外力作用下压缩、拉伸、扭转时，材料将承受弯曲应力或扭转应力。

2）缓冲、减振或复原用的弹簧承受交变应力和冲击载荷的作用。

3）某些弹簧受到腐蚀介质和高温的作用。

（2）失效形式　一般用作缓冲、减振的弹簧或者用作复原的弹簧会受到交变应力和冲击载荷的作用，所以失效形式有疲劳断裂和塑性变形。疲劳断裂指在交变应力作用下，弹簧表面缺陷（裂纹、折叠、刻痕、夹杂物）处产生疲劳源，裂纹扩展后造成断裂失效。塑性变形指外载荷去掉后，弹簧不能恢复到原始尺寸和形状。

（3）性能要求　对弹簧的性能要求如下：

1）由于弹簧是在弹性范围内工作，不允许产生塑性变形，因而要求弹簧材料有很高的弹性极限 $R_e$ 和屈服强度 $R_{eL}$。

2）由于弹簧一般是在长时间、交变载荷下工作，因而要求弹簧有很高的疲劳强度。

3）有些弹簧是在较高温度下或在腐蚀性环境中工作，则要求弹簧材料有良好的耐热或耐蚀性。

**2. 弹簧选材及其热处理**

弹簧种类很多，载荷大小相差很大，所以能制造弹簧的材料很多，如金属材料、非金属的塑料、橡胶等。由于金属材料的成型性好、容易制造，在实际生产中，多选用弹性极高的金属材料来制造弹簧，如非合金弹簧钢和各种合金弹簧钢等。

一般机器上的螺旋弹簧、小型机械的弹簧选用65、70等碳素弹簧钢制造；汽车，拖拉机、机车上的减振板簧和螺旋弹簧，气缸安全弹簧，转向架弹簧，轧钢设备以及要求承受较高应力的弹簧，选用65Mn、60Si2Mn、50CrV等合金弹簧钢制造。

60Si2Mn用来制作汽车板弹簧（见图9-31b）的加工工艺路线大致如下：

下料→加热奥氏体化后、压力成型→淬火+中温回火→喷丸。

在上述热处理工艺中，淬火、中温回火的目的在于获得回火屈氏体组织，其具有很高的屈服强度和弹性极限。喷丸处理在表面造成残余压应力，可提高弹簧的疲劳强度。

## 9.4.4 刃具零件

刃具主要用来切削各种材料，如切削加工使用的车刀、铣刀、钻头、锯条、丝锥等工具（见图9-32）。由于刃具的种类很多，其工作条件（如加工对象、加工速度、冲击情况）和性能要求也有差别，故所选材料也不尽相同，此外简单介绍几种常见切削刃具的选材。

铣刀　　　　　　　车刀　　　　　　　丝锥

图9-32　常用刃具零件

1. 刃具的工作条件、失效形式及性能要求

（1）工作条件　刃具的工作条件如下：

1）刃具切削材料时，会受到被切削材料的强烈挤压，所以刃部受到很大的弯曲应力。对于某些扩孔钻头、铰刀等，还会受到较大的扭转应力作用。

2）刃具刃部与被切削材料强烈摩擦，会产生大量的热量，使刃部温度升到500~600℃。

3）在切削过程中承受着一定的冲击振动。

（2）失效形式　刃具的失效形式如下：

1）磨损。由于摩擦，刃具刃部易磨损，这不但增加了切削抗力，降低切削零件表面质量；也由于刃部形状变化，使被加工零件的形状和尺寸精度降低。

2）断裂。刃具在冲击力及振动的作用下折断或崩刃。

3）刃部软化。切削速度较大时，由于摩擦产生热量，使刃具温度升高。若刃具材料的红硬性较低（红硬性指材料在高温下仍然能保持其硬度的能力），就会使刃部硬度显著下降，丧失切削加工能力。

（3）性能要求　对刃具的性能要求如下：

1）高硬度和高耐磨性。刃具的硬度必须高于被切削工件的硬度，一般要大于62HRC。

2）足够的强度和韧性。

3）高速切削时还应具有高的红硬性。

2. 刃具选材及工艺路线

制造刃具的材料主要有碳素工具钢、低合金刃具钢、高速钢、硬质合金和陶瓷等，根据刃具使用条件和性能要求的不同进行选材。

简单、低速的手用刃具：如木工刨刀、锉刀、刮刀等，主要要求高硬度、高耐磨性能，可选用碳素工具钢制造，如T8、T10、T12钢等。碳素工具钢中碳的质量分数在0.7%~1.3%之间，价格较低，但红硬性和淬透性较差，其制造刃具的使用温度一般低于200℃。

形状较复杂的、低速切削的刃具：如丝锥、小型拉刀、板牙等，可选用合金工具钢制造，如9SiCr、CrWMn钢等。因钢中加入了Cr、W、Mn、Si等合金元素，使钢的淬透性和耐磨性大大提高，耐热性和韧性也有所改善，可在小于300℃的温度下使用。

高速切削用的刃具：如钻头、铣刀、齿轮滚刀等，可选用高速工具钢制造，如W6Mo5Cr4V2、W18Cr4V钢等。高速钢具有高硬度、高耐磨性、高的红硬性、好的强韧性和高的淬透性等特点，因此在刃具制造中广泛使用，可用来制造车刀、铣刀、钻头和其他复杂且精密的刀具。高速钢的硬度为62~68HRC，切削温度可达500~550℃，价格较贵。

对于切削速度更快、硬度更高的刃具，可选用硬质合金或陶瓷制造。

下面以锉刀（见图9-33）为例，进行刃具的选材和工艺分析。锉刀属于简单、低速的手用刃具，选用碳素工具钢T12钢制造。加工工艺路线如下：

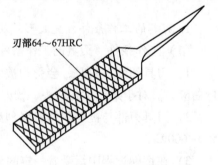

刃部64~67HRC

图9-33　锉刀

下料→锻（轧）柄部→球化退火→机械加工→淬火+低温回火→检验。

在上述热处理工艺中，球化退火能使珠光体中的层状渗碳体变为球状渗碳体（见图9-34），降低硬度，改善切削加工性能；同时为淬火做组织准备，使最终成品组织中含有细小的碳化物颗粒，提高钢的耐磨性。

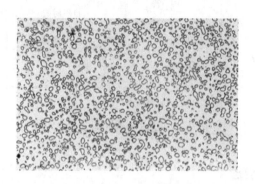

图 9-34 球状珠光体的金相组织

# 9.5 典型飞机零件的选材及工艺分析

## 9.5.1 飞机蒙皮

### 1. 工作条件及性能要求

飞机蒙皮是指包围在飞机骨架结构外且用黏结剂或铆钉固定于骨架上，形成飞机气动力外形的维形构件。蒙皮承受空气动力作用后将作用力传递到相连的机身机翼骨架上，受力复杂，加之蒙皮直接与外界接触，所以不仅要求蒙皮材料强度高、塑性好，还要求表面光滑，有较高的耐蚀性。

### 2. 材料选择（2A12）

技术要求：抗拉强度 $R_m = 390 \sim 410 \text{MPa}$，$R_{p0.2} = 255 \sim 265 \text{MPa}$，断后伸长率 $A \geqslant 15\%$。

### 3. 工艺流程

轧板→退火→清理→固溶处理→拉深成形→时效处理→机械加工→表面处理。

### 4. 热处理工艺

固溶处理温度 $495 \sim 503℃$，保温 0.4h 后水冷，室温下自然时效 96h 以上。蒙皮的热处理工艺曲线如图 9-35 所示。

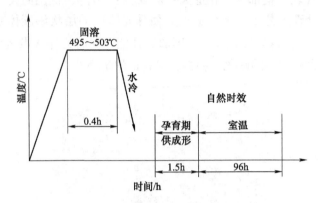

图 9-35  蒙皮的热处理工艺曲线

## 9.5.2  飞机起落架

### 1. 工作条件及性能要求

起落架是飞机起飞、降落的关键性部件，它承受着飞机的全部重量。飞机起飞、降落滑行时，由于跑道不可能绝对平整，所以起落架承受着强烈的振动和交变载荷；飞机降落时，与跑道发生冲击，所以又承受着巨大的冲击载荷。每一次起飞和降落，在承受飞机重量的条件下，起落架的振动和冲击等载荷都将经历一次循环。因此，起落架的失效形式主要是疲劳破坏。根据起落架的工作条件，它必须具有以下性能要求：

1）高的强度，以承受飞机载荷。

2）高的疲劳强度，以抵抗疲劳破坏。

3）高的冲击韧性，以抵抗冲击载荷。

### 2. 选材分析

起落架的支柱是主要受力部件，是由模锻、机械加工的上接头和下筒焊接而成。因此材料的选择，在首先考虑抗拉强度要求的同时，还要考虑工艺性。

图 9-36 所示为某飞机主起落架支柱上接头和下筒焊接装备件简图。根据计算，上接头和下筒所选用的材料应具有很高的抗拉强度。显然，选用的钢种应属于超高强度钢。

在航空常用结构钢中，30CrMnSiNi2A、30CrMnSi 以及 40CrNiMo 的抗拉强度较高，但是

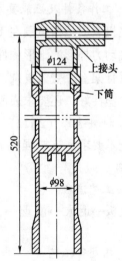

图 9-36  某飞机主起落架支柱上接头和下筒焊接装备件简图

后两种钢材的韧性和塑性不及 30CrMnSiNi2A。从淬透性方面来分析，30CrMnSiNi2A 的淬透深度在三种钢材中最大，当淬火双面冷却时，筒形零件的厚度小于 40mm，可以淬透，因而可满足起落架支柱淬透性要求。

起落架支柱是焊接件，所选用钢材应有良好的焊接性。上述三种钢材中，30CrMnSi 的焊接性略高于 30CrMnSiNi2A，而 40CrNiMo 的焊接性最差。30CrMnSiNi2A 钢可用电弧焊焊接，若用氩弧焊则更易焊接，可以满足焊接生产要求。

上述三种钢中退火状态 30CrMnSi 的切削加工性最好。但 30CrMnSiNi2A 钢在不完全退火或正火后可以切削加工。从力学性能和工艺性方面综合考虑，应选用 30CrMnSiNi2A。

3. 工艺流程

模锻→正火+低温回火→机械加工→焊接→去应力退火（600~650℃）→等温淬火（900℃加热、保温后，于 180~230℃ 等温 60min）→低温回火（250~300℃）→探伤→磷化。

正火+低温回火：改善模锻后组织，同时改善切削加工性。

去应力退火：消除焊接应力，避免焊接裂纹。

等温淬火（180~230℃）+低温回火：获得最终组织（一部分贝氏体，一部分马氏体）；再通过低温回火进一步消除应力，提高韧性。

这里选用的超高强度钢常用来制造大型、高速飞机的起落架支柱、起落架轮叉、机翼主梁、翼梁接头等特别重要的零件。

## 9.5.3　航空发动机齿轮

一般齿部受压小、转速低的齿轮可用 20 钢（或 45 钢）制造。工作条件较繁重的齿轮可采用 20Cr、12CrNi3、20CrMnTi（或 40Cr）等制造。高速重载环境下工作的航空发动机齿轮则需要用 12Cr2Ni4、18Cr2Ni4W 等高级渗碳钢来制造。

1. 选用材料（12Cr2Ni4）

12Cr2Ni4 钢合金元素的质量分数高于 5%，这种钢具有很高的强度、韧性和淬透性，是航空工业上应用较广的一种渗碳钢。

2. 技术要求

1）轮齿的渗碳层深度为 0.7~0.9mm，渗碳淬火后硬度≥60HRC。

2）齿轮心部硬度为 31~41HRC。

3）对变形量的要求，齿间对基准面的跳动量不大于 0.06mm。

3. 工艺流程

模锻→正火+高温回火→机加工→渗碳、淬火及低温回火→精加工→表面处理→检验装配。

### 4. 热处理工序

12Cr2Ni4 的淬透性极好，在空气中也能获得马氏体组织，使钢具有很高的强度与韧性，为了更好地改善切削加工性、均匀组织、消除内应力，对 12Cr2Ni4 钢的预备热处理采用正火（860℃空冷）+高温回火（600℃）进行软化，使硬度达到 207~321HBW。渗碳（930℃）、淬火（810℃）及低温回火（150℃），保证齿面硬度≥60HRC，心部硬度为 31~41HRC。

## 9.5.4 压气机叶片

飞机压气机叶片是一种特殊的零件，它的数量多，形状复杂，工艺要求高，加工难度大，而且是故障多发的零件。飞机发动机依靠众多叶片完成对气体的压缩、膨胀以及以最高的效率产生强大的动力来推动飞机前进工作。通常飞机发动机的叶片分为导向叶片、涡轮叶片和压气机叶片等，根据它们所处的位置和最大工作温度的不同，选材和热处理工艺不同。涡轮叶片着重强度指标和承受动载荷的能力，而导向叶片着重热疲劳性能。压气机叶片前几级温度低，一般用铝合金制成，后几级温度高，用强度较高的耐热合金制成，但由于第一级叶片容易受到被吸入的杂质碰撞，须用合金钢制造。

压气机部件中以转子叶片受力最大、最复杂，脉动疲劳应力是压气机叶片破坏的主要原因。压气机叶片承受本身高速转动产生的离心力，因此要求具有高的比强度，还承受空气动力所产生的扭力、弯曲力和脉动疲劳应力。此外，还要有高的抗应力疲劳和热疲劳能力，良好的抗氧化性和耐大气腐蚀和应力腐蚀的能力。

### 1. 13Cr11Ni2W2MoV 钢制压气机叶片

1）性能要求：抗拉强度 $R_m$≥1079MPa，条件屈服强度 $R_{p0.2}$≥883MPa。

2）热处理工艺。淬火加热至（1000±10）℃，保温 45~60min，空冷。回火加热至 540~600℃，保温 3.6~4.5h。

13Cr11Ni2W2MoV 钢中的合金元素较多，在基体中扩散速度较慢，因此，回火时必须有充分的保温时间才能获得强度和韧性的良好配合。这种钢有两个明显的回火脆性温度范围，即 350~530℃ 和 600~670℃，所以合适的回火温度范围很窄，若控制不当，极易导致冲击韧性下降。

### 2. TC4 钛合金压气机叶片

1）性能要求：室温力学性能为抗拉强度 $R_m$≥902MPa，断后伸长率 $A$≥10%，断面收缩率 $Z$≥30%，冲击韧度 $a_k$≥30J/cm$^2$，持久强度的试验温度为400℃，应力为 568MPa 时的持续时间≥100h。

2）热处理工艺：退火时（800±10）℃保温 1~1.5h（最大截面厚度≤25mm，保温 1h；最大截面厚度为 20~50mm，保温 1.25h），空冷。机械加工后进行去应力处理，加热到（650±10）℃，保温 1h，空冷。

### 9.5.5　涡轮盘

1. 工作状况及性能要求

涡轮盘是涡轮喷气发动机中连接涡轮叶片和涡轮轴，推动发动机高速旋转的重要部件。每次飞行中，它承受高速旋转的离心力和气动力所引起的应力和涡轮盘中心和轮缘温差引起的热应力的叠加作用。涡轮盘常见的故障是榫齿裂纹、槽底裂纹、封严齿裂纹等。

涡轮盘要求有足够的屈服强度、极限强度和高的塑性，适当的蠕变强度，持久强度和断后伸长率，以及较高的热疲劳性能。

2. 材料选择（铁基高温合金 GH2036）

GH2036 属于奥氏体面心立方结构，主要依靠碳化物和金属间化合物 $\gamma'$ 相进行强化。合金中碳的质量分数为 0.34%~0.4%，含有质量分数为 12% 的铬（Cr）用来提高合金抗氧化能力，含有质量分数为 8% 的镍（Ni）、锰（Mn）用来稳定奥氏体基体，并加入少量钼（Mo）、钒（V）、钛（Ti）、铌（Nb）等元素提高其热强性。

合金在固溶处理（淬火）+时效状态下使用，适用于制造 600~700℃ 环境中工作的零部件，如涡轮盘、外环、隔板、连接件、紧固件等。

常温力学性能为抗拉强度 $R_m \geqslant 785MPa$，条件屈服强度 $R_{p0.2} \geqslant 588MPa$，断后伸长率 $A \geqslant 2\%$，断面收缩率 $Z \geqslant 16\%$，冲击韧度 $a_K = 20J/cm^2$，在试验温度为 650℃，拉伸应力为 314MPa 的条件下，持续时间 $\geqslant 100h$。

3. 热处理工艺（见表 9-12）

表 9-12　GH2036 合金热处理工艺参数

| 时效方法 | 固溶处理 | 时效制度 |
|---|---|---|
| 普通时效 | （1140±10）℃水冷 | 一次时效：<br>（670±10）℃，12~14h<br>二次时效：<br>（780±10）℃，10~12h，空冷 |
| 快速时效 | （1140±10）℃水冷 | 一次时效：<br>（670±10）℃，4~6h<br>二次时效：<br>810~820℃，4~6h，空冷 |

（1）固溶处理　目的是溶解碳化物相，使合金成分均匀化，获得过饱和固溶体（奥氏体组织），为时效强化作准备。固溶处理温度一般为 1140℃，固溶处理温度的选择要使碳化物相充分溶解在固溶体中。

工件放入≤700℃的炉中，以≤80℃/h 的速度升温至 850℃，保温 2h，再升温到 980℃，保温 2h，以促使碳化物溶解，然后升温到 1050℃保温 2h，以便消除锻造的热机械加工效应，最后快速升温至 1140℃±10℃，保温 3h，使 VC、$Cr_{23}C_6$基本溶解完，水冷，得到过饱和奥氏体。淬火是在流动水中冷却，最好水温不超过 30℃，因为冷却水温偏高时，对大截面零件则易淬不透，表面与中心硬度不同，反映在条件屈服强度 $R_{p0.2}$ 和高温持久性能偏低，控制冷却速度对稳定综合性能有利。

（2）时效处理　目的是将硬化物强化相（VC、$Cr_{23}C_6$）重新析出，使合金强化。

合金固溶处理后，要经双时效处理才能保证合金具有室温和高温的良好综合性能。合金第一次时效析出均匀分布的细小强化相，硬度值最高。然后第二次时效，强化相继续析出的同时产生 VC 及 $Cr_{23}C_6$ 的聚集。这时合金的强度下降，塑性增加，生产实践证明，第一次时效温度采用（670±10）℃，第二次时效温度采用（780±10）℃较为适宜。

工件放入≤600℃的炉中，升温到（680±10）℃，保温 16h，析出弥散碳化物（主要是 VC，少量 $Cr_{23}C_6$），然后升温到（780±10）℃，保温 16h，进一步消除应力，降低硬度，改善合金的塑性，降低缺口敏感性。

## 9.5.6　起落架支柱外筒

### 1. 工作状况

起落架是飞机的一个主要承受力的部件，供飞机起飞、着陆、在陆地上滑跑、滑行和停放等。不仅承受静载荷，而且还承受很大的冲击力和疲劳载荷，直接影响飞机的使用和安全。因此，对材料不仅要求较高的抗拉强度，而且要求具有足够的冲击韧性和疲劳性能，为了减轻结构的质量，就要采用比强度高，抗裂纹扩张能力强的材料。一般多采用超高强度钢或高强度铝合金制成。

起落架主要有支柱式和摇臂式两类构造形式。支柱式起落架的支柱就是由外筒和活塞杆套接起来的减振支柱，而摇臂式的特点是机轮不与减振支柱直接连接，而是通过臂与减振器相连。

支柱式起落架的支柱外筒主要承受压力、弯矩，滑行过程中受阻还要承受一部分扭力。由于支柱与减振器合一，起落架外筒就是减振器的一个组件，因此，着陆时由于充气使外筒承受较大的内压力。

### 2. 材料选择（超硬铝合金 7A09）

7A09 是铝锌镁铜系合金，经固溶热处理、人工时效后，抗拉强度可达 490MPa 以上。采用过时效处理改进了缺口敏感性、应力腐蚀开裂敏感性，从而广泛用于飞机结构的主要受力件。

3．热处理工艺

（1）固溶热处理 加热到（465±5）℃，保温7h，在40～60℃的水中冷却2min后，立即转入10～30℃的水中冷却，直到完全冷却，其转移时间不得超过25s。

（2）过时效处理 加热到（110±5）℃，保温9h后，随炉升温至（177±5）℃，保温10h，出炉空冷到室温。

（3）检验 首先检查处理工序，然后100%检查电导率，再检验力学性能，要求抗拉强度$R_m \geq 451$MPa，条件屈服强度$R_{p0.2} \geq 382$MPa，断后伸长率$A \geq 6\%$。100%检验布氏硬度。

### 9.5.7 对接螺栓

1．工作条件及性能要求

对接螺栓是飞机上广泛使用的连接构件，特别是连接机翼和机身的对接螺栓更是十分重要。对接螺栓的示意图如图9-37所示。对接螺栓承受拉力、剪切力和一定的冲击载荷，因此对材质的综合性能，特别是塑性、韧性有高的要求。

2．材料选择（40CrNiMo）

对40CrNiMo的技术要求为抗拉强度$R_m \geq$ 1180MPa，断后伸长率$A_{11.3} \geq 12\%$，断面收缩率$Z \geq 50\%$，冲击韧度$a_K \geq 785$kJ/cm$^2$。

3．工艺流程

锻造→正火+退火→机械加工→淬火+回火→检验→精加工→探伤→拉力、剪力试验→表面处理。

4．热处理工艺

对接螺栓的预备热处理和最终热处理的工艺曲线如图9-38所示。

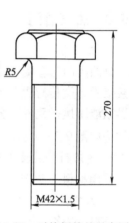

图9-37 对接螺栓的示意图

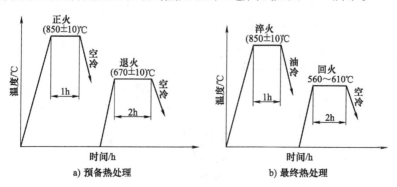

a) 预备热处理      b) 最终热处理

图9-38 对接螺栓的热处理工艺曲线

对接螺栓的常见热处理缺陷及预防补救措施见表9-13。

表9-13 对接螺栓的常见热处理缺陷及预防补救措施

| 热处理缺陷 | 产生原因 | 预防措施 | 补救措施 |
|---|---|---|---|
| 螺栓断裂 | 螺栓根部圆角半径过小，当强度偏高时易造成应力集中过大而断裂；装配时配合不好、受力不均导致应力集中而断裂 | 更改图纸，加大圆角半径；采用上限等温温度；按装配程序，采用定力扳手安装螺栓 | — |
| 强度偏低 | 合金元素，特别是碳的质量分数偏低，为满足塑性和韧性要求，选择回火温度偏高 | 按照钢的成分调整工艺；按照淬火后的硬度值确定回火温度 | 采用新的工艺重复热处理 |

## 9.5.8 油泵活门

### 1. 工作条件

分油活门与套筒组成的液压式放大元件用于直接接受各类传感器发出的信号并将其放大，用以操纵液压执行元件。分油活门通常起分流作用，其结构如图9-39所示。

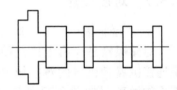

图9-39 分油活门结构

### 2. 使用材料及技术要求

使用材料为9Cr18，硬度≥55HRC。

### 3. 工艺流程

下料→预备热处理→机械加工→淬火+冰冷处理+回火→精加工→消除应力回火。

### 4. 热处理工艺

工件加热至（1070±10）℃，保温0.5~1h后油淬火；随后在-75℃的环境中保温30min后空冷；在（160±10）℃下回火，保温2~3h后空冷。分油活门热处理工艺曲线如图9-40所示。

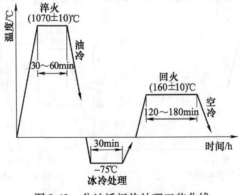

图9-40 分油活门热处理工艺曲线

## 习题与思考题

1. 什么是零件的失效？零件的失效类型有哪些？分析零件失效的主要目的是什么？

2. 零件在选材时应考虑哪些原则？应注意哪些问题？

3. 在满足零件使用性能和工艺性能的前提下，材料价格越低越好，这句话是否正确？为什么？

4. 设计人员在选材时应考虑哪些原则？如何才能做到合理选材？

5. 现有一储存液化气的压力容器，工作温度为-196℃，试回答下列问题，并说明理由。

（1）低温压力容器要求材料具有哪些力学性能？

（2）在下列材料中选择何种材料较合适？

①低合金高强度钢；②奥氏体不锈钢；③形变铝合金；④加工黄铜；⑤钛合金；⑥工程塑料。

6. 某汽车齿轮用20CrMnTi钢制造，加工工艺路线为：下料→锻造→正火→切削加工→渗碳→淬火及低温回火→喷丸→磨削加工。试分析渗碳、淬火及低温回火处理及喷丸处理的目的。

7. 某车床主轴选用40Cr制造，其工艺路线为：下料→锻造→正火→粗加工→调质→精加工→表面淬火及低温回火→精磨。试分析正火处理、调质处理和表面淬火及低温回火的目的。

8. 一从动齿轮用20CrMnTi钢制造，使用一段时间后轮齿严重磨损，如图9-41所示。从齿轮A、B、C三点取样进行化学成分、显微组织和硬度分析，结果如下：

A点碳质量分数为1.0%，组织为S+碳化物，硬度为30HRC。

B点碳质量分数为0.8%，组织为S，硬度为26HRC。

C点碳质量分数为0.2%，组织为F+S，硬度为86HRB。

据查，该批齿轮的制造工艺路线是：锻造→正火→机械加工→渗碳→预冷淬火→低温回火→磨削加工。并且与该齿轮同批加工的其他齿轮没有这种情况。试分析该齿轮失效的原因。

9. 某机器的凸轮轴，要求凸轮表面具有高硬度（>50HRC）、心部具有韧性。原采用45钢，热处理工艺采用调质+高频淬火+低温回火。现因库存45钢已用完，拟用15钢代替，试说明：

1）原45钢各热处理工序的作用。

2）改用15钢后，仍按原热处理工序进行，能否满足性能要求？为什么？

3）为达到所要求的性能，改用15钢后，应采用何种热处理工艺？

图 9-41　磨损齿轮示意图

10. 现有以下四种零件：弹簧、手动切削刀具、车床主轴（要求综合力学性能高，且外硬内韧）、汽车齿轮（要求冲击韧性高，且外硬内韧）。

1）对上述四种零件分别选择合适的材料（可多选）。

备选材料：T12、60Si2Mn、T8、20CrMnTi、45、40Cr、QT600-3、HT200、16Mn。

2）在1）的基础上，写出上述零件的热处理工序。

3）在2）的基础上，写出上述零件的最终组织及相应的力学性能。

11. 飞机起落架、航空发动机齿轮等零件的选材及热处理有何特点？

# 参 考 文 献

[1] 朱张校，姚可夫．工程材料 [M].4 版．北京：清华大学出版社，2009.

[2] 张彦华．工程材料学 [M].2 版．北京：科学出版社，2019.

[3] 崔明铎，刘河洲．工程材料及其成形基础 [M]．北京：机械工业出版社，2014.

[4] 王立军，原梅妮．黄晓斌，等．航空工程材料与成形工艺基础 [M].2 版．北京：北京航空航天大学出版社，2015.

[5] 范悦．工程材料 [M]．北京：北京航空航天大学出版社，2003.

[6] 原梅妮．航空工程材料与失效分析 [M]．北京：中国石化出版社，2014.

[7] 梁文萍，王少刚．航空航天工程材料 [M]．北京：北京航空航天大学出版社，2016.

[8] 沈莲．机械工程材料 [M].4 版．北京：机械工业出版社，2018.

[9] 刘红．工程材料 [M]．北京：北京理工大学出版社，2019.

[10] 梁戈，叶惠英，王志虎．机械工程材料与热加工工艺 [M].2 版．北京：机械工业出版社，2016.

[11] 梁耀能．机械工程材料 [M].2 版．广州：华南理工大学出版社，2011.

[12] 杨华明．无机功能材料 [M]．北京：化学工业出版社，2007.

[13] 高长有．高分子材料概论 [M]．北京：化学工业出版社，2018.

[14] 董炎明．奇妙的高分子世界 [M]．北京：化学工业出版社，2012.

[15] 陈立东，刘睿恒，史迅．热电材料与器件 [M]．北京：科学出版社，2018.

[16] 汪济奎，郭卫红，李秋影．新型功能材料导论 [M]．上海：华东理工大学出版社，2014.

[17] 何世禹．机械工程材料 [M]．哈尔滨：哈尔滨工业大学出版社，1990.

[18] 柴惠芬，石德珂．工程材料的性能、设计与选材 [M]．北京：机械工业出版社，1991.

[19] 于骏一．典型零件制造工艺 [M]．北京：机械工业出版社，1989.

[20] 中国科学技术大学高分子物理教研室．高聚物的结构与性能 [M]．北京：科学出版社，1981.

[21] 大连工学院金相教研室．金属材料及热处理 [M]．沈阳：辽宁人民出版社，1981.

[22] 胡赓祥，钱苗根．金属学 [M]．上海：上海科学技术出版社，1980.

[23] 李顺林，宋焕成，王曼霞，等．复合材料进展 [M]．北京：航空工业出版社，1994.

[24] 陈华辉，邓海金，李明，等．现代复合材料 [M]．北京：中国物资出版社，1998.

[25] 赵渠森．复合材料 [M]．北京：国防工业出版社，1979.

[26] 张杏奎．新材料技术 [M]．南京：江苏科学技术出版社，1992.

[27]《功能材料及其应用手册》编写组．功能材料及其应用手册 [M]．北京：机械工业出版社，1991.

[28] 克兰，查尔斯．工程材料的选择与应用 [M]．王庆绥，强俊，董照钦，译．北京：科学出版社，1990.

[29] 肖长发，尹翠玉，张华，等．化学纤维概论［M］．北京：中国纺织出版社，1997.

[30] 徐修成．高分子工程材料［M］．北京：北京航空航天大学出版社，1990.

[31] 金格瑞，等．陶瓷导论［M］．清华大学无机非金属材料教研组，译．北京：中国建筑工业出版社，1982.

[32] 朱家才，马业英，李桦．非金属材料及其应用［M］．武汉：湖北科学技术出版社，1992.

[33] 姚康德．智能材料：21世纪的新材料［M］．天津：天津大学出版社，1996.

[34] 罗辉．机械弹簧制造技术［M］．北京：机械工业出版社，1987.

[35] 弗林，特若简．工程材料及其应用［M］．陈敏熊，译．北京：机械工业出版社，1986.

[36] JACOBS J A, KILDUFF T F. Engineering Materials Technology［M］. Englewood Cliffs：Prentice-Hall Inc，1985.

[37] TIMINGS R L. Engineering Materials［M］. Harlow：Longman Scientific & Technical，1991.

[38] ASHBY M F, JONES D R H, HUNKIN D R. Engineering Materials［M］. Oxford：Pergamon Press，1980.

[39] NIEBER B W. Modern Manufacturing Process Engineering［M］．Princeton：Mcgraw-Hill Publishing company，1989.

[40] KALPAKJIAN S. Manufacturing Engineering and Technology［M］．Boston：Addison-Wesley Publishing Company，1995.

[41] DEGARME E D. Materiel and Processes in Manufacturing［M］. 6th ed. New York：Macmillan Publishing company，1985.

[42] EDOYLE L. Manufacturing Processes and Material for Engineers［M］. Englewood Cliffs：Prentice-Hall，Inc，1985.